U0381123

中国保护动物

ANIMAL Protection in China

中国保护动植物丛书

杨雄里 主编

1

华惠伦 王义炯 编著

上海科学普及出版社

《中国保护动物 1》

编　　著

华惠伦　王义炯

序

我国幅员辽阔，在960万平方千米的广袤土地上，多样且优越的自然气候与地形环境，为野生动植物的生息繁衍供图了良好的生存条件。据统计，我国的野生动物多达数十万种，如脊椎动物达7 300余种，其中大熊猫、华南虎、金丝猴、长江江豚、朱鹮、大鲵等许多珍贵、濒危野生动物为我国所特有。陆栖脊椎动物约1 900种，其中爬行类320余种，鸟类1 200余种，兽类450余种，约占世界陆栖脊椎动物种类的10%。此外，淡水鱼类近600种，海水鱼类1 500余种，其种类占世界鱼类的10%左右。中国也是野生植物种类最丰富的国家之一，仅高等植物就达3.6万余种，其中特有种高达1.5 ～ 1.8万种，占中国高等植物总数近50%，如银杉、珙桐、百山祖冷杉、华盖木等均为中国特有的珍稀濒危野生植物。野生动植物与人类均系地球生物圈的重要组成部分，而人类的行为对野生动植物的存在具有重要影响。20世纪以来，由于人口的剧增和工业的快速发展，人类向自然界索取的自然资源越来越多，导致森林面积急剧缩减，植被受到严重破坏，许多有重要科学价值的动植物纷纷绝迹；幸存的动植物种类，数量极为稀少，现状堪忧。这些情况为人类敲响了警钟，提醒我们必须时刻高度关注野生动植物与环境的保护。世界各国正在采取各种行动以共同应对日益严重的全球生物多样性危机。我国通过对生物多样性的保护、研究和管理，统筹推进人与自然的和谐共存和科学开发，并进一步探索“绿水青山就是金山银山”的发展之道。

当前，我们越来越深刻地认识到，保护野生动植物就是保护人类自己。我国政府对此高度重视。1988年11月，公布了由第七届全国人大常委会第四次会议审议通过的《中华人民共和国野生动物保护法》，使我国建立健全野生动物保护法律体系的工作向前跨出一大步。其后，该法案紧随野生动物保护形势的变化四次修订。1996年9月，《中华人民共和国野生植物保护条例》颁布，后于2017年修订；2006年4月，《中华人民共和国濒危野生动植物进出口管理条例》发布，其后两次修订，完善了对野生动植物资源的保护和合理利用。

2021年2月，新调整的《国家重点保护野生动物名录》公布，共列入野生动物980种和8类，其中国家一级保护野生动物234种和1类、国家二级保护野生动物746种和7类。同年8月，调整后的《国家重点保护野生植物名录》正式向社会发布，共列入国家重点保护野生植物455种和40类，包括国家一级保护野生植物54种和4类，国家二级保护野生植物401种和36类。

有效地保护野生动植物，全力拯救珍稀濒危物种，刻不容缓，它是一个国家、一个民族的科学文化素养的体现，具有广泛的群众性和社会性。这项工作还涉及建立健全的相关法律法规，以及行政管理、科学研究、宣传教育等方方面面，需要政府部门、群众团体、自然保护区、动植物园、相关博物馆、学校等多方通力协作，形成全方位的立体模式，才能奏效。我们还需要认识到，这项重大任务还受到全球气候改变、法律法规更新调整、网络技术发展及其广泛应用等影响。总之，面临着新时代、新环境，野生动植物保护既有机遇，又有挑战。

在新的形势下，为了进一步推广普及野生动植物知识，提高全社会对这一任务的认识水平和重视程度，由专业科普作家团队倾力打造的“中国保护动植物”丛书，依一定主题分条目真实记录我国重点保护野生动植物的生活环境、形态、习性与生存状况，力求做到全面、系统、深入浅出、通俗易懂。同时，每一种动植物都配有彩色高清图片，并在书末附上参考名录。本丛书汇集的知识丰富，文字生动，图片精美，设计大气，全景式展现了生物世界的博大和奇妙，可谓集专业性、科学性、原创性、趣味性、典藏性于一体。

衷心希望本丛书作为我国野生动植物保护的系统性工程成果，将成为有关部门与热心关注环境保护事业的人民群众之间的桥梁，增强人们的生态道德意识与科学认知，在民众积极参与之下，使我国野生动植物的保护工作登上更高的新台阶。

杨雄里

（复旦大学教授、中国科学院院士）

2022年10月

目 录

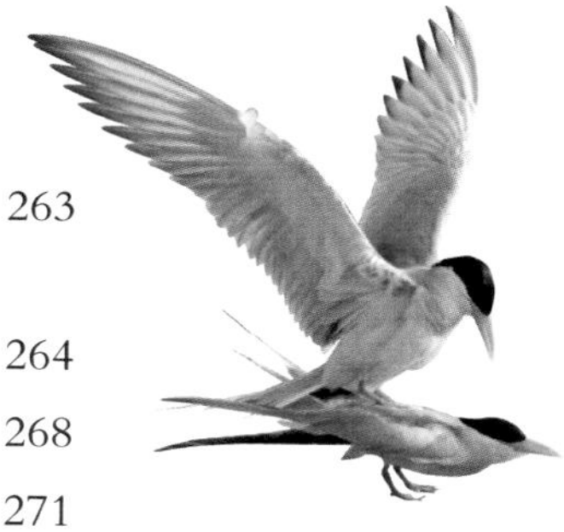

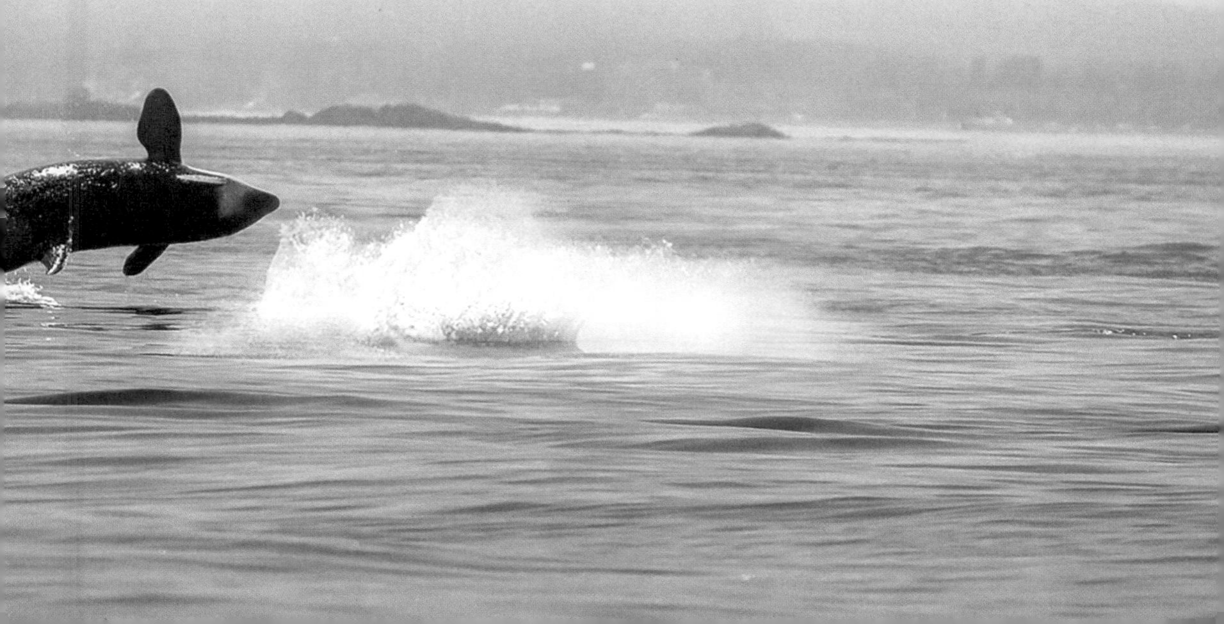

一

中国猿猴

▲ 川金丝猴聪明又机灵

金发美猴——金丝猴

金丝猴

（灵长目 猴科）

金丝猴（拉丁学名：*Rhinopithecus*） 毛质柔软，鼻子上翘，有缅甸金丝猴（怒江金丝猴）、川金丝猴、滇金丝猴、黔金丝猴、越南金丝猴5种，其中除缅甸金丝猴和越南金丝猴外，均为中国特有的珍贵动物，为国家一级保护野生动物。群栖高山密林中，以浆果、竹笋、苔藓为食，栖息地海拔很高，身上的长毛可耐寒。5个品种均为珍稀品种，名列世界自然保护联盟濒危物种红色名录。

1986年5月5日，来自我国重庆动物园的金丝猴“阳阳”和“虹虹”夫妇，经美国西雅图市森林公园动物园，又风尘仆仆地来到了波特兰市动物园。那一天，动物园里充满了节日的欢乐气氛。政府官员、专家、教授、企业家、工人以及这个城市的知名人士和少年儿童，如潮水般地向这儿涌来，人们喜滋滋地前去观赏来自中国的“贵宾”——一对金丝猴。这两位“珍贵的客人”不时体态轻盈地变换着角度，大方地任凭美国朋友上下左右地打量着自己的身姿。“啊，实在太美了！”人群中赞美声不绝于耳。

金丝猴不愧为世界最漂亮、最珍贵的动物之一。它头圆，耳短，尾长；天蓝色的脸上，长着一对黑褐色的眼睛，水灵灵的，炯炯有神；脸的中央有个小鼻子，2个鼻孔大而朝天。最引人注目的是那金丝绒般的长毛，从肩部、背上披散开来，活像一个妙龄女郎披着金色的“风衣”。在5月的明媚阳光下，那金黄色长毛光亮如丝，金光闪闪，难怪人们把这种猴称为“金丝猴”了。

金丝猴群栖生活于高山密林中，多半时间在树上，偶尔到地面活动。它们的栖息地海拔很高，一般为海拔1 500～3 500米。有时冬季山上虽然积雪很厚，但是它们身上长而浓密的体毛已足以御寒。一群金丝猴的数量少则30～50只，多则200～300只，有的甚至可能超过300只。猴群组织严密，由身强力壮的大雄猴担任首领，人们称它猴王。猴王的主要职责是统率猴群、爱护和保卫猴群。一旦遇到敌害，或者出现什么异常情况，猴王常常率先发出“ga——ga——ga——”的惊叫声，其他成员听到后立即停止喧闹，密切关注事态的发展。此刻，有的坐在粗树枝上，有的紧靠大树干，有的利用细枝、树叶遮掩自己的身体，若不仔细寻找，是无法知道它们的藏身之处。一旦敌害逼近，猴王会立即率领群猴，以惊人的速度，横穿森林的冠层逃之夭夭。群猴对猴王十分尊敬，有好吃的食物总是先呈送给它，在休息时还替它梳理体毛和“抓虱子”，设法使它心满意足。母猴对仔猴特别爱护，在猎人追捕或受惊逃跑时总是紧紧地抱住仔猴。

金丝猴是一种聪明、机灵、敏捷的猴。动物学工作者在考察时，如果稍微发出一点声响，它们便会马上发觉，顷刻间就销声匿迹。等一切都风平浪静了，它们还要进行一番试探，先是折断树枝，见没有什么反响，再向树下拉屎、撒尿。

如果真的“平安无事”，它们就要进行一场大森林中的体操运动了。它们能爬树，善跳跃，常常先摇动一根树枝，然后借助于树的反弹力，一跃就是十多米。因为来去似飞，当地人就叫它们“飞猴”，而把它们的腾空飞跃称为“仙女下凡”。有时候，它们在树上以“荡秋千”的方式攀缘飞跃，姿势颇似长臂猿的“臂行法”，行速极快，每小时可达40～50千米。

野生的金丝猴主要吃嫩枝、幼芽、鲜叶、竹叶以及各种野果，偶尔也食鸟蛋和昆虫。由于它们栖居处海拔很高，远离低地的居民点，所以对人类、农业、畜禽业都没有损害。

金丝猴的天敌较多，如能爬树的豹、金猫、猞猁、黄喉貂等食肉兽，还有雕等猛禽。但由于金丝猴群居生活，生性机警，逃窜速度和能力远远胜过这些敌害，所以被害者仅是少数，只有人类才是金丝猴的最大威胁。因为金丝猴有一身

▼ 川金丝猴习惯群居

美丽、柔软、抗寒的毛皮，加上有些人说穿着这种毛皮制成的皮衣或躺卧在这类皮褥上有治疗风湿病的奇效，于是金丝猴皮成了达官贵人的稀罕之物。在旧社会，官僚、地主等每年逼着金丝猴产区的百姓向他们进献猴皮。前些年，由于缺乏宣传教育，违法滥猎现象十分严重，加上乱伐森林，破坏了金丝猴的栖息地，使得金丝猴的数量锐减。

据不完全统计，金丝猴“阳阳”和“虹虹”在美国“亲善巡视”的201天中，美国报刊上发表的宣传介绍有关金丝猴的文章、照片就有74篇（幅）。西雅图市和波特兰市电视台采访我国专家组11次、电台采访9次、报纸杂志采访10次，其他形式的宣传活动18次。与此同时，展区天天播放金丝猴的电视录像和有关金丝猴的电影，而且每天都有七八名义务宣传者站在“阳阳”“虹虹”身旁的高凳上，手执喇叭，像讲演那样，从早到晚向观众介绍中国的金丝猴。一名退休女教授在笼舍旁边足足宣传了25天。她说：“金丝猴是珍稀动物，是中国的‘国宝’，来这里展出是中美友谊的象征，我有责任宣传它。”她还表示，10月将专程来重庆看望它们。

7月24日清晨5时，“阳阳”和“虹虹”的小宝贝——“美美”在波特兰市动物园出生，为这次金丝猴访美锦上添花。动物园各部门的工作人员纷纷跑到金丝猴笼舍，争先恐后地观看小金丝猴。这小家伙一下子成了波特兰市的“新闻人物”。上午9时，市内的电台、电视台、报社记者等六十多人赶来抢新闻，将笼舍围得水泄不通；中午12时，全市的电台、电视台都报道了这一消息；下午动物园连续不断地接到市内、州内各行各业打来表示祝贺的电话；晚上美国大多数电台、电视台转播了这条消息；25日美国很多报纸转载了这条新闻，一时间来自美国各城市动物园的贺电、贺信像雪片一样飞来，不出名的波特兰市动物园和该园主任突然成了全美的“明星”，顿时身价百倍，使该园主任兴奋得彻夜难眠。与此同时，美国很多动物园的工作人员奔走相告，他们说：“中国金丝猴在国外诞生，这还是第一次，我们感到非常光荣和骄傲。”

“美美”的诞生，使波特兰市动物园游人猛增，每天都得排队入园，金丝猴笼舍周围更是人山人海。25日那天，这个不到35万人口的城市里就有2万人到动物园参观，比历史最高纪录增加了两倍多。有的游客是从纽约、洛杉矶乘飞机赶来的。正在加拿大温哥华参加国际博览会的不少官员，也特地赶来庆贺这位“重要公民”的诞生。

“阳阳”夫妇访美即将结束，准备携子回国了。可是州政府却不发离境证，说是联邦政府规定：“凡是出生在美国的珍稀动物，必须满100天才能允许离开国境；而‘美美’又是中美合作取得的成果，应该让‘美美’定居在美国”。后经我国政府代表团的交涉和波特兰、西雅图两市动物园工作人员的努力，“美美”才被放行。这也说明美国人民是多么喜爱我国的金丝猴，多么想得到我国的金丝猴！

不少人都以为，我国只有一种金丝猴。实际上，我国有三种金丝猴：一种叫“金丝猴”，又叫“川金丝猴”，或称“普通金丝猴”，产于四川的西部和北部、甘肃最南部山区、陕西南部的秦岭山区，前些年在湖北西部的大神农架林区也有发现。另一种叫“黔金丝猴”或“灰金丝猴”，因为它产在贵州，体毛主要是灰褐色的。再一种叫“滇金丝猴”，或称“黑金丝猴”，因为它产于云南西北部，体毛是黑褐色的。这三种金丝猴都是我国特有的珍稀动物，已列为国家一级保护野生动物。

为什么许多人会误认为我国只有一种金丝猴呢？据笔者分析，可能有这样三个原因：第一，黔金丝猴与滇金丝猴比普通金丝猴更难发现和找到；第二，这两种金丝猴虽然也是中国特产动物，但是在国内动物园和自然博物馆几乎没有展出过；第三，这两种金丝猴身上只有灰褐色或黑褐色的长毛，根本没有“金丝”，难怪有的猿猴学家、动物学家认为，倒不如依照它们的属名——仰鼻猴属，分别把它们称为贵州仰鼻猴或黔仰鼻猴和云南仰鼻猴或滇仰鼻猴。

黔金丝猴虽与金丝猴同属我国特有的一级保护野生动物，但前者比后者更为珍稀，被称为“世界独生子”。其理由有五点：第一，黔金丝猴的分布区狭小，仅产在贵州梵净山这一小块地方；第二，数量极少，世界自然保护联盟（IUCN）红色名录上记载，2007年大约只有750只，可以说是世界上最少的一种灵长类动物，也是世界的一种濒危物种；第三，除北京动物园短暂的公开展出外，迄今世界上所有的动物园都还没有展出过；第四，科学家掌握的黔金丝猴标本非常少，国外仅有一张皮（即1902年英国自然历史博物馆得到的），国内也只有四张皮和一个头骨；第五，离梵净山不远的桐梓县，发现了黔金丝猴的化石，这说明了从第四纪起，黔金丝猴就在这一带安家落户了，因而黔金丝猴是名副其实的“活化石”。

“顾盼生姿”的黔金丝猴 ▶

黔金丝猴与金丝猴一样，也群居生活。每群数量有多有少，大群是100～200只，中群是数十只，小群不到10只。它们也是树栖动物，觅食、玩耍、休息、睡觉都在树上，偶尔下地饮水或觅食，也很快回到树上去。由于长期生活在树上，黔金丝猴具备了非凡的攀爬和跳跃本领，像最优秀的体操运动员一样，一跃就是2～3米远，从高处往下跳就更厉害了。

在外貌上，黔金丝猴与金丝猴有显著的区别。前面说过，它身上没有"金丝"，远没有金丝猴美丽。它不仅肩上带两块白斑，而且身上多处出现白斑，所以当地人叫它"花猴"。还有一个别名是"牛尾猴"，因为在三种金丝猴中，只有它的尾巴比身躯长，这条又细又长的黑尾巴很像牛尾巴。

我国著名自然保护区考察家唐锡阳在《自然保护区探胜》一书中写道："……在全世界只有不到百万分之一的人，看到过这种珍贵稀有动物（黔金丝猴）。"这说明黔金丝猴是稀世珍宝，是世界上最稀有的一种猴子。不过，考察梵净山的结果表明，黔金丝猴的前景是光明的。这是因为捕杀黔金丝猴的现象已经基本制止，而且建立了国家级自然保护区，通过宣传教育，当地百姓都知道黔金丝猴是国家一级保护野生动物，随便捕杀是要受到法律制裁的，所以过去那种乱捕滥猎的现象已经得到控制。据当地人实地所见，在黔金丝猴的猴群中，幼猴数量较多，这是一种兴旺的象征。除了重视对它们自身的直接保护外，也不能忽视对它们赖以生存的森林栖息地的保护，种群数量才能得到恢复和发展。

滇金丝猴从最早发现、采集标本，到再次发现并获得实物，间隔了半个多世纪。究其原因，除了旧中国的自然科学长期处于停滞落后状态外，主要是滇金丝猴数量稀少，栖息地处于几乎与世隔绝的云南和西藏的大雪山地区。

滇金丝猴的体背、体侧、四肢外侧包括（手、脚）和尾巴都是黑色的，因而又叫黑金丝猴或黑仰鼻猴，当地人还称它雪猴或白猴。这可能是因为这种猴子经常生活在高山积雪地带，而且其幼猴全身白色，以后才慢慢变成它父母的体色。

滇金丝猴的栖息地的海拔较金丝猴更高，一般在海拔3 350～4 000米之间的高山阴暗针叶林带。猴群数量较少，通常是数十只，难得超过百只，而且是多雄多雌的混合群。滇金丝猴与上述两种金丝猴一样，也过着典型的树栖生活。在食性上，与其他两种金丝猴有明显不同，它是唯一以针叶树的嫩芽、芽苞为主要食物的猴种，仅在每年5～7月间，偶尔下地吃新笋和嫩竹叶。从个头上来说，就已获得的标本称重来看：金丝猴是20～39千克，黔金丝猴是10～16千克，而滇金丝猴是15千克左右。不过，后两种金丝猴标本的数量实

▲ 滇金丝猴（Dreline供图）

在太少，野外可能还有更大的个体。

我国科学工作者对这三种金丝猴都进行过人工饲养，相比之下，滇金丝猴最难饲养。这可能有两个原因：一是滇金丝猴食性较特殊单一，目前不易大量供给；二是滇金丝猴习惯于生活在高寒地区，对于低地生活环境不易适应。目前，我国动物园的饲养专家们正在研究，如何饲养好滇金丝猴，以便对外展出。

野生动物实地研究的最大难点，在于发现它们和对它们进行跟踪观察。高科技手段的运用是突破这一难点的根本途径。2003年12月，我国动物学家在滇西北老君山上首次采用卫星全球定位技术跟踪滇金丝猴群，并做了行为生态学研究。这次成功的尝试，在我国陆生林栖野生动物的研究和保护的史册上，谱写了崭新的一页。

以叶子为食的猴子

叶猴

（灵长目 猴科）

叶猴（拉丁学名：*Presbytis*）体形纤细，无颊囊。各种叶猴的毛色基本上通体一致，或褐，或灰，或黑，腹面色浅。以果实、种子、嫩芽和叶柄为主要食物。中国有黑叶猴、白头叶猴、长尾叶猴、灰叶猴、白臀叶猴、戴帽叶猴6种，均为国家一级保护野生动物。

叶猴与金丝猴是近亲，有的动物分类学家把它们归为一类，同属于叶猴科。所谓“叶猴”，是指这类猴子都以叶子为食。我国有六种叶猴：白头叶猴、黑叶猴、长尾叶猴、灰叶猴（菲氏叶猴）、白臀叶猴和戴帽叶猴，因数量稀少，都已被列为我国一级保护野生动物。

众所周知，我国广西有一种当地名叫“乌猿”的黑叶猴。在20世纪50年代，民间传说广西还有一种更为稀少的“白猿”，但是人们四处奔波，仍寻觅不到其踪迹。于是不少人便猜测：难道这是古书画里那种全白色的猿猴？或者是白化了的叶猴？

一天，北京动物园的猿猴学家谭邦杰先生在南宁郊区一家小中药店里，发现了一张很陈旧的猴皮，虽然已经残缺褪色，但是还能够看得出来这是一只黑白杂陈的猴子，只有头部是白色的。药店人员说，这就是“白猿”的皮。可是它有一条长长的尾，又是黑白两色的。显然它不是猿（因为猿没有尾），也不是白化的叶猴。据说，它来自龙州、宁明一带。

后来，北京动物园的工作人员终于在广西找到了活的“白猿”。谭邦杰先生仔细观察这种动物，并结合那张猴皮进行了研究，特别是同黑叶猴作了比较，最后确定这是一种过去未曾描述过的新猴种，定名为“白头叶猴”，是我国的特产动物，也是世界著名的稀有猴种。

我国至今没有出口过一只白头叶猴。这种叶猴身体瘦削，头部较小，头顶和脸部侧背的毛色发白，仅露出脸部，好像戴着一顶上小下大的白帽子，它的名称便由此而来。白头叶猴栖居在广西南部的岩溶地区，出没于这种石灰岩峭壁的岩洞和石隙之间。它们的生活很有规律，早晨相继钻出洞口，成群结队

◀ 白头叶猴为我国特产动物

跑到附近的树林之中觅食嫩芽、树叶和野果。中午回溶洞休息，午后继续外出觅食和嬉耍，直到傍晚才返回溶洞中过夜。在这种陡峭的岩壁上，白头叶猴没有什么敌害，唯一的威胁来自人类的干扰和捕猎。

目前，人们不仅能在动物园里饲养白头叶猴，而且已经可以人工繁殖后代了。这种叶猴与黑叶猴的亲缘关系很近，可以互相杂交产仔。

在一些动物书中，把黑叶猴当作我国特产。其实，黑叶猴比白头叶猴分布广泛，不仅常见于我国，越南也较常见。在我国，黑叶猴不仅分布在广西南部、南宁北方的大明山区，连贵州省南到与广西交界处的册亨、北到与四川交界处的正安也有黑叶猴的踪迹。在数量上，黑叶猴也比白头叶猴要多。尽管如此，黑叶猴在国外也是很难寻的。据悉，欧美和日本的动物园曾经从我国和其他国家收购过少数黑叶猴。例如，1980年10月，美国的一家动物园从我国收购4只黑叶猴，其中1只雌猴在第二年一月初产下1仔。据该园的猿猴专家说，这是这种叶猴在亚洲以外地区的首次生育，所以是一个“历史性事件”。

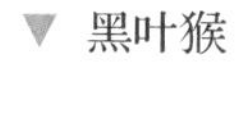

▼ 黑叶猴

黑叶猴在个头大小和生活习性上，与白头叶猴十分相似，但在外貌上却有显著区别。黑叶猴的头顶是黑色的毛冠，身上除耳基至两颊和尾端是白毛之外，几乎长满富有光泽的黑毛，故得名“黑叶猴”。据称，在广西西南部的大新县，曾发现过全白色的黑叶猴，它们与正常的黑叶猴同群生活，这显然是其白色的变种。有人捉住1只，还在柳州市柳侯公园里展出过，吸引了不少游客。

黑叶猴常三五成群，最多数十只一起活动。在没有外来干扰时，一般以一只健壮雄猴为首领，由它带着多只雌猴和后代一起生活。这种猴子常有几个栖息地，每个地方轮换栖息3～5天，栖息的岩洞较隐蔽，产仔期也较长，这与人类的

过度干扰有关。这种猴子晚上一般都蹲坐在岩洞中凸出的岩壁、石块上蜷曲着抱头睡觉。

黑叶猴胆小怕人，在不同的情况下，会发出不同的叫声。听到可疑声或枪声时，它们会发出急促连续的"呜哇、呜哇"声，随即一跃几米，马上逃之夭夭；争雌格斗时，它们发出"喔、喔、喔哇"的间断声，双眼直视对方，进行威吓；没有发现异常时，黑叶猴就发出"嘎、嘎"声；游荡觅食时，它们常发出"噢、噢、噢"的亲密低语声，仿佛在互相打招呼；在暴风雨或寒潮来临前夕，它们还发出类似长臂猿的呼啸声，当地人常根据黑叶猴的这种声音来判断天气的变化。

长尾叶猴是世界上最大的叶猴，体长近80厘米，尾更长，可达107厘米。在我国，仅产于喜马拉雅山脉中段的南坡，东到亚东，西到聂拉木，所以又称它为"喜马拉雅叶猴"。这种叶猴栖息在海拔2 000 ～ 3 000米高的山地松林或杉林里，常十余只小群或近百只大群一起活动。在它们的栖息地，冬天的积雪很厚，因而有人还把这种猴子称为"雪猴"。长尾叶猴的产地十分狭小，数量也

▼ 长尾叶猴亦称为"雪猴"

少，至今还没有在国内动物园展出过，所以人们感到非常陌生。

▲ 灰叶猴

长尾叶猴浑身是精细柔软的棕灰色体毛，额部有一些灰白色的毛，嘴边长着须毛，脸、耳、手、足都是黑色的毛。它们在地面上奔跑，或者在树上跳跃时，总是长尾弯曲着高高翘起，显得十分神气。它们的跳跃本领很高，常常一纵身就有8米远，还能够从12米高的树上轻松地跃到地面。

这种叶猴往往成天吵闹不休，每当虎、豹出现时，它们会以沉重的喉音吼叫，互相报警，以便及时逃跑。

长尾叶猴是世界上著名的“神猴”或“圣猴”。印度神话故事中赫赫有名的猴王“哈奴曼”，正是这种猴子。在今天印度的一些城市和乡村里，长尾叶猴仍然可以在街头，甚至在任何地方自由活动。它们到处乱窜，经常向行人讨食，有时还会到商店中去大吃大喝。特别是在庙宇里，它们趾高气扬，仿佛成了那里的主人，这是因为长尾叶猴在印度，跟“神牛”一样享受种种“豁免权”，人们把它当作神来崇拜，一点不敢“违拗”和怠慢，总是让它们“高兴而来，满意而去”。

灰叶猴又名“菲氏叶猴”“巴氏叶猴”，也有人叫它“大青猿”。由于它的体毛是灰褐色，或银灰色略带黄色，因而有“灰叶猴”之称。与前面三种叶猴相比较，这种叶猴具有两个显眼的特征：一是两眼外围和嘴巴外围的皮肤缺乏色素，形成灰白色的眼圈和嘴圈；二是有很长的黑色毛丛，从眉额之间向前探出，好像黑色长眉毛一样。

在我国，灰叶猴仅生活在云南南部西双版纳和滇缅边境的热带及亚热带茂密的阔叶林中。它性喜群居，主要以植物的叶、花、果为食，也吃鸟蛋和小鸟。它们常在树上栖居，攀援和跳跃能力很强，在树上纵跳时会翘起长尾保持身体平衡，很少到地面上活动，活动时有一定路线，受惊时多按顺序逃窜。

白臀叶猴体长61～76厘米，尾长56～76厘米，又叫黄面叶猴、海南叶猴，是世界上最美丽的猴子。它除了黄面白臀之外，还有一条白色长尾巴。这种叶猴身上有浓密的体毛，大部分是灰黑色的，两腿上部赤栗色，下部黑色，两臂由肘到腕呈白色。它的脸上有稀疏的白色长毛，眼睛为深褐色，眼周有黑圈。它的颈部有白色和栗色的条纹，下颌有红褐色的簇状毛，手和足是黑色的。白臀叶猴的体色确实绚丽多彩。这种叶猴栖息在热带森林中，以树叶、嫩芽和果实为食。白臀叶猴分布于东南亚，1892年在我国海南岛也发现过，但迄今已逾100年还未见到第二只。近10～20年在海南岛进行过几次资源普查，也没有发现此猴的踪影，所以有人怀疑它在中国可能已经灭绝了。据考证，海南岛产白臀叶猴，主要是根据1882年12月20日，德国德累斯顿自然历史博物馆的一个人，给伦敦动物学会写的一封信。他在信中说，他们收到一只白臀叶猴的标本，来自中国的海南岛。

戴帽叶猴又叫“长尾猴”，体长58～70厘米，尾长超过体长，有60～80厘米。体毛除四肢末端和尾巴为黑色外，其余都是灰色。它的脸部呈黑色，两颊胡须较短。冠毛浓密而平伏，看上去犹如戴了一顶压发帽，故得名“戴帽叶猴”。这种叶猴栖息于亚热带密林中，性喜群居，树栖，杂食性。国内分布于云南西南部的高黎贡山。

◀ 白臀叶猴是世界上最美丽的猴子（Art G.供图）

戴帽叶猴（Lonav Bharali供图）

▲ 淘气的恒河猴（Dr. Raju Kasambe供图）

聪明伶俐的猕猴

猕猴

（灵长目 猴科）

猕猴（拉丁学名：*Macaca mulatta*） 亦称“恒河猴”。毛色灰褐，腰部以下橙黄，有光泽，胸腹部和腿部深灰色。颜面和耳裸出，幼时白色，成长后肉色至红色。有颊囊，用以贮藏食物。臀部的红色胼胝明显。群居山林中，好喧哗玩闹。

猕猴是一个较大的家族，全世界共有22种，我国有8种，几乎占了一半。在这8种猕猴中：台湾猴、北豚尾猴属于我国的一级保护野生动物，短尾猴、猕猴、熊猴、白颊猕猴、藏南猕猴和藏酋猴属于我国的二级保护野生动物。其中，台湾猴和藏酋猴是我国的特产动物；台湾猴仅产于台湾，北豚尾猴只产于云南西双版纳，因而人们比较陌生。可能有人会问，藏酋猴既然是我国的特产动物，为什么是二级保护野生动物，而不列为一级保护野生动物呢？这是因为，藏酋猴不但分布广，而且数量还算比较多。

二级保护野生动物猕猴的别称很多。这种猴子最初发现于印度孟加拉省的恒河畔，因而叫它“恒河猴”或“孟加拉猴”；因广西曾盛产此猴，在动物园中一般称为“广西猴”。

在我国产的8种猕猴属动物中，要数猕猴分布最广泛了。猕猴喜欢群居，常几十只或近百只一起活动。在猕猴群中，猴王是由身强力壮的大雄猴担任的。猕猴性情活泼，常大声喧哗，吵吵闹闹，爱打群架。它们行动敏捷，善于攀援跳跃，还会在水中游泳。猕猴以野果、花、树叶为食，也吃昆虫。人们经过猕猴生活区时，一些顽皮的猴子会跑来讨东西吃，甚至从人的手中或口袋里夺取食物。

在印度德里曾发生过“猕猴大闹课堂”的事，所以当地人把它们称为“蛮猴”。事情的经过是这样的：德里有个人口稠密的卡罗尔巴格区，那儿有一所女子学校。一天，教室里正在上课，突然闯进了一群“不速之客”——30多只猕猴。这些猴子丢粉笔，扔石板，夺走学生从家里带来的早点，把教材和练习簿撕成碎片，还砸破了玻璃，把教室里搞得一片混乱。校方试图把这批“暴徒”赶走，可是没有成功。警察和消防队员们闻讯赶来增援，他们想用水龙头驱散这些捣蛋鬼，可是这些猴子先发制人，把墨水瓶和学校食堂里的秤砣扔了过去，使增援者不得不狼狈逃窜。

1982年的中秋之夜，中国科学院上海实验动物中心的一群猕猴越“狱”逃跑了。那天晚上，秋高气爽，云淡风轻，月光分外明亮，四周显得特别宁静。这时，关在7号铁笼里的一只大母猴，开始蠢蠢欲动了。这只大母猴平时胆大过人，善思多谋，早把饲养员的一举一动都看在眼里，记在心上。此刻，它感到逃离牢笼、重获自由的时机已到，便模仿饲养员的动作，把铁笼门打开了，还“鼓动”同笼的一只母猴带着小猴一起逃跑。

这只大母猴一不做二不休，又学着饲养员的动作，将8号铁笼门的弹簧铅丝卸去，拉开铁栓，推开笼门，把里面的“囚犯”都放了出来。它又打开9号铁笼门，放走了两只怀抱幼猴的母猴。最后，它使出看家本领，把猴房的大铁门也打开了。就这样，这群猕猴在大母猴的带领下，一溜烟越过围墙，“逃之夭夭”了。

猕猴聪明伶俐，经过驯养和诱导，可以成为人们的得力助手。东南亚国家利用猕猴采摘椰子已不是新鲜事了，而利用猕猴当教师却十分少见。在泰国南部，有一所神奇的猴子专科学校，校长是驯兽师丰彭先生。这所学校专门训练培养猴子当“采椰工”，让它们学成后去采摘高大椰树上的椰子。可是，丰彭先生发现，训练猴子做工比他以前训练猴子玩把戏要困难得多。因为猴子虽然聪明，但却生性顽皮，不肯卖力气，学习时也不肯下苦功。他灵机一动，决定先挑选一只体格壮实、聪明敦厚的老猴子当“教师”，代替他训练小猴。这一招果然灵验。以往由丰彭先生训练猴子，它们一般要长达3个月才能学会采椰子的本领，而猴老师教的小猴只需要1个月就可以“毕业”了。据丰彭先生透露，这名在教学中要求严格、赏罚分明的猴老师，现已培养了近千名“合格学生”，几乎“桃李满天下”了！

▼ **猕猴行动敏捷，善于攀援**

台湾猴的体型酷似猕猴，它们的尾巴都超过身长的二分之一，不过前者更长。两者的主要区别，是台湾猴较小较胖，四肢毛色深暗，因而有“黑肢猴”之称。这种猴子，最早发现于我国台湾南部沿海的石岩地区，所以又名“岩栖猕猴”。后在台湾内陆的深山上也有发现。台湾猴栖息于海拔3 000米以上的高山密林中，感觉灵敏，行动迅速，以野果、树叶为食。

台湾猴数量极少，极其珍贵。1977年11月，在台湾中央山脉的深山中，捕获了一只雌性小白猴（白化型台湾猴），取名为“美迪”。在自然界这种白猴是非常罕见的，因而美国《每日快报》、英国国家广播公司等报道了发现“美迪”的消息后，引起了国际人士的注意。人们纷纷写信要求提供资料、照片，好一睹“美迪”的风采。当时，连法国总统德斯坦、英国女王伊丽莎白二世、埃及总统萨达特、加拿大总理特鲁多等也都写来了亲笔签名信。

▲ 台湾猴

“美迪”已进入生儿育女的黄金时代，可是仍然独居无偶。为此，1980年7月5日，当地报刊媒体向全世界发出了“征婚”启事，要为“美迪”寻找一只雄性白猴作为伴侣，希望能繁殖出纯白的下一代。中国科学院昆明动物研究所所长潘清华教授得知消息后，于1980年10月25日写信给台北动物园园长王亚平和许芳津两人，提出希望让昆明动物研究所收养的云南雄性白猕猴“南南”和雌性台湾猴“美迪”喜结良缘，以便共同进行学术研究。双方虽然都已同意了，但遗憾的是“南南”和“美迪”最终却没有成为眷属。因此，珍稀的白化型猴子能否繁殖出纯白的后代来，始终是一个悬而未决的问题。

1981年，在台湾南投县埔里镇的山林中，人们又捕捉到一只白猴。所以有人推测，台湾猴在沿海石山区可能已寥寥无几，濒于绝迹，但是在内陆深山区还能找到一些，应该特别注意保护。在新中国成立前后，北京和上海的两家动物园都饲养过台湾猴，但先后夭亡了。今天还有少数饲养在台湾的动物园中。

熊猴又名“蓉猴”“阿萨姆猴”。它的外貌颇似猕猴，若不仔细分辨，是较难识别的。但是只要细心观察一番，也可发现两者的不同之处：熊猴比较肥壮，最大体重可达15千克；它的尾巴稍短，较细；体毛较粗糙，不如猕猴的毛细致，且缺乏猕猴那样橙黄色的光辉；这种猴子头顶上的毛呈“漩涡”状，向四面散开。此外，熊猴的动作不如猕猴灵活，小熊猴不如小猕猴聪明易养，叫声喑哑或似犬吠，与猕猴也不一样。

在我国，熊猴仅产于广西及云南南部，栖息于海拔1 000～2 000米的高山密林中。它们以植物为主食，也吃昆虫，冬季下山会损害农作物。这种猴子多成群活动，与猕猴相似。遇到惊吓时，它们会先爬到树顶上，再落到地面上，然后隐匿在草丛中。熊猴也是重要的实验动物和观赏动物，它们的数量已很少，应当认真加以保护。

在8种猕猴中，北豚尾猴可能是人们最陌生的一种，有关的文献资料甚少，这主要是此猴仅生活在我国云南南部西双版纳的密林中，加上数量又十分稀少的缘故。

这种猕猴最引人注目的是，尾巴很短，尾毛很稀，行动时尾巴弯曲如弓，状似猪尾，故得名“北豚尾猴”。此猴也群居生活，每群究竟有多少，目前尚不清楚。有的动物学工作者认为北豚尾猴是素食者，以树叶、花、果实等为食。根据国外的研究资料，北豚尾猴可以饲养，最长寿命是26年，经驯养后能采摘成熟的椰子。

藏酋猴又名“大青猴”“青皮猴”“四川短尾猴”“毛面短尾猴”“四川猴”。这种猴子的体毛大致为灰褐色或石板青色，尾巴特别短，约占身长的十分之一。它满脸络腮大胡子，这在猴类中是独一无二的。在四川，藏酋猴的数量较多，峨眉山上的猴子就是这一种。此猴身材魁梧，最大者体重有33.5

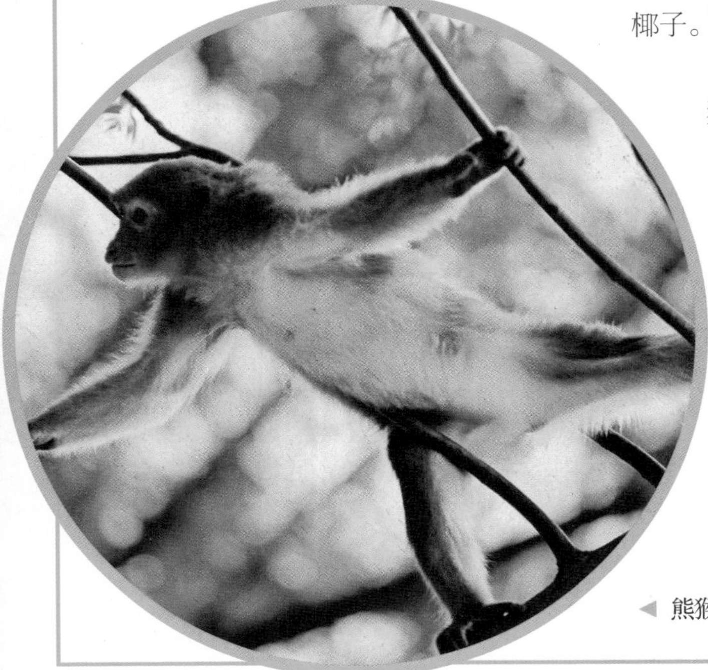

熊猴与猕猴外观相似

千克，在8种猕猴中首屈一指！

藏酋猴爱成群活动，生活在多崖岩的稀树山坡，高度可达海拔3 000米。它们多在地面活动，在崖壁缝隙或岩洞中过夜，因体毛又密又厚，所以不怕寒冷。这种猴子以植物的果实、花、芽和树根等为食。

▲ 北豚尾猴以树叶果芽为食

1956年初秋的一天，上海天马电影制片厂在黄山拍摄“李时珍深山采药”的外景。李时珍由我国著名电影艺术家赵丹扮演。拍摄这一外景时，一名当地老药农充当了替身演员。导演发出“开拍”的命令后，只见“李时珍”健步攀缘险径，登上悬崖开始采药。谁知这一情景被几只淘气的藏酋猴发现了，它们蹦着跳着，赶来凑热闹。

电影厂的几名年轻人怕它们窜进镜头，干扰拍片，便捡起石块和枯枝赶打这些猴子。岂知藏酋猴不甘示弱，立刻捡起石子进行还击。双方交战了5分钟，藏酋猴终因寡不敌众，败下阵来。

正在这时，几只敏捷的藏酋猴跃上树梢，发出求救的呼号。顷刻间，附近山头的猴子全都闻声赶来。这100多只猴子“手”持石块、树枝和游客遗弃的酒瓶，气势汹汹地向电影摄制组人员包抄过去。一场肉搏战迫在眉睫，气氛十分紧张。

老药农眼看情况不妙，他怕猴子扔过来的石块和酒瓶等会砸伤摄制组人员，砸坏摄影器材，便飞快地朝赵丹走去，说：“千万不要再打下去了！”赵丹也听说过黄山的藏酋猴脾气顽劣，马上按老药农的建议，爬上一块高高的石岩，向四周的猴子连连拱手，大声说：“猴子们听着，你们误会了，我建议双方停战吧！”随即他又招呼摄制组人员把手中的石块放下，举起手来拍拍，表示已经放下了武器。

说也奇怪，猴王见“我方”将士诚意和解，竟然模仿赵丹的动作，拱拱

▲ 藏酋猴是猕猴属中的大块头

“手”，吱吱哇哇地嘶叫了一阵，也许是在下“停战令”吧。只见众猴纷纷放下“手”中的武器，高举双“手”拍拍，也表示没有武器了。紧接着，猴群撤离现场。一场风波终于平息了。

在一些书中，经常把短尾猴和藏酋猴混为一谈，认为这是一个种的两个亚种。短尾猴虽然与藏酋猴一样，也是短尾巴，但这两种猴子还是有区别的：前者颜面红色，年老时红得发紫，所以又叫它“红面猴”“红脸猴”和“红面短尾猴”；在个头上，短尾猴较小，与猕猴差不多，一般是10千克左右，只有少数能达到15千克；短尾猴体毛较长且稀，而藏酋猴体毛又密又厚；前者产于广东、广西、福建等地，后者分布广泛。此外，雄性短尾猴具有扁长的形状似矛的生殖器官，会发出令人不喜的麝香气味。据此，较多的动物分类学家把它们分列为两个种，也就是我国保护野生动物名单中的“短尾猴”和“藏酋猴”。

短尾猴在较早的著作中称为“断尾猴”，因为它的尾巴特别短。又因为它的毛色通常是黑褐色的，略似朱古力色，所以在南方又有黑猴或泥猴之称。刚生下的小猴是乳白色的，不久毛色即变深，渐渐转为成年短尾猴的体色。

短尾猴栖息于多岩石而略有树木的山上，好群居，常常几十只一起集体行动，在山上主要吃野果、树叶和野菜等，但在人工饲养下也吃荤食，所以也是一种杂食性猴。这种猴除在动物园供观赏外，也是科学研究中的实验动物。

短尾猴

懒得出奇的蜂猴

蜂猴

（灵长目 懒猴科）

蜂猴（拉丁学名：*Nycticebus bengalensis*）是较低等的猴类。头圆耳小，眼圆而大。四肢短粗而等长。树栖，动作缓慢，以野果和嫩叶充饥。为国家一级保护野生动物。

我国还有两种低级猴——“蜂猴”和“倭蜂猴”，它们虽然也有猴的名称，但在动物分类学家的眼里，都属于“半猴类”。

蜂猴产于我国云南和广西南部的森林里，它的个头比普通家猫还小，身长仅为32～37厘米，体重约1千克，故得名“蜂猴”，这是形容此猴体小似蜂。蜂猴，也有人叫它“风猴”。在泰国历卡古尔教授的巨著《泰国的哺乳类》中，作过这样的描述：“在平时，它们爬得又慢又谨慎，但一遇到起风时，它们就爬得非常快，也许这就是为什么泰国人叫它‘ling lom’（风猴）的原因。”

蜂猴头圆耳小，眼大而圆，眼睛周围还有一圈黑框，好像戴着一副墨镜。它身披短而厚密的棕灰色体毛，背中央镶有明显的栗红色条纹，腹部是灰白色的。它的尾巴极短，只有2厘米长，藏在毛丛中不易见到，不知内情者还以为它是没有尾巴的猴子呢。

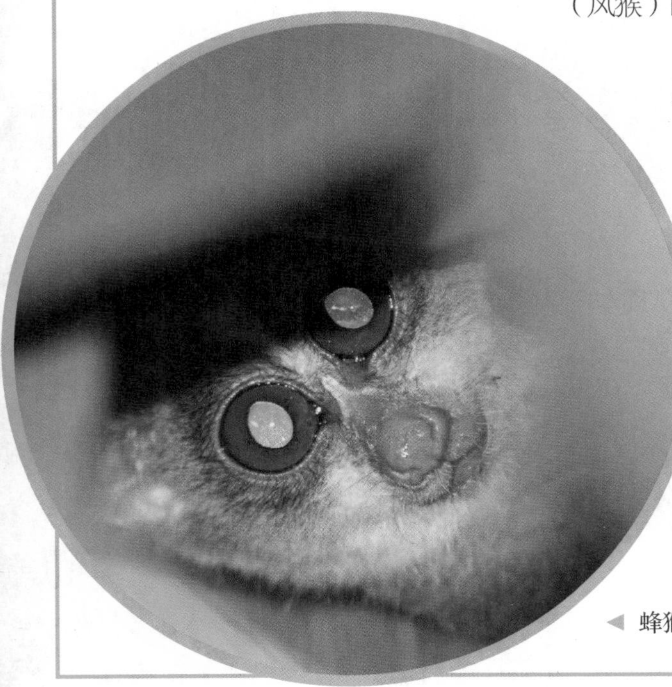

◀ 蜂猴（Maneesh Mani供图）

蜂猴完全树栖。白天，它总是懒洋洋地蜷缩成球状，躲在树洞或大树干上睡大觉，一动也不动，哪怕你在它身边放炮仗，它也不会惊醒。即使被惊醒，它也只是睁开惺忪的眼睛看上一眼，懒得挪动一下身子，真是懒得出奇，所以又有“懒猴”之称。据动物学家研究，蜂猴所以如此懒惰，主要是它的听觉已退化的缘故。

蜂猴的眼睛能适应夜间视物。每当夜幕降临时，它们便苏醒过来，慢慢地从树洞中伸出那圆滚滚的头，或者从粗树干上爬起来，开始夜间的觅食活动。蜂猴的动作十分缓慢，它只会爬行，不会跳跃，走一步似乎要停两步，而且边走边东张西望。一旦发现树上的昆虫，它就不慌不忙地爬过去，一口一口地吞食掉。如果发现鸟巢中的鸟蛋，或者正在熟睡的小鸟，它就慢慢地爬过去偷吃。这种猴也会采摘美味可口的野果和嫩叶用来充饥。将近天亮时，蜂猴又睡觉去了，真是猴中的“懒汉”。有时候，蜂猴也会使出一种取食绝招——两足倒挂在树枝上，用两“手”找东西吃。

蜂猴的眼睛构造不太完整，后肢的第二趾上有爪，这些都是低级猿猴的特征，能为研究猿猴从低等向高等进化提供证据。这种猴一年四季都能交配，每次产一仔，多在晚间生产。母猴在行动时，总是将小猴抱在怀中，直到小猴长得跟大猴差不多大时，才让它们独自行动。

我国的蜂猴数量十分稀少，分析其原因，除了分布区狭窄之外，与动物本身生活习性上的弱点也有很大关系。它夜间出来觅食时，猎人只要用手电筒一照，就会发现那对明亮的眼睛，于是它便成了猎人捕获的目标。白天，猎人发现蜂猴在树上睡觉，只要爬上树去便可将它捉住。虽然有时它会感觉到周围环境有些变化，但由于生性懒惰，它不会逃跑，只得乖乖地束手待擒。现在，我国已将这种珍稀动物列为一级保护野生动物，大家一定要特别注意保护。

说起蜂猴在我国的发现，这里还有一个故事。1933年，我国动物学家常麟春先生，为了寻找蜂猴，不远千里来到云南西南部的建水县。他听人说密林深处有一座古庙，那儿经常有猴子出没，便兴致勃勃地赶去了。

常麟春在老和尚的陪同下，来到一间禅房。宾主落座后，小僧献上香茶和果品，常麟春把寻找蜂猴的缘由和盘托出。老和尚听了，对常麟春非常钦佩，说道：“寒寺夜间常有顽猴出没，但不知是不是先生要找的猴子？”

说罢，老和尚见时间已经很晚，便领常麟春信步走出庙门。庙前有一棵苍劲挺拔的古柏，沐浴在银色的月光下。老和尚凝神望去，只见枝梢上有一团黑影，便用手一指：“看，那小东西出来了。”常麟春仔细一看，那猴子四肢短，体形小，果然与众不同，不由得喜上眉梢，只可惜一时没办法捉到手。

第二天，寺院的僧侣们手敲木鱼，正在烧香拜佛、虔诚祷告，谁知一个不速之客悄悄地走了过去。它个子不大，身上长满绒毛，圆圆的脸盘上长了一对大大的眼睛，炯炯发光。顿时，僧侣们惊慌起来，不一会儿，他们便镇静下来，原来这就是懒得出奇的蜂猴。众人一拥而上，很快就把它捉住了。常麟春闻声赶来，见蜂猴已被活捉，不禁喜出望外。要知道，这在我国，还是破天荒第一回发现蜂猴！

倭蜂猴也是蜂猴家庭的成员，又叫“小懒猴”，原来不知道我国也产，1986年曾在云南个旧动物园展出，经调查得知所展出的5只倭蜂猴都是从离个旧不远的文山、马关等地收集到的，因此纯系国产。此猴较蜂猴更小，体长只有20～25厘米。体背面被毛棕红色，腹部棕灰色，背部的脊纹没有蜂猴明显。这种猴栖息在热带密林中，夜间外出活动，以果实、嫩叶为食，也捕食小鸟和昆虫。国内仅分布于云南西南部，数量极少，我国已将它列为一级保护野生动物。

▲ 白颊长臂猿攀援本领出色

出色的杂技演员——长臂猿

白颊长臂猿

（灵长目 长臂猿科）

白颊长臂猿（拉丁学名：*Nomascus leucogenys*） 前臂很长，直立时可下垂达地，故名。无尾和颊囊。栖居于亚洲热带森林；善于在树上行动，在地上能双足行走。营合群生活。以果实、嫩芽、昆虫和鸟卵等为食。同科还有白眉长臂猿、黑冠长臂猿和白掌长臂猿等，均为国家一级保护野生动物。

▲ 长臂猿（Greg Hume供图）

据最新资料，全世界共有4属16种长臂猿，我国产的有8种，有黑冠长臂猿、白掌长臂猿、白眉长臂猿和白颊长臂猿等，占了一半。这些长臂猿目前只在云南和海南岛尚有为数不同的群体，属于非常珍贵的稀有动物，我国已把它们都列为国家一级保护野生动物。

长臂猿是整个兽类中最灵活、最敏捷的攀爬者和“臂行者”。早在我国古代，就传说有一种双臂很长的“通臂猿”，它们行动神速，能够在树上来去如飞。还传说这种动物的两臂有自由伸缩的本领，能够一臂缩短，一臂变长，彼此互通，因而叫它“通臂猿”。古时候的一些拳术家根据这个传说，还创造出一套拳法，叫做“通臂拳”。其实，“通臂猿”是被夸张了的长臂猿。

长臂猿主要生活在树上，特别爱在古树参天的森林里活动，其行动确实类似古时候传说的“来去如飞”。它们常常采用“臂行法”，先用两条长臂把身体吊在树枝上，然后双臂互相交叉移动，如荡秋千那样越荡越快，在树林中一下子就能飞跃5～6米的距离。它们还有空中捕捉飞鸟的本领！人们远远望去，一群长臂猿从树林顶上掠过，一瞬间便不见了。这种神速无比的“臂行法”，姿态十分优美。你见过长臂猿饮水和洗脸的情景吗？那时候，它们两后肢倒挂在树上，用不着下地，只用双臂就行了，真不愧为猿猴中最优秀的高空杂技演员。

偶尔，长臂猿也会来到地面，这时它们便武功尽废了，立刻变得笨手笨脚，双臂根本发挥不了作用。因为它们两腿不发达，而两臂又太长，站立起来可以触及地面，好似没有地方摆，只好向上举起，用后腿摇摇晃晃蹒跚而行，摆出一副“投降”的姿势，显得十分滑稽可笑。其实，它们举起两臂，在行走时可以保持身体平衡，避免倒向一边。

“猿啼”是诗人们常用的题材。李白的《早发白帝城》诗中云：“两岸猿声啼不住，轻舟已过万重山。”白居易在《舟夜赠内》诗中也说：“三声猿后垂乡

黑冠长臂猿

泪，一叶舟中载病身；莫凭水窗南北望，月明月暗总愁人。”这两位大诗人诗中的“猿”，是否指的就是长臂猿呢？对此虽有两种不同的见解，但我国早有长臂猿生存，而且它们确实会啼叫。据考察，长臂猿的啼叫声极为嘹亮，可以与南美洲森林里的吼猴相媲美，它们被并列为世界上最出色的高音歌星。每天清晨，多半先由雌性长臂猿发出“wei——wei——wei——，hahaha”的声音，由低到高，从慢至快，高亢的独唱声划破密林寂静的长空。然后雄性长臂猿发出啼叫声，与雌性伴侣对唱起来，在高昂的啼声中，时而还夹杂着呜呜的共鸣声。最后，子女们也开始引吭高歌，纷纷加入这气势磅礴的大合唱。这合唱声连绵不绝，可以延续15分钟左右。猿歌飘过茫茫林海响彻四面八方，数里之外也可听得十分真切。

长臂猿为什么要啼叫呢？原来，它们是小群生活的，一般每群不超过5只，由一对成猿和几个子女组成。它们生活的地域性很强，每群都有各自的地盘，不准他群闯入，否则将会发生“边境纠纷”。因而，长臂猿啼叫既是取乐的一种方式，又是群体内相互联络的一种信号，还是相互警戒、保护自己领地的一种警告声。

在长臂猿的群体中，成年雄猿理所当然地成为首领，其他成员都要看它的眼色行事，见了它都要让路，小声叫唤，哈腰致礼。群体成员之间，很有感情，见面时常又喊又叫，互相搂抱。如果一只长臂猿被猎人打伤或猛兽

◀ 白掌长臂猿

▲ 长臂猿（Julielangford供图）

咬伤，群体的其他成员并不四散逃跑，而是聚集在一起，设法予以救援。一旦群体中有一只死去，其他成员会显得十分沉痛，它们会默不作声地表示“哀悼”。

我国产的黑冠长臂猿、白掌长臂猿和白眉长臂猿，生活习性基本相同，但是外貌上有明显区别，产地也略有不同。

黑冠长臂猿又名“黑长臂猿”，产于我国云南西南部及海南岛。黑冠长臂猿分为两个亚种，其中黑冠长臂猿亚种产在云南南部和海南岛。雄猿浑身全黑，头顶上有一撮直耸的黑冠毛，所以又叫“黑冠猿”；雌猿是棕黄色的，头的额部正中有一道黑褐色纹；仔猿刚出生时是白色的。

白掌长臂猿产于我国云南西南地区，通常浑身上下也是黑色的，不过它的手、足部灰白色，因而得名。这种长臂猿毛色变化多端，不但雌雄体色不同，甚至同性也有深浅之分，深的是纯黑或黑棕色，浅的却呈米黄色，其间还夹有深褐或浅褐色。多数白掌长臂猿整个面部有一圈白毛，少数则是大半圈白毛，常被人误认为是不同种的长臂猿。这种长臂猿在我国发现很晚，直到20世纪70年代才知道我国云南也有分布，只是数量很少。

◀ 白眉长臂猿

白眉长臂猿产于我国云南西部，由于它的眉额处有两道白眉纹，故得名。幼猿白色，成年后雄猿变为黑褐色或赤褐色，雌猿变成淡黄褐色。这种长臂猿，常在森林中高声呼唤“huke、huke”，所以又有“呼猿”之称。

白颊长臂猿原来作为黑冠长臂猿的一个亚种，现已把它独立成一个种。体长42～52厘米。雄猿与黑冠长臂猿一样，虽然全身也是黑色，但是两颊长有较长的白毛，故得名“白颊长臂猿”。雌猿灰棕黄色，头顶部和两边耳部有黑斑。它们栖息于海拔1 500米以下的热带密林中，树栖生活，常一对成年个体和数个幼体组成小群，每群占据一定的区域觅食。以嫩枝芽、树叶和各种果实为食，也捕食昆虫和鸟蛋。国内分布于云南南部。

长臂猿是我国唯一的类人猿。令人担忧的是，它们的数量已不多，濒临灭绝。分析其原因，主要有两个：第一，长臂猿是严格的树栖动物，除非十分必要，很少下地。人类对森林资源的乱砍滥伐，直接影响了长臂猿的生存，这是导致这类动物数量锐减的根本原因。第二，长臂猿高昂的啼叫声，把自己的目标暴露无遗，这就给偷猎者提供了方便。据调查，栖息于海南岛的黑冠长臂猿，20世纪50年代还有2 000多只，由于上述原因，目前全岛只残存七八个小群，总数约30只。云南西双版纳勐腊县的白颊黑冠长臂猿，在20世纪60年代初数量还不少，可是10年前有人去考察，即使在较边远的地方也听不到猿啼了。还有白眉长臂猿，1982年有人三次专程到云南腾冲县产区山林去寻找这种长臂猿，结果毫无收获，只得扫兴而归。至于白掌长臂猿的处境，也不是太妙。为此，我们不得不呼吁：“救救长臂猿！”

名扬四海的食肉兽

让世界持续“发烧”百年的大熊猫

大熊猫

（食肉目 大熊猫科）

大熊猫（拉丁学名：*Ailuropoda melanoleuca*）体肥胖，形似熊而略小。眼周、耳、前后肢和肩部黑色，其余均为白色。生活在高山有竹丛的树林中，喜食竹类植物，亦食小动物。能泅水，会爬树。性孤独，不群栖。为中国特有的珍贵动物，已列为国家一级保护野生动物。

1869年的早春二月，一位名叫皮埃尔·阿尔芒·戴维的学识渊博的法国传教士，来到四川省宝兴县的邓池沟教堂，带走了他眼里的“最不可思议的动物”；2009年2月，联合国教科文组织的专家柯高洁、柯文博士夫妇又来到这里，为“最不可思议的动物”带回了弥足珍贵的“出生证”。正是这份“出生证”帮助大熊猫敲开了通向世界的大门。从19世纪发现大熊猫到现在的100多年间，西方的“大熊猫热”一直热浪滚滚。一个物种能让世界持续“发烧”百年，这在国际上是绝无仅有的。这一切，都起因于140多年前戴维在邓池沟发现了大熊猫。

1869年3月，当地猎户为戴维带来一只死去的大熊猫，这名传教士欣喜若狂，他确信，这是熊类的一个新种，并将这种动物命名为“黑白熊”。然后，他将动物标本和描述报告寄给了巴黎自然博物馆馆长米勒·爱德华兹教授。

在动物的发现史上，戴维不愧为喜事连连的幸运儿。当年5月，猎户们为戴维捉到了活体“黑白熊”。新的发现，使戴维非常兴奋。他原想将这只活体“黑白熊”送往巴黎自然博物馆，不料因为运送途中的颠簸和气候变化，这只珍兽中途夭亡了，戴维只得将毛皮标本送到巴黎自然博物馆。而他的描述报告就发表在当年博物馆的《新闻公报》上。

巴黎自然博物馆展出这张兽皮后，谁也不认识它。从兽皮推断，这种动物有着一个圆圆的大白脸，眼睛周围有两圈黑斑，仿佛戴着一副墨镜。有人断定，世界上根本没有这种动物，兽皮是假的！也有人认为，这是一种奇异的熊！爱德华兹教授经研究，发现“黑白熊”不是戴维认定的熊类，而是与小熊猫相似的另一种熊猫。他将它命名为“大熊猫”。就这样，出自邓池沟的大熊猫模式标本以及相关材料，成了巴黎自然博物馆的“镇馆之宝”，永远留在了遥远的法兰西土地上。

憨态可掬的大熊猫

“国宝”大熊猫的命运出现了三次变化：最早是用来作为外交礼品；接下来是作为展览品，租给世界各地的需求者；现在更多的是作为科研对象，供给世界各地的科研机构。

以大熊猫作为国礼，最早的是1941年国民党政府以蒋介石夫人宋美龄的名义，送给美国的一对大熊猫，名叫“潘弟”和“潘达”。自1957年起我国先后向俄罗斯、美国、法国、英国、墨西哥、西班牙、德国、朝鲜、日本等送去了大熊猫，深受这些国家人民的喜爱，世界“熊猫热”就是在这个时期掀起来的。1972年，周恩来总理宣布把一对大熊猫赠送给美国人民时，世界各大报纸都刊登了这一消息，不少报道把大熊猫称为“世界动物明星”，有的报纸甚至把1972年称为“大熊猫年”。我国送给日本的大熊猫“兰兰”和“康康”，从1972年10月28日开始在东京上野动物园展出，到1979年9月3日“兰兰”病死，每天有成千上万的人去观赏它们的风采。在这将近7年间，共有观众3 280多万人次，创造了这个动物园的最高纪录。许多观众为了在大熊猫跟前站上30秒钟，不惜花上3个小时去排长队！大熊猫“兰兰”不幸死去后，日本人民为它致哀追悼。我国为了进一步增进中日友谊，又送去了新娘“欢欢”。“欢欢”抵达东京时，全城都轰动了。我国赠送给美国华盛顿动物园的大熊猫“兴兴”和“玲玲”交配后，“玲玲”生下了幼仔，正在人们兴高采烈之际，不料这幼仔只活了两个小时就夭折了，为此，“世界野生动物基金会”还降半旗致哀。德国为了迎接我国大熊猫“天天”和“宝宝”，特地建造了一座豪华的熊猫馆和食品冷藏库，每星期派一架专机专程去法国南部运大熊猫最爱吃的新鲜竹子。我国赠送给墨西哥的大熊猫“迎迎”生下了幼仔，在它一周岁的时候，竟有3 000人前来为这个小宝贝祝贺生日，还送给它一个巨大的生日蛋糕。我国的大熊猫“晶晶”和“佳佳”在英国安了家，英国儿童把这种动物列为“最喜爱的10种动物”之一。

大熊猫是大名鼎鼎的竹林隐士。它主要以竹子为食，在分布区内竹子种类十分丰富，这是大熊猫生长、繁衍的一个重要条件。据研究，大熊猫不光爱食竹，对竹子的品种挑三拣四，对竹子的其他方面也颇为讲究。一般来说，大熊猫一年四季常食竹竿，尤其是冬季它们多以竹竿为食，然而春夏季它们最爱吃的却是竹笋。据调查，各地大熊猫采食竹笋的种类也不一样：在秦岭采食巴山木竹的竹笋，在岷山采食糙花箭竹、青川箭竹等的竹笋，在邛崃山采食拐棍竹、短锥玉山竹的竹笋……不仅如此，各地的大熊猫对竹笋的粗细还有不同的选择。因为太粗的竹笋已长得较高，含纤维较多，而太细的竹笋与粗竹笋剥弃箨壳所耗费的体力一样，但净收益少了，故太细的竹笋也只得放弃。

令人叹为观止的是，在自然界中大熊猫对竹林的环境也会作一番选择：竹林过稀，大熊猫采食时投入较大，耗能太多；竹林过密，它们在竹林中穿行困难，而且过密的竹林，其营养质量也常较差，故大熊猫也很少光顾。于是，大熊猫就选择密度适中的竹林活动和采食。

大熊猫有许多有趣的行为，在它们的身上还蕴含着不少自然之谜。大熊猫给人的印象是温顺憨厚，可是在人类或猛兽袭击它的幼仔时，大熊猫就会一反常态，张牙舞爪，跟来犯者拼个你死我活。人和猿猴能够抓东西、握物和爬树，这是因为人和猿猴的拇指和其他四指对生的缘故。而大熊猫没有这样指的结构，怎么也能爬树、抓竹子，甚至在动物园里端起搪瓷盆进食呢？不久前人们通过生理解剖，才知道它的五趾虽然是并生的，但从腕骨内侧又长出一个强大的籽骨，就好像多了一个对生的“拇指”。这个“拇指”和那并生的五趾配合，就可以同人和猿猴的手一样抓东西、握物和爬树了。这个能代替拇指功能的籽骨，其他动物是没有的。

▼ 大熊猫

现在，让我们回过头来说一下大熊猫的发现者戴维。1872年，46岁的戴维在中国病倒，两年后他退休回国，此后再也没有来过中国。戴维对自然科学的杰出贡献，得到了世界生物学界的公认。1872年，他当选为法国科学院院士。1900年11月，戴维在巴黎病逝，终年74岁。他始终认为，在中国从事科研和传教活动的12年，是自己最辉煌的时期。

2002年11月，四川省雅安市副市

长孙前带队到法国访问，在巴黎自然博物馆亲眼看见了陈列的宝兴大熊猫模式标本和相关资料，他的脑海里闪过一个念头：雅安是大熊猫的故乡，如果能把当年戴维发现大熊猫的报告和巴黎自然博物馆馆长爱德华兹的鉴定报告这两份文件送到那里的话，便能明白无误地告诉世人：大熊猫是从这里走向世界的。他四处央求、辗转游说，却没有一点回音。

▲ 大熊猫吃竹子颇有讲究

孙前求索大熊猫“出生证”的故事，令中国科学院动物研究所的鸟类学家何芬奇感动不已。他拜访了自己的朋友、联合国教科文组织的专家柯高洁、柯文博士夫妇。经他们的努力，巴黎自然博物馆赶在戴维发现大熊猫140周年之际，在馆内取得了两份文件的复印件，并专程飞往中国，代表博物馆把大熊猫的“出生证”送到四川省宝兴邓池沟教堂。

2005年10月，代表联合国教科文组织世界自然遗产委员会到雅安考察评估“四川大熊猫栖息地”的首席专家谢泊尔·戴维，专程赶到邓池沟教堂。在皮埃尔·阿尔芒·戴维的像前，谢泊尔·戴维激动万分：“100多年前，你在这里发现了大熊猫；100多年后，我到这里保护大熊猫，我们两个戴维做的都是同一件事：发现和保护大熊猫，让大熊猫永远在栖息地生存，与人类和谐相处。”

2006年7月，在立陶宛首都维尔纽斯召开的联合国教科文组织第30届世界遗产大会一致决定，将中国“四川大熊猫栖息地”作为世界自然遗产列入《世界遗产名录》。这是世界上最大的以野生动物为主体的遗产保护地，也是中国进入世界自然遗产保护名录的第一个以野生动物为保护主体的遗产保护地。

如今，我国已开启了大熊猫保护的新纪元，这就是让大熊猫重归山林。我国保护大熊猫研究的专家们一致认为：“研究是为了更好的保护。圈养不是保护大熊猫的最终目的，我们的目标是野外放生。”自2003年开始，人类开始放归第一只圈养大熊猫“祥祥”。近些年来，野外放归的熊猫家族不断壮大。野生种群复壮前景光明无限。

▲ 威风凛凛的东北虎

百兽之王——虎

虎

（食肉目 猫科）

虎（*Panthera tigris*） 头大而圆。栖于森林山地。单独活动。夜行性，能游泳，不善爬树。性凶猛。捕食野猪、鹿、河麂、羚羊等，有时伤害人。中国有东北虎、华南虎和孟加拉虎3种亚种，均为国家一级保护野生动物。

在所有的兽类中，只有两种被人称为“百兽之王”：一种是产于非洲的狮子，另一种是产于亚洲的老虎。从理论上来说，应该只有一种“百兽之王”，不能并列两种“百兽之王”。那么，究竟哪一种才是真正的“百兽之王”呢？应该说，虎才是人们公认的兽中之王，连专家们也认为虎比狮更强大更厉害。其理由有以下四条：

第一，虎比狮残忍。世界上吃人的猛兽，虽然有狮、虎、豹、棕熊、北极熊、狼等六七种，但除了虎、豹以外，其他几种猛兽吃人的记载极少，而虎与豹相比，前者对人的威胁又远远超过后者。

第二，虎比狮狡猾。虎栖息于山林隐蔽之地，捕猎时往往深居简出，乘猎物不备时发起突然袭击；而狮生活在宽广的大草原或沙漠地带，性情较为开朗而老实。

第三，雄狮比雄虎懒散。据科学家的实地观察，雄狮一天中绝大部分时间在睡觉和休息，捕猎任务主要由雌狮担当，而虎就没有这种情况。

第四，虎捕猎技能比狮高明。虎独来独往，从不合群，是孤独的捕猎者，在捕食时有勇有谋；而狮只会直截了当地追杀猎物，一般不会使用诡计。

虎是亚洲特产，只有一个种，就叫做“虎”。据估计，20世纪初全世界的野生虎共有10万只之多，但目前只剩下数千只。动物学家根据虎的分布地区，将其分为9个亚种：孟加拉虎、里海虎、东北虎、爪哇虎、华南虎、巴厘虎、苏门答腊虎、东南亚虎和马来亚虎。我国产的主要有东北虎、华南虎和孟加拉虎。此外，据文献记载，我国新疆中部腹地曾产过新疆虎。

东北虎产于中国、俄罗斯东部和朝鲜北部，又有“西伯利亚虎”“乌苏里虎”“满洲虎”之称。在我国，东北虎仅生活于黑龙江和吉林两省的部分地区，估计数量400～500只。在这9个虎亚种中，论个头之大，当首推东北虎了，所以有“虎中之王”的美名。据记载，雄虎体长2.7～3米，体重190～350千克；雌虎体长2.4～2.65米，体重100～190千克。它的前额有数条黑色横纹，有的横纹中间略微串通，形似“王”字，故享有“丛林之王”的美誉。

华南虎是我国的特有亚种，因而国际上有时称为“中国虎”或“厦门虎”。

▲ 稀有的白虎

它是捕猎高手，能跟踪猎物长达数小时。奔跑速度每小时约为60千米。目前野生华南虎存在的可能性已经微乎其微。截至2017年，已知的华南虎共有165只，全部为人工豢养，分布在16个饲养单位。

孟加拉虎主要产于印度和孟加拉国，新中国成立前不知道我国也有这个亚种，直到20世纪50年代后期才弄清楚云南西双版纳有孟加拉虎，并查明具体地点在勐腊、打洛、勐遮、西盟和普洱。估计数量2 000只左右，是现存数量最多的虎亚种。它的体形仅小于东北虎，但十分凶猛，吼叫声可传至3 000米远。

虎是世界珍稀动物，除了东北虎、华南虎和孟加拉虎，其他6个亚种也已灭绝或濒临灭绝。马来亚虎是2004年才被确认的新的虎亚种。估计数量已经不足400只，是马来西亚国徽上的护盾兽，象征着勇敢和毅力。东南亚虎估计数量600只左右，分布于柬埔寨、老挝、缅甸、泰国、越南和中国，至今人们对此了解甚少。苏门答腊虎估计数量400只左右，是现存体形最小的虎。小巧的身体行动灵活，自由穿行在茂密的热带雨林中。据资料记载，1937年9月27日，最后一只成年雌性巴厘虎被捕杀，宣告了巴厘虎的灭绝。20世纪70年代，里海虎和爪哇虎也先后灭绝，永远退出了历史的舞台。

虎是濒临灭绝的珍稀动物，其中特殊色型的虎自然就格外稀少和罕见了。据20世纪80年代初统计，全世界动物园里共有36只白虎，其中15只是雄虎，21只是雌虎。20只白虎在印度动物园里，10只饲养在美国动物园和马戏团内，还有6只养在英国动物园内。它们都是印度捕到的几只白虎的后代。令人奇怪的是，这些白虎只产于印度雷瓦，别的地方都不产。白虎是虎中罕见的色型，不过它的毛色并不像白狐、白兔那样雪白，而是很淡的乳白色，长有深褐色的横纹，桃红色的鼻子和虎掌，两只眼睛在阳光下好似透明无色，但在背光处却呈浅蓝色。这样的白虎，在我国古书上有许多记述，可能有过，否则不会有“白虎堂”之名，在20世纪50年代广西和湖南也有过白虎的传说。不过话又说回来，我国从未捕到过白虎，也没有拍到一张白虎的照片。

除了白虎，还有黑虎和蓝虎。这两种奇虎仅发现于我国，别的国家没有。黑虎产于清朝时禁猎的东陵林区（今河北省），在1905年和1912年曾被发现并猎获过，以后就销声匿迹了。到了20世纪50年代，传说又发现了黑虎，有人甚至还亲眼看见过它的尊容。可是1957年以后消息又中断了。蓝虎产于福建，曾在1922年猎获过，自1924年以来虽然没有再发现，但是有关蓝虎的传闻在福建仍时有所闻。实际上，蓝虎就是黑虎，只是叫法不同，它们的毛色都是浅黑并稍带灰蓝色，上有深黑色的条纹。

白虎、黑虎或蓝虎，虽然极其珍贵和稀有，但不是虎的新种，也不是虎的新亚种，只不过色型不同而已，至于它们是怎么呈现出白色、黑色或蓝色的呢？澳大利亚拉特罗比大学的桑顿博士，对二十多年来那些活捉的白虎及它们的后代做了详细的调查和研究。他认为，这是由单一隐性基因引起的性状遗传，仿佛同人类蓝眼睛的遗传一样。

在成语里，有关虎的并不少，例如“虎穴龙潭”“龙盘虎踞”“龙腾虎跃”，还有“谈虎色变”“虎视眈眈”“虎口余生”“为虎作伥”“狐假虎威”“虎头蛇尾”等，有褒也有贬。

国内外科学家经过长期观察和研究后认为，虎虽能吃人，但只是极少数；虎的天性是怕人的，见了人总是避开的。

不同的虎，伤人和吃人的程度是不同的。就我国产的三个虎亚种相比较：东北虎最少，自新中国成立以来，还从未见过吉林和黑龙江两省有东北虎吃人的报道。华南虎吃人多一些，这可能是由于原先它的数量远远超过东北虎，加上产地人口又相对稠密，因此人虎之间矛盾尖锐，这也是华南虎伤害人多的一个因素。孟加拉虎吃人最多，1984～1986年在孟加拉森德邦有814人葬身于虎口；据1953年7月14日的《人民日报》报道，在靠近缅甸边界的打洛地区，“老虎曾吃过很多的人”。

我们说极少数虎会吃人，这类吃人虎究竟有多少呢？美国科学家乔恩·R.隆马说：“一般说来，虎总是趋避人类的，但其中也有5%可能成为吃人兽。”而我国的谭邦杰先生认为：“‘吃人虎’的数字极少，平均每100只虎中也不见得有一只是吃人虎。所谓吃人虎指已经养成吃人习惯的虎，而不是指一般伤人甚至咬死人的虎，后者是不足为奇的。”

虎是怎么从怕人变为吃人的呢？据分析，通常有以下几个原因：

第一是受伤。虎不仅以大、中、小型食草动物为食，而且还猎取像豹、熊、狼那样的猛兽。如果一只虎跛足、瞎一只眼或断齿，它就不能再正常地猎食这些野生动物，最后迫于饥饿，只得铤而走险，攻击一向畏惧的大敌——人类。攻击的结果，使虎发觉吃人比猎取其他野生动物更省力，这样就导致它逐渐失去了怕人的天性，终于变成了一只吃人虎。有时，一只虎被猎人所伤，它也会蓄意报复，向人发起进攻。

第二是年老。一只年老的虎，因为动作迟缓、功能衰退等原因，往往“力不从心”，无法再去猎取野生动物，逐渐就变成了一只吃人兽。据专门捕猎印度吃人虎的美国狩猎家柯尔贝特说，吃人虎中有十分之一是因为年老。

第三是人为因素。印度的吃人虎为什么如此多，现在有一种解释，因为以前印度西北边区和内地常闹严重的传染病，可能一下子会死许多人，来不及火葬便弃尸荒野，结果被虎、豹、豺、狼所食，这也是造成虎吃人的一个原因。有时，猎人步步紧逼，虎自觉没有生路，只好“狗急跳墙”，突然向人反扑；或者虎正在休息、进食，突然被人惊扰，因惊惶失措而向人扑去；或者虎在追逐异性和抚育幼崽时，被人干扰，它就会冲上前去。

在马戏团或杂技场里，人们可以看到虎是怕人的，人完全可以制伏猛虎。驯虎人拿着一根短小的指挥棒指东划西，虎就跟着指挥棒转，做出各种各样的精彩表演，令观众啧啧称奇！

为了保护虎，有关国家已实施国际性的虎保护计划，举行“世界虎保护战略”国际学术讨论会，采取了一系列措施，制定了保护法，建立有关机构，建设保护区，开展虎的生态学、行为学、谱系学等研究。我国已将国内产的几个虎亚种都列为一级保护野生动物，对其严加保护，违者依法惩办。

为什么虎不仅禁打，还要保护呢？原因很多，主要有两点：一是这种动物已濒临灭绝。它是生物长期自然演化过程中的产物，是人类的一种自然历史遗产，一旦灭绝，将永远不可能再恢复或创造出来；二是保护虎及其栖息环境，也就是保护了人类赖以生存、生活、生产所必需的环境。

▲ 敏捷又凶猛的豹

豹、云豹和雪豹

豹

（食肉目 猫科）

豹（拉丁学名：*Panthera pardus*）体较虎小。体一般有黑色斑纹。善奔走。以鹿、野猪、猴、兔以及鸟类和青蛙等为食。同科动物有金钱豹、云豹、雪豹等。均为国家一级保护野生动物。

我国共有三种豹，即豹、云豹和雪豹。由于它们数量稀少，与大熊猫和虎一样，都已被列为国家一级保护野生动物。

豹的形状似虎，但体形比虎小得多，一般体重在50千克左右，最大的豹也不超过75千克，可是在三种豹中已是首屈一指了。这种豹广泛分布于亚洲和非洲许多地区。在我国，曾在二十多个省、市、自治区捕到过。根据豹在我国不同的分布地区，可分为三个亚种：一个是东北亚种，即东北豹，数量比东北虎更少，估计野生的还不到100只，如今已被公认为世界上最稀有的豹亚种之一，世界自然保护联盟（IUCN）把东北豹定为易危动物；另一个是华北亚种，即华北豹，是我国的特有亚种，数量可能比东北豹略多一些，但也很珍贵和稀少，世界自然保护联盟把它定为近危动物；再一个是华南亚种，即华南豹，它在我国的分布区和数量，比东北豹和华北豹更广更多，但是20世纪70年代以后数量已锐减。

我们对豹的认识有一个过程。早期由于数量较多，有说这种猛兽会危害牲畜，所以把它与熊、狼、野猪并列，称为"四大害兽"，大量捕杀。到了20世纪70年代末，发现豹的数量急剧减少，国家便把它列为第三类保护动物，由地方主管部门制定禁止捕猎或限制捕猎的办法。1981年，豹升为国家第二类保护动物，即不经地方主管部门批准不许捕猎。眼下，豹又升为国家一级保护野生动物，不经中央主管部门批准，不许捕猎。从不保护到保护，再从保护等级的逐渐上升，说明这种动物的野生数量越来越少，而其珍贵程度越来越高。在国外，豹是威严、勇敢、坚强和力量的象征。例如，圭亚那的国徽上画着一对豹；索马里国徽上也是一对豹，它们同握一个蓝色的盾牌，盾牌上还有一颗白色的五角星。

豹是一种美丽的动物，身上有圆形、椭圆形或多角形的黑环，黑环中间黄色较浅，因黑环状似古代钱币，故有"金钱豹""银钱豹"和"文豹"之称。在同一窝幼豹中，有时毛色会不一样，有黄的，也可能有黑的。黑豹是漆黑色，比黑虎要黑得多。可是，在阳光的照射下，那黑色的毛皮上还隐约可见一环一环的黑色花纹。

豹是猫科动物中最敏捷和凶猛的野兽。它四肢矫健，善于跳跃，向上一跳可达6米，纵身一跃可达12米。别看它体形小，捕食时却比虎、狮沉着，狡猾和凶猛，常猎取一些大型食草动物，如羚羊、野羊、野猪和各种鹿。它更善于爬树，经常上树捕捉猿猴和飞鸟，饱食之后在数米高的树桠上休息。有时也吃鱼和袭击家禽及小家畜。豹的捕猎本领很强，有好多"高招"：一是埋伏在树上，乘猎物路过时，就跃身而下，连抓带咬；二是跟踪在食草动物后面，借树木掩护，逐渐潜近，然后突然扑过去，一般是咬猎物的颈部；三是潜伏在树丛中，伏击走近的动物。豹吃剩下来的食物，一般不会随意丢弃，总是将它存放到高高的树枝上，待以后再吃。

世界上不但有“吃人虎”，确实还有“吃人豹”。20世纪20年代，印度曾发现过3只吃人豹，其中一只在3年内共吃了125人，后于1926年5月被人击毙。在我国，至今还未发现或听到过豹吃人的事，当然也不能说绝对没有。有人说，豹动作灵敏，又善于隐蔽，因而在一定的场合比吃人虎更危险。其实不然，不但世上吃人豹的数量远比吃人虎少得多，而且它的个子和体力都远逊于虎。在遇上豹时，一些敢于拼搏的人，常常能战而胜之。在非洲索马里的热带雨林中，有名著名的动物标本制作师叫爱克兰，与豹不期而遇。他举起猎枪瞄准这只猛兽，由于傍晚昏暗，他的第一发子弹打偏了，豹只是在腿部受了点轻伤。它被激怒了，疯狂地向爱克兰扑来。后来经过一场肉搏战，爱克兰获胜了。在我国人们制伏豹的事例也不少，最有名的有两起：一起是陕西省陇县一名67岁的老太太在四个小孙儿的协助下，赤手空拳打死了一只豹；另一起是豫北有位70多岁的老猎手，竟然赤手擒豹，20多年来他和三个儿子，为多家动物园捕捉了23只活豹。不过，豹是夜行性动物，白天待在树丛或岩洞中，晚间才外出活动，且行动极为小心谨慎，一般人不容易碰上它，即使遇到也极少主动向人发起攻击。

▼ 可爱的云豹幼崽

在三种豹中，云豹的个头最小，一般体重为15～20千克，最大的也不超过30千克。可是在猫科动物中，它属于中等身材，比起各种野猫来要大得多。

云豹的外形似豹，但纹色迥然不同。它身披焦黄带灰色的长毛，头部有黑斑，身上的黑纹像云状块，故得名“云豹”或“乌云豹”，我国台湾人把它称为“云虎”。在毛皮业中，云豹还有“荷叶豹”“龟纹豹”或“龟壳豹”之称。这些称呼，形象地反映了这种动物身上的花纹。

云豹生活在我国南方和东南亚各国，是热带、亚热带丛林中的居民。它个头虽小，但与其他食肉兽一样凶猛和矫健。它的爬树本领很高，常在树上捕食鸟、猴和其他树栖小兽，有时会从树上一跃而下，捕捉地面上的野兔、小鹿等。非林区的云豹，主要在地面上捕食中小型食草动物，甚至还吃各种野鼠。据国外报道，它会盗食家禽和猪羊，但国内没有这方面的记录。平时，云豹较少下地，多半在树上活动和睡眠，它身上的毛色和斑纹，在树丛中成了很好的保护色。尽管云豹较为凶猛，但一般情况下不会伤人。

1982年12月间，湖北省西部秭归县有4个农民活捉了一只云豹。他们发现

▼ 雪豹生活在高原雪线附近

云豹后就跟踪追击，见它跑进一个石洞，就用石头堵住洞口。以后，他们每天往洞内送水送肉。11天后他们移开石头，取来一个大笼子，将笼口对准洞口，夜里云豹自动入笼。农民们捉住这只云豹后，把它送给了宜昌动物园。目前，国内外有些动物园饲养的云豹，已成功地繁殖了后代。“活云豹不易驯养”的时代已经基本结束了。不过，根据国际上饲养云豹的经验，这种动物产仔时不能有任何惊扰，不然的话，幼仔就会被母兽抛弃，或被母兽吃掉。

雪豹体形似豹，个头略小于豹，因居高山雪线附近而得名。它浑身灰白或乳白色，有黑色的不规则斑点和环纹，颇像植物的叶子，故又有“艾叶豹”之称。它如果伏在地上一动也不动，会使人误认为是一块带花纹的青灰色顽石！可能是出于这一原因，许多动物学家认为它是猫科动物中最美丽的一员。

雪豹是高原地区的一种岩栖动物，我国主要产于西藏、新疆、青海、甘肃、四川等地的一些高山上，常栖居在海拔2 500～5 000米处，那里空旷多岩石。它不太喜欢藏身于丛林或灌木中，习惯于活动在断岩峭壁之间，筑窝在岩石洞中。一个窝穴往往可住几年，休息和产仔时都在里面。

雪豹是夜行性动物，白天待在窝穴中，晚上外出觅食，在黄昏或黎明时候最为活跃。通常，天暖时在高山雪线以上地段追猎岩羊、盘羊、北山羊等高山食草动物，也吃兔、鼠。到了冬季，因高处觅食困难，它就到雪线以下低处觅食，有时也潜至村庄附近盗食家畜充饥。为了填饱肚子，雪豹往往跑到很远的地方，常按一定的路线绕行于一个地区，需要好多天才能回来。

雪豹生性异常凶猛，行动敏捷机警，四肢矫健，动作非常灵活，善于跳跃，十多米宽的山涧可以一跃而过，3～4米高的地方能够一窜而上。它所向无敌，在高山上堪称一霸，但从不攻击人。它的捕猎方法，主要有两种：一种是借助于隐蔽物，逐渐潜近猎物，到足够近时，突然跃身袭击；另一种是埋伏在岩石、小路旁等待动物走过，当猎物离埋伏处只有数十米时，它便突然跃起，接连跳几下（每一次跳六七米远），一下子将对方抓住，如果抓不到时，一般不再追赶。抓到食物后，雪豹先用爪将动物按在地上，然后咬对方的喉部或臀部。

因为雪豹独来独往，昼伏夜出，行动诡秘，世界上一些研究雪豹的专家，在野外也无缘见到雪豹。例如国际著名雪豹专家乔治·夏勒博士在我国新疆、青海、西藏等地考察雪豹几十年，也只是“只见其皮，不见其形”。相比之下，一支由中国、美国、英国等6国科学家组成的12人联合考察组可算是幸运儿了。2005年下半年，他们在新疆天山主峰托木尔峰地区与野生雪豹不期而遇。科学家们拍摄了大量的珍贵图片，这是人们首次在我国境内获得野生雪豹的真实生存记录，这是国内雪豹研究的重大突破。

食肉兽中的庞然大物

棕熊

（食肉目 熊科）

棕熊（拉丁学名：*Ursus arctos*）体大，肢粗壮，耳小，尾很短。受到挑衅或遇到危险时，容易暴怒，打斗起来非常凶猛。杂食性。能爬树。分布在北半球。在南半球，除了南美洲北部外，其他地方没有它的踪迹。

人们一说起熊，往往就把它同虎、狼等联系起来，心里感到害怕。确实，自古到今有吃人的熊，它们对人类有一定的威胁。古代，我们的老祖宗——猿人和原始人，有两个强敌：一个是剑齿虎，另一个是穴熊。后来，经过长期的“互食”争斗之后，我们的老祖宗胜利了，成为统治者，而熊退居为被统治者，终于成了老祖宗的狩猎对象。今天，熊对人类的威胁已经不大，我国产的熊很少主动袭击人，甚至不攻击人；相反，由于它们数量稀少，我们要注意保护它们。

全世界共有棕熊、黑熊、马来熊、马熊、美洲熊、北极熊、懒熊7种熊科动物，前4种我国都有分布，除马来熊属于国家一级保护野生动物外，其余均为二级保护野生动物。

这类动物，虽然个头大小悬殊，小的体重只有40千克，大的种类体重可达800千克，但是在动物学家看来，它们却是食肉兽中的庞然大物。其实，它们名为食肉兽，却已经偏离了肉食的特性，多数种类已特化成杂食性，吃起素食来了，甚至以植物为主食。

棕熊因产地、大小、毛色等的差异，又分为好几个亚种。在不同产地，棕熊又有不同的名称。生活在黑龙江大小兴安岭和长白山等地的东北棕熊，有时能在密林中摇摇晃晃地直立行走，仿佛是个大“毛人”，加上它的脚印同人的足迹相似，因而有“人熊”之称。栖息在新疆和西藏的一个棕熊亚种，因为毛色是红褐色的，故名“赤熊”；又因为它常出没于高山雪地，有时毛色很浅，呈乳白色，所以又叫做“雪熊”。产于新疆、青海一带的棕熊，又叫“哈熊”，据说是由于喜欢捕食土拨鼠（又叫“旱獭”“哈拉”）的缘故。古人把棕熊称为“罴”。棕熊不仅产于我国，欧亚大陆及北美洲也有。

棕熊是熊类中的大个子，又是当今世界上最大的食肉动物。参观过北京雍

▲ 大个子棕熊

和宫的游客可能知道，在宫里的一间配殿内，有两只比牛还大的棕熊标本，旁边的说明牌上写道："乾隆十九年（1754年）圣驾巡幸盛京，八月二十日至吉林额林嘉糜，亲射得熊一，重千余斤；八月二十一日，又射得一熊，重九百斤。"据考证，这是两只个体极大的东北棕熊。不过，它们还不是世界上最大的棕熊。最大的棕熊是阿拉斯加棕熊，它产于美国阿拉斯加湾科迪亚克岛上，因而又叫"科迪亚克棕熊"或"科迪亚克罴"。1894年，有人杀死了一只雄性阿拉斯加棕熊，重750千克，熊皮展开后长达4.1米。美国科罗拉多州斯普林斯动物园里的一只雄熊，死时重达757千克。据说还有重800千克的。

棕熊栖息在山区的森林地带，多在针叶林或针阔混交林中，主要以青草、浆果、昆虫、鼠类等为食。据说它最爱吃蜂蜜，在饥饿时，狍、鹿、山羊和野猪的幼仔也常常成为它的美味佳肴。有时，棕熊见了腐肉、鸟和鸟蛋，也不肯轻易放过。通常，棕熊不会主动攻击人，但是带着仔熊的母熊，或是受伤的熊，会变得异常凶猛。

棕熊有冬眠习性，它的冬眠洞穴多筑在阳坡的大树洞、倒木根或岩石间，洞内铺着厚厚的苔藓和枯草，一个洞穴只住单只成年的熊，母熊则与3岁以下的仔熊同居一个洞穴。它们的冬眠时间，从10月底或11月初开始，直到次年三四月间。冬眠时，棕熊处于一种"假睡"状态。在冬季较温暖的日子里，有时冬眠的棕熊会爬出洞外活动。棕熊的寿命很长，动物园饲养的棕熊有活到47岁的，也有的母熊在31岁时竟还会生儿育女。

黑熊又名"狗熊""黑瞎子""狗驼子"。它体毛黑色，富有光泽。这是亚洲较为常见的种类，在我国广泛分布于东北、华北、华南、西南等地，台湾省也产，数量较多。它的体形比棕熊小，体重一般不超过200千克，个别可达250千克。

黑熊虽然视觉较差，但是嗅觉和听觉却较灵敏。它善于爬树，下树时屁股向下，用足交互向左右两边移动；还能游泳，可横渡急流；也可直立行走，像人那样坐着。它的行动既谨慎，又缓慢。如果发现可疑的物体，会立即逃跑或停下来，用后足站起，环视周围；一旦有危险，即快速地逃入密林。黑熊很少主动袭击人

▲ 黑熊视觉较差，嗅觉和听觉却较灵敏（Guérin Nicolas供图）

类，但受了重伤或被人紧逼时，也会反扑。在我国东北地区，曾有一只黑熊敲开了军营的伙房门，捧出半块生猪肉，虽已饥肠辘辘，但却斯文地小口咬嚼，细细品尝。有时熊会找上门来，这主要是因为肚子饿，想找东西吃，只要不惹它，它是不会伤害人的。

人工饲养的棕熊和黑熊，经过训练都能学会表演杂技，如走钢丝、挑担子、踩球、打篮球、跳舞和推车等节目。有一只名叫“维克多”的棕熊经过一番练习，竟然成了摔跤场上的常胜将军。维克多刚生下来不满3个星期，它的母亲便死了，职业摔跤运动员乔治收养了它。维克多长到3个月后，乔治就开始对它进行摔跤运动的训练。维克多出色的平衡能力，掌握摔跤动作要领的才能，常使乔治惊叹不已。但乔治还是花了两年的时间，按部就班地对维克多进行训练。

在摔跤场上，曾经有几万人和维克多较量过，其中包括美国康涅狄克州和加利福尼亚州的摔跤冠军。但是，经过一番激烈的搏斗之后，他们都先后败在维克多的“手”下。

马来熊又名“太阳熊”“狗熊”，是世界上最小的熊。它的身长有1.15～1.20米，体重在40～45千克之间，与最大的阿拉斯加棕熊相比，只有二十分之一的重量。

在我国，马来熊仅产于云南南部的热带森林中。它体形瘦小玲珑，非常善于爬树，主要以果实、椰子树苗、昆虫等为食，也吃鸟蛋和小鸟，是一种杂食性动物。因为体毛很短，它比较怕冷。

马来熊与一般熊有许多不同的地方。它全身的毛漆黑、光滑、油亮，只有吻部是灰黄色的，十分显眼；它的前肢和前掌与其他的熊也不同，明显地向内侧弯曲；一般的熊到了冬天都要进行

瘦小玲珑的马来熊 ▶

程度不同的冬眠，而马来熊却从来不冬眠；它的胸部有一个奇特的新月形白斑，极大多数熊是没有的。

在我国，马来熊不仅产地极为狭窄，而且长期以来未被活捉过，据说这种熊在动物园也不易饲养，所以显得格外珍稀。

马熊产于我国西北和西南地区，过去一些学者认为它是棕熊的一个亚种，叫做“西藏棕熊”。但是，不少学者表示反对，他们根据马熊某些特殊的形态，如上臼齿明显大于棕熊的各个亚种，认为它是一个独立的种。

从北京动物园饲养的马熊的生长情况来看，它的个头明显小于棕熊的各个亚种。不过它的体毛特别长，所以看上去比它的真实个头稍大一些。人们叫它“马熊”，主要是因为它有一张长脸，看上去很像马脸，倒不是它形大似马。

在7种熊科动物中，要数马熊最漂亮了：它的头部金黄色，两只耳朵是黑色的，还有一个很大的白色环，从喉部通达肩膀；在它的上部身体深褐色与棕黄色相间，腹部淡褐色，胸部和喉部白色，真是五彩缤纷。难怪有人从望远镜中看过去，竟误认为这是一只大熊猫呢！据说，有一名外国专家在北京和成都两家动物园拍摄了马熊的彩照后，一面端详一面赞赏说：“多美丽的熊啊！我认为甚至比大熊猫更为美丽。”

▼ 马熊长有一张长脸（Joseph Smit供图）

有“神狗”之称的豺

豺

（食肉目 犬科）

豺（拉丁学名*Cuon alpinus*）体较狼小，比狐大，体长近1米；体色通常棕红，尾末端黑色；腹部和喉棕白色，有时略杂有红色。性凶猛，喜群居；食性杂，袭击中小型兽类。分布于中国（台湾、海南及南海诸岛除外）及俄罗斯西伯利亚、中南半岛、印度、印度尼西亚等地。

豺的名称之多，在众多的兽类中名列前茅。它有“红狼”“豺狗”“斑狗”“棒子狗”“扒狗”“绿衣”“马彪”等称呼，外国人则称豺为“亚洲野犬”或“亚洲赤犬”。

豺是一种犬科动物，个头比狼小，比狐大，体重不过20千克左右。自古至今有关豺的民间传说颇多，把这种动物说得神乎其神。豺、狼、虎、豹都是凶猛的野兽，而我国古人就把豺列为四凶之首。更有甚者，有人称它为“驱害兽保庄稼的神狗”。这种“神狗”，不但能消灭各种大大小小的害兽，为人类保住大量粮食，而且还会暗中保护行人的安全，使他们免遭恶兽侵害。尤其离奇的是，据说当它们发现人在山地露宿后，便悄悄地在其周围撒几滴尿，凶禽猛兽闻到这股尿味就会立即“逃之夭夭”。此外，豺的性情固然勇敢、凶狠，但民间说它是一种“吃虎的动物”，甚至还说它“有翅能飞，专门吃虎！”讲得真是头头是道、天花乱坠。

动物学家们经过考察与研究后认为，民间对豺之所以有种种神奇的传说，可能与它的习性有关。

豺在我国分布很广，不仅北方有，南方也有，而且栖息地比较广泛，包括丘陵、森林、山地和热带丛林，加上原来数量很多，所以它成了人们比较熟悉的一种动物。

豺不仅凶猛，灵活，爪牙锐利，而且大多集群活动。“人多势众”，这种动物不仅能捕食像鼠、兔这样的小兽，还能杀死麂、狍、羊那样的中型兽类，甚至能围猎比自身大得多的大型兽类，如野猪、野牛、鹿、马等。可以说在豺的生活区内，几乎没有其他动物能与之匹敌。它们经常5～6只或7～8只，甚至超过10只一同出没。豺有头豺，正像羊有头羊、猴有猴王一样，头豺比其他豺狡猾机

警。虽然豺不可能吃虎，但是成群的豺，确实敢于从虎口中夺食。如果虎坚决与它们争食，一场激战便开始了，最终多半是两败俱伤。据记载，在印度曾发生过几次孟加拉虎与豺群血战的事例。结果，每次都是在虎咬死、咬伤几只豺之后，没能冲出重围，终于筋疲力尽，倒地不起，被众豺活活咬死。有时，豺群并不冲上前去夺食，而是耐心地等待虎吃饱后离去，然后分享一点剩羹残汁。此刻，虎不会向豺群进攻，据说虎也需要感觉灵敏的豺来告知远处的动静。这就是“虎豺共生，互相利用”。至于熊，虽是食肉猛兽，但如果有豺群走来，它们会拔腿就逃，或者立即爬上大树，否则就有生命危险。因为豺采取集体行动，在互相呼应和配合作战上要比狼群高出一筹，可以多取胜。不过豹或熊与豺一对一格斗，由于体力相差悬殊，豺是肯定要输的。

豺群在集体围猎时，动作也十分凶狠。有人目击它们在杀死一只麂子时，首先搞瞎猎物的眼睛，然后再分食内脏和肉。也有人发现，豺群在追击一只个头很大的马鹿时，勇猛而狡猾的头豺会乘其不备，跃上背去，迅速掉转头来，对准肛门，连抓带咬，把内脏掏出，然后与众豺一起分享这一美餐。

豺对人类固然有害，会捕杀一些有经济价值的狩猎兽类和盗食少量家畜，但是它的功劳也不容抹煞。这种动物能抑制野猪等食草兽的过度繁殖，对农业有保护作用，还能维持大自然的生态平衡。再说，目前豺的数量正在减少，有些原产豺的国家或地区这种动物已经消失，只有我国江西、四川、西藏、青海还有较多的数量。我国已成为世界豺的分布中心，许多国家动物园都想从中国得到这种神秘的动物。分析利弊得失之后，我国已将豺列为国家一级保护野生动物，犬科动物中另有6种国家二级保护野生动物。

◀ 豺灵活而又凶猛（Sumeet Moghe供图）

五花八门的小食肉兽

俗称“九节狼”的小熊猫

小熊猫

（食肉目 小熊猫科）

小熊猫（*Ailurus fulgens*） 头圆，四肢粗短。上体毛色深红，下体和四肢黑褐；耳边白色，脸有白色斑点。尾有九个深浅不同的环纹，故亦称“九节狼”。晨昏集小群外出活动觅食，白天隐匿在洞穴中休息。善爬树。以根茎、箭竹茎叶、竹笋、嫩叶、果实为食，也吃小鸟和鸟卵。为国家二级保护野生动物。

在动物园里，小熊猫与大熊猫一样，也受到游客的青睐。许多人在观赏大熊猫时，自然会联想到小熊猫。其实，两者的名字虽仅一字之差，却不是同一个科的动物。大熊猫属于大熊猫科，而小熊猫属于小熊猫科，后者除了爱吃竹叶、竹笋外，更喜欢肉食。

小熊猫又名“小猫熊”，四川人叫它“山闷得儿”，云南人却称它“金狗”。在风和日丽的天气，它们喜欢在岩石上蹲着晒太阳，悠闲自在，所以人们又叫它“山门蹲”。小熊猫还有一个奇妙的名字叫“九节狼”，因为在它5千克左右的体躯上，像狼那样生着一条又粗又长的尾，尾毛上还镶着赤色与黄白色相间的九节环纹。

小熊猫的长相十分惹人喜爱。它体形胖乎乎的，很像猫，全身披着棕红色的毛；头圆脸宽，长着一对白色的大耳朵，耳内却是黑褐色的；细细的眼睛上面，各有一块白斑，远看仿佛长着4只眼睛；在逗人发笑的白花脸上长着一个短鼻子，鼻尖上有黑色颗粒状的皮肤，四周都是乳白色的毛，一直伸到眼眶中央；上下唇都长有白色的胡须，上唇更长。那模样简直像京剧中小丑的脸谱。

大熊猫是中国特产，而小熊猫是东亚特产。除了我国四川、云南、西藏等地外，只有印度、尼泊尔、缅甸等国的狭窄地区有少量分布，而且产量稀少。我国已列为二级保护野生动物。

小熊猫主要栖居于海拔3 000米以下的针阔混交林或常绿阔叶林中有竹丛的地方，以竹笋、竹叶、野果和小动物为食。它性情孤僻，未见有大群活动，最多3～5只在一起。它在地面上行动迟缓笨拙，加上性情温和，自卫能力差，因而易被敌兽所害。不过它的爬树本领较高，一下子就能爬到很高很细的枝头上去，这样一来，即使能爬树的大个子猛兽也无可奈何了。据动物园饲养人员的观察，

▲ 小熊猫长相惹人喜爱

爬高是小熊猫的一种习惯，它见到观众接近时就登高，还爱在树枝上休息或睡眠。在休息时，它的胸、腹紧贴在树枝上，四条腿自然下垂，而且还不时地用前爪擦洗自己的白花脸，或者用舌头不断地舔弄自己的细毛。

小熊猫耐寒怕热。在动物园中，一般冬季外界气温不低于−10℃时，不用加温保暖，小熊猫就可安全过冬。但夏季当气温超过30℃时，小熊猫即有呼吸加快、张口伸舌的现象出现；当气温高达35℃以上时，小熊猫的食欲明显下降，呼吸增快，张口伸舌，活动减少，喜静卧在通风阴凉潮湿处，饮水量也明显增加，甚至出现呕吐等中暑现象。

据报道，饲养的小熊猫最长寿命为13年5个月，而野生的小熊猫寿命一般为12年。可是，江苏省常州市红梅公园饲养的小熊猫，寿命长达19年，创造了世界纪录。

春天是小熊猫的繁殖季节，它们三五成群，择偶交配，发出“ge——ge”的嘶叫声。此时，雄兽在岩石、树桩上留下小便作为信号。到了交配时期，亲兽就将“儿女”驱散，让它们各自择偶组成新家庭。雌兽怀孕2个多月后，在树洞或岩缝中产仔，每胎2～3只。刚出世的幼仔只有6厘米长，体重100克，全身乳白色，眼睛紧闭着。一周以后体毛逐渐变为深灰色，以后体色慢慢地变得与“父母”一样了。

▲ 黄喉貂（Rushenb供图）

大名鼎鼎的毛皮兽

紫貂

（食肉目 鼬科）

紫貂（拉丁学名：*Martes zibellina*）大如獭，四肢短，尾粗，尾毛长而蓬松，体黑褐色或紫色。皮最能御寒，为珍贵皮料。爪尖利，适于爬树。主食鼠类和鸟类，也吃果实。中国分布有紫貂、水貂等。为国家一级保护野生动物。

我国的紫貂、黄喉貂和石貂，都是毛皮兽，其中尤以紫貂最为著名。由于它们的数量都较稀少，前者被列为国家一级保护野生动物，后两种已列为国家二级保护野生动物。

我国东北有三件宝——人参、貂皮、乌拉草。虽然新中国成立后乌拉草的地位由鹿茸取代了，但貂皮仍不失为宝。这里所说的貂，不是目前人们饲养的水貂，而是声名赫赫的紫貂。

紫貂又叫“黑貂”“林貂”，外貌与黄鼠狼相似，体长30～40厘米，体重约1千克。它尾巴粗短，长11～19厘米。此兽体色单一，为灰褐、黄褐或黑褐色，头部较浅，耳大眼亮。

紫貂之所以有名，主要是由于它的毛皮非常珍贵的缘故。它全身的毛色基本相同，仅杂有白色针毛，俗称“墨里藏珠”，十分漂亮。因为它的毛皮轻便坚韧，毛绒华丽，保暖性极好，所以古今中外都是毛皮中的珍品，还被人赞为“裘皮之冠”。尤其是它的保暖性能，几乎是其他任何毛皮无法比拟的。雪花、水珠在貂皮上无法停住；隆冬，一碗冷水，用紫貂皮包住，放在露天的地方很久也不会结冰。正如前人所说的那样：“见风愈暖，落雪则融，遇水不濡”。在我国战国时代，赵武灵王改穿胡服，学习骑射，曾仿效北方民族风俗，将貂尾插于帽上，以示尊贵。晋代谚语说“貂不足，狗尾续”，用来讽刺封官太滥，貂尾不够，用狗尾代替充数。相传在古代，只有宰相等高官才有资格穿紫貂皮做成的冬装。指挥千军万马的将军，身穿用紫貂皮制成的“彩貂战裙”，这是最高级的军服。

紫貂仅产于我国、俄罗斯、朝鲜和蒙古少数几个国家的林海雪原中。而我国，又仅栖息于东北和新疆北部，所以分布区是较为狭窄的。

紫貂习惯于夜间活动，出没无常，有时一个晚上能跑上50千米，行动十分迅速。它以野兔、鼠、鱼、蛇、蛙、鸟和昆虫等为食，并有一套夜间偷袭的本领，往往乘猎物不备，进行突然袭击，将对方一举擒获。此外，这种动物也吃松籽、浆果等植物。

紫貂在土洞或石洞里筑巢，它的“住房”很讲究，有3间“小屋”：一间是卧室，地上铺满干草和鸟羽兽毛；另一间是卫生间，大小便就在那里；再一间是

◀ 紫貂在松香林海中生活

储粮仓库。仓库里面有从地面捕来的鼠，树上捉来的鸟，水里捞来的鱼，还有采摘来的野果等。当冰雪季节来临，不易找到食物时，它会从仓库里取食。颇有意思的是，有时候紫貂还会把猎物悬挂在树枝上，让它们在阳光和充满松针清香的林海中风干，这样似乎吃起来味道更好。紫貂就这样“积谷防饥”，把生活安排得井井有条。

根据保护和利用并举的方针，我国野生动物研究人员，通过深入实地考察，走访猎户，摸清了紫貂的生活习性，在养貂场为它们创造了接近野生的环境。1965年紫貂的人工繁殖首次获得了成功。目前，我国已在不少地方建立了紫貂养殖场，并在养殖场里进行繁殖，逐渐解决保护紫貂与使用紫貂毛皮之间的矛盾。

黄喉貂的前胸部有明显的黄橙色喉斑，故得名。由于它喜欢吃蜂蜜，因而又有“蜜狗”之称。还有人称它为“黄猺”“青鼬”。它是貂属兽类中较大的一种，个头和成年的家猫差不多，体长在41～63厘米之间，体重1.5～2.0千克。黄喉貂头较尖细，略呈三角形，它的体形细长，像个圆筒。四肢虽然短小，但却强健有力。前后肢各具5趾，趾爪弯曲而锐利。在我国，黄喉貂分布广泛，东北、华北、西南、华南各省和西藏等地都有它的足迹。

黄喉貂栖息于大面积的丘陵或山地森林中，多居于树洞中，常单独或成对活动，行动快速敏捷，具有高强的爬树本领。似匕首样的锐利爪子，又是它猎取食物的武器。在它的食谱中，既有野果、昆虫和鱼类，又有鸟和鸟蛋，还有鼠、獾和狸子。黄喉貂是紫貂和松鼠的主要天敌，它甚至能猎捕比自身大得多的山羊、麝和幼鹿等，偶尔也会潜入村庄偷吃家禽。

虽然黄喉貂的毛绒比较厚软、板质良好，但由于毛不稠密，且短而硬，所以毛皮价值远不如紫貂。

石貂又名“岩貂”，喜欢生活在多岩石的山林环境、草原和黄土高原的沟谷。这种小兽的尾毛蓬松，形似一把扫帚，当它在雪地上行走或奔跑时，仿佛在扫雪一样，因而有人又叫它“扫雪”。它体长50厘米左右，体重在1.6～3.0千克之间，最大的可超过3千克，也是个头较大的貂属兽类。石貂的外形像松貂，但尾巴比松貂长，体色常呈灰褐色或棕褐色，喉胸部有一块鲜明的白斑，向后分叉，呈“V”形，以此可以同其他貂类区别开来。它分布于我国内蒙古、河北、陕西、四川等地。

石貂是一种夜行性动物，通常白天待在洞穴中，夜间外出活动，早晨和黄昏时活动最频繁。它捕食鼠类、小鸟、野兔、旱獭，也吃两栖动物和小型爬行动物，有时还用野果果腹。

石貂的毛皮质量次于紫貂，优于黄喉貂，但皮张幅度比紫貂大，所以也是制裘佳品。

加强貂类栖息地和野外种群保护，同时发展规范的养殖事业，合理开发与严格执法相结合，可以起到更好的保护作用。

▼ 石貂（Franco Atirador供图）

四海为家的貂熊

貂熊

（食肉目 鼬科）

貂熊（拉丁学名：*Gulo gulo*）体形介于熊与獾之间。鼬科动物中体形最大的一种。尾毛蓬松，臀部至后肢上部的毛粗而长。生活于寒冷地带林区，栖居石崖间或岩下，能爬树，会游泳，捕食兔、松鼠、雷鸟、松鸡等，喜食大型兽尸肉，夏季下河捕食鱼类。数量稀少。为国家一级保护野生动物。

貂熊又叫“狼獾”“飞熊”“月熊”，是人们比较陌生的一种珍稀动物。它在世界上分布很广，而在我国仅产于阿尔泰山、大兴安岭北部等地的泰加林山地中，据说已有二三十年未见踪影，可是近几年又默默地繁衍起来，不过数量极少，非常珍贵。我国已列为一级保护野生动物。

貂熊与大家熟悉的黄鼠狼、紫貂同属一个大家族——鼬科，而且是这个家族中个头最大的一员。俄罗斯西伯利亚产的貂熊，体重有11～18千克。我国产的貂熊个头较小，体重只有7～9千克。它的外貌比较特别，介于熊与獾之间，也有人说它介于熊与貂之间，难怪它的名称里包含着“貂、熊、獾”三个字。貂熊全身棕褐色，尾短而毛粗长蓬松，爪子弯长而尖利。

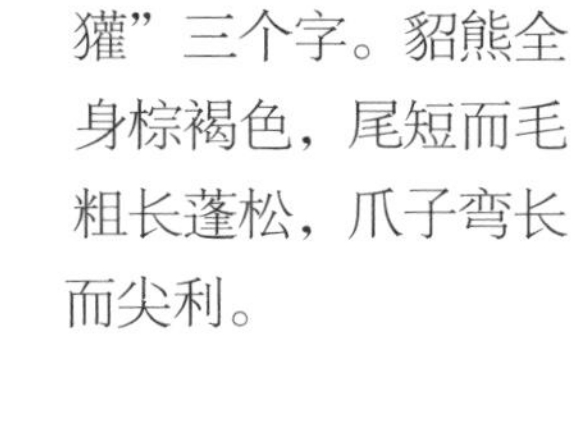

◀ 貂熊（Matthias Kabel供图）

鸟营巢，兔掘窟，熊住树洞，貂熊却“四海为家”。它自己不筑巢、不挖洞，常常借住熊、狐、獾、旱獭等动物的洞穴，或者以山坡裂缝或石头堆中的空隙为家，甚至栖身于树根倒木之下或枯树空洞之中。冬天到了，许多动物都找隐蔽处过冬，有些还进入冬眠，而貂熊却不怕冷，仍然到处游荡觅食。它的行速不算快，一次可走10～15千米，一昼夜可行20～45千米。它的活动范围十分广阔，有的貂熊可以有1 000平方千米的天地，真是“四海为家”！

貂熊在我国的分布区虽然较为狭窄，可是它的栖息环境却多种多样，森林、沼泽、山地、平原、冻土地区和岩石裸露的山顶，到处可以生活。

有人说貂熊灵活似猴，确实也有点道理。因为它不仅能游泳，还会爬树和纵跳，特别是从高处跳下时，它四肢上的长毛和蓬松的尾毛会随气流飘动，似乎在飞翔，因而又有“飞熊”之称。它的食性很杂，既吃浆果、松籽、菌类等植物性食物，又吃旱獭、松鼠、野鼠、松鸡等小型动物，还会袭击比自身大得多的动物，如驯鹿、马鹿、小驼鹿等。此外，貂熊还爱吃大型兽的尸肉和猛兽遗弃、剩下的食物。

貂熊的抗敌本领很强，在遇到敌害时，它会施出两件法宝。第一件是隐身术：它每年换两次毛，深秋长出冬毛，呈棕褐色，与冬天枯枝败叶的颜色十分接近；春季会换上淡褐色的夏毛，藏在树干上不容易被敌害发现。第二件是脱身计：它的嗅觉十分发达，如果猎人用猎狗追击它，在逼得无法溜走时，它会放出一种极为难闻的臭液，再打一个滚，使之遍布全身。此刻，如果猎狗去咬它，就会被熏得打喷嚏，晕头转向，于是貂熊就可趁机逃走了。

貂熊既是一种珍贵的毛皮兽，又是一种受人欢迎的观赏动物。目前我国已有好多家动物园对此进行人工饲养，有的还繁殖出了小貂熊。

▲ 岸边悠闲酣睡的水獭

水獭、江獭和小爪水獭

水獭

（食肉目 鼬科）

水獭（拉丁学名：*Lutra lutra*） 半水栖兽类。分布广泛，在欧亚大陆、非洲和美洲的水域都能见到。头扁，耳小，脚短，趾间有蹼。擅长游泳，主食鱼、虾、蟹，也吃蛙类和昆虫。水獭、江獭和小爪水獭均为国家二级保护野生动物。

我国产的水獭、江獭和小爪水獭都是重要的毛皮兽，因数量稀少，都已被列为国家二级保护野生动物。

水獭又名“獭”“獭猫”和“水狗”，是一种常见的动物，我国各省几乎都产。它头宽稍扁，吻部短而不突出，裸露的小鼻垫上缘呈“W”形；眼睛和耳朵都很小，耳和鼻孔都长有小圆瓣，潜水时可以紧紧关闭，防止水流入；四肢粗短，趾间有蹼，趾爪长而稍锐利，能像鸭子那样在水中游泳和潜水；体毛较长且致密，背部深褐色，闪油亮光泽，腹部毛色较淡，呈灰褐色；体长在60～80厘米之间，尾巴扁平，长约为体长的一半或略超过些，整个体躯细长，呈圆筒状。

水獭栖息于河流、湖泊和溪水中，特别爱在水流较缓、水的透明度较大、水生植物贫乏而鱼类较多的河湖江湾岸边栖居。水獭多穴居，其巢穴筑在靠近水边的树根、树墩、芦苇和灌木丛下，洞穴有多个出口，其中有一个洞口在水中，这样水陆连通，不仅进出方便，还有利于逃避食肉兽的袭击。白天它很少露面，一般待在巢穴中。每个巢穴的居住者有5～6只，有时还要多些。其中，有年老和刚成年的水獭或幼仔。通常它夜间外出活动，在陆地上行走时，一起一伏似波浪状匍匐前进，不像其他夜行性兽类遇见电筒光会停留片刻，而是边走边回头看，显现出一副奇特的模样。可是，水獭一到水中，便行动自如，加上它的视觉、听觉和嗅觉都十分敏锐，因而能轻而易举地捕捉游鱼。它主要食鱼，也吃蟹、蛙、水禽和小兽等。捕鱼时，它多从岸边或河中崖石上潜入水中，追寻鱼群，抓到鱼后会将食物拖出水面享用。一旦发现水禽在水面上缓慢游动，它会从水下悄悄潜近，然后一口咬住猎物，细细咀嚼。

水獭是足智多谋的。这种动物擅长筑坝，它的前爪像灵巧的耙子，四枚凿子似的门齿锋利无比。一次加拿大某地区的铁路被淹，事后查明，罪魁祸首竟是水獭。它在附近水源上筑坝，挡住了水的去路。为了对付水獭，铁路修护工在坝的出水处装了个水轮，轮上吊着铁罐，让水流带动水轮发出响声，把水

▼ 江獭（Davidvraju供图）

▲ 小爪水獭成小群栖息

獭吓跑。修护工以为，这么一来就可万事大吉了。谁知第二天跑去一看，水轮不转，铁罐不响，原来水轮上插了根木棍！这个地方人迹罕至，看来一定是水獭干的。

美国缅因州有个动物学家做了一个实验：把水獭的堤坝捅了个大洞，看它们怎么对付。首先前来抢救的是3只小水獭，由于洞口较大，它们忙得团团转，最后还是解决不了问题。这时，一只小水獭回去请来了有经验的老水獭。这只水獭毕竟是个老手，只见它潜入水底，搬来一块大石头，放进洞去，并用爪抓住，让小水獭用泥土塞住缝隙，便出色地完成了“堵漏工程”！

水獭的毛皮美观华丽，皮质轻柔而坚韧，底绒丰厚，能御严寒，可以用来制獭皮大衣、大衣领、帽子、袖口等，在国际市场上称得上是一种珍贵毛皮。

江獭又叫“印度水獭”，外貌与水獭十分相似，因为它们之间的亲缘关系十分密切，好像人类的叔伯兄弟一样。两者的主要区别是，江獭毛色较暗，且毛被紧贴而显得十分平滑，所以又有“平滑水獭”之称。它的生活习性，也与水獭基本相同。江獭主要分布于印度、缅甸，南至马来西亚和苏门答腊，我国仅产于云南。

小爪水獭又叫“山獭”“油獭”，外貌似水獭，但个头较小，成年后体长41厘米左右，体重一般在3千克上下。它与前面两种水獭的主要区别有三点：一是少了2枚上前臼齿，只有34枚牙齿；二是在下颏正前方和两侧有稀疏的刚毛；三是四肢趾爪很小，而且不突出于趾尖。

小爪水獭的体毛呈咖啡色，腹部颜色较浅淡，但没有白色针毛。尾巴基部宽厚，近尾端逐渐变尖，尾端被毛短而稀，几乎裸露。它成小群栖息于山溪河湖中，多穴居，善游泳，主要食鱼，也吃软体动物、甲壳动物、蛙类和水禽。我国产于云南、福建和海南岛等地。它的个头较小，毛皮可做大衣领、帽子等，经济价值不如水獭。

▲ 大灵猫

大灵猫和小灵猫

大灵猫

（食肉目 灵猫科）

大灵猫（拉丁学名：*Viverra zibetha*）又名“麝香猫”。雄兽的睾丸与阴茎间、雌兽的会阴部有芳香腺，分泌的油质液体称“灵猫香”，可作香料，或供药用。昼伏夜出，杂食，主食鼠、蛙、鱼、昆虫，也吃植物茎、叶、青草等。同科的小灵猫俗称“七间狸”，与大灵猫均为国家一级保护野生动物。

大灵猫和小灵猫，虽然是狩猎生产中主要的毛皮兽之一，它们的分泌腺又可以作为香料和药物的原料，但由于野生数量较少，所以都被列为国家一级保护野生动物。

大灵猫又名“麝香猫”“九节狸”“九江狸”“青鬃皮”“五间狸”，个头比家猫大，是灵猫科中体形较大的一种，体长在60～80厘米之间，最长可达1米左右，体重有6～10千克。它的毛色灰黄带褐，背部有黑纹和斑点，背中线长着一行能竖起的鬣毛，颈部有黑白相间的波状纹，尾部也有黑白相间的环纹。雄兽在睾丸与阴茎间，雌兽在会阴部都有发达的囊状芳香腺，能分泌油质液体，叫做“灵猫香”，具有奇异的香味，可作高级香料或供药用。

在我国，大灵猫分布于秦岭、长江流域以南各省区，台湾不产。它们主要栖居于热带雨林、亚热带常绿阔叶林的林缘灌木丛、草丛中，昼伏夜出，每晚21时多方开始活动，听觉很好，以蛙、鼠、鸟、鱼、昆虫及果实、树叶、青草等为食。有时也会潜入村庄，偷吃鸡和猪崽。遇到敌害时，它能从肛门腺中释放出奇臭无比的黄色分泌液，以驱敌自卫。这种御敌方法十分有效，往往可使来犯者转身离去。据说，大灵猫还很讲卫生，有固定的大小便场所。

大灵猫的毛皮厚密，可制裘和皮褥，有隔绝潮湿的作用，针毛可做上等画笔和面刷。南洋一带，曾有人饲养它，定期取得制造“灵猫香”的原料。

在几内亚首都科纳克里，流传着大灵猫季马和少年格鲁巴的故事。1983年的一天，科纳克里市郊的一条公路上，一只雌性大灵猫惨死在卡车轮子下，留下4只嗷嗷待哺的小兽。12岁的小学生格鲁巴收养了其中的一只，并给它取名“季马”。在格鲁巴家里，季马渐渐长大了。每天晚饭后，是季巴施展“才华”的时间。在全家人的注视下，它一遍又一遍地表演转圈子、拉拖把、用前爪撑地，甚至还表演“竖蜻蜓”。格鲁巴的同学们都很疼爱它，还为它编结了一根火红的“项链”。一年以后，季马长成一只雄壮的大灵猫。一天，格鲁巴家来了客人。季马猛扑上去，咬住了客人的裤腿，把客人吓呆了。格鲁巴意识到，不能再把季马留在家里了。他依依不舍地送走了季马。一年后格鲁巴和同学们到郊外去玩。在一片油棕林里，他们意外地看到了脖子上系着红“项链”的季马。听到主人的呼唤，季马回过头来深情地看了小主人一眼，然后渐渐远去了。望着它的背影，格鲁巴的眼睛模糊了。

小灵猫的体形与大灵猫相似，但个头较小，与家猫差不多大小或稍大一些，体长在46～61厘米之间，体重3～6千克。它又叫“香狸”“斑灵猫”“七节狸”“七间狸”“果子狸”“笔猫”“香猫”“乌脚狸”。这种动物的体毛棕灰、乳黄或褚黄色，因季节不同而异。背部有3～5条黑色条纹，尾部有

7～9个较狭窄的暗色环，四足乌褐色，背中线没有大灵猫那样的一行鬣毛。

小灵猫的分布区也较广泛，除东南亚外，我国分布于淮河流域、长江流域、珠江流域各省区以及台湾、海南岛、云南、四川西部以及西藏东南部和南部。它生活在热带、亚热带、暖温带的山区、丘陵台地和农耕地。

小灵猫也是夜行性动物，白天隐居在土穴、石隙或茂密的灌木丛林及高原上，白天单独外出活动，很少遇见一对。它主要在地面活动，也上树或在溪边活动，有时到居民区甚至闯入人类家中。它以蛙、蛇、小鸟、昆虫及果实、树根、种子等为食。小灵猫的齿尖发达而锐利，它可能主要吃动物性食物。

小灵猫的毛皮，在拔去针毛后也可制裘、皮帽、手套等，针毛和尾毛可制书画笔。香囊的分泌物可制灵猫香，是药物和香料的原料。据说，小灵猫浸酒后食用，还有滋阳作用。

▲ 小灵猫是夜行性动物（Anirnoy供图）

熊狸和斑林狸

熊狸

（食肉目 灵猫科）

熊狸（拉丁学名：*Arctictis binturong*）尾巴粗壮，几乎与身体等长。尾有缠绕性，能缠住树枝，支撑身体活动。多在高大树上活动，以果实、鸟卵、鸟等为食。分布于中国云南、广西，为国家二级保护野生动物。

我国的珍稀动物麋鹿，俗称“四不像”。有趣的是，在我国云南西双版纳的密林中，竟生活着另外一种四不像动物。这种动物有着肥胖的个子，身披长而稀疏的黑毛，耳朵短而圆，很像傻乎乎的熊，可是它的尾很长，与熊截然不同；它的足有点像猫，上面有5个锐利的爪子，能伸缩自如，可是它的面部和体色根本不像猫；这种动物的嘴有点像狗，但是脚却比狗短得多；它的头和体形有点像猪，但是足下却没有蹄。

这种怪兽给动物学家们出了个难题：该给它取个什么名字呢？1956年3月，我国动物学家寿振黄和潘清华在云南第一次发现它的时候，为这件事简直伤透了脑筋。到头来他们只能根据它具有灵猫科动物的特点：身体下部有个芳香腺囊，把这种奇怪的动物称为“熊灵猫”。后来，一些动物学家提出，这个名字不太理想，因为它与果子狸和大灵猫的亲缘关系十分密切，于是便叫它“熊狸”。

熊狸有一条长长的尾，有半米多长，常超过自己的体长。尾上的肌肉发达而灵巧，可以缠绕在树枝上，把自己的身子倒挂起来。这样它的四只足就能随心所欲地摘取树上的野果和鲜嫩的枝叶，以饱口腹。如果熊狸想从树上下来，它不会一下子松开尾，跳下树来，而是采用一种安全而稳妥的办法：先用足抓住下面的树干，接着放开尾，缠绕在较低的树枝上，再用足攀住更下面的树干……就这样，熊狸一步步地来到了地面。熊狸的尾是如此灵巧，这在我国所有的哺乳动物中，在欧亚大陆上，都是首屈一指的。由于熊狸野外种群稳定、分布较广，现由国家一级保护野生动物调整为国家二级保护野生动物。

斑林狸又叫“斑灵狸”“斑灵猫”“点斑灵狸”。它个头较小，体长约40厘米，体重只有0.5千克左右。这种动物颜面部狭长，吻鼻朝前突出，脑颅高而圆，并隆起；体毛淡褐色或黄褐色，背部颜色较深，有一些圆形、卵圆形或方形的黑

▲ 熊狸

色大斑块，头部和颈部有条纹，腹部淡黄色，四肢斑点较小，尾部有黑白相间的环纹9～11个。不论雌兽还是雄兽，都没有像大小灵猫那样的香腺。

据过去文献记载，斑林狸在我国仅分布于云南，近期报道还分布在广东、广西、贵州、四川西部和西藏南部等地。它多栖息于海拔2 000米以下的阔叶林林缘灌木丛、亚热带稀树灌木丛或高草丛附近，营巢于树洞或地面，常夜间单独活动，没有见到有合群现象，以蛙、小鸟、鼠和昆虫等为食。

斑林狸的个头虽小，但毛被致密、柔软，针毛极少，所以毛皮也可利用。这种动物已被列为我国二级保护野生动物。

▼ 斑林狸（Daderot供图）

野　猫

猞猁

（食肉目 猫科）

猞猁（拉丁学名：*Felis lynx*） 四肢粗长。耳直立，尖端有黑色毛丛。栖息多岩石的森林中，夜行性，以野兔、鼠兔和其他小型哺乳类等为食。分布于中国东北、华北、西北、西南等地；欧洲和北美洲亦有分布。为国家二级保护野生动物。

我国共有9种小型猫属重点保护野生动物，除了荒漠猫、丛林猫和金猫之外，其余6种（猞猁、豹猫、兔狲、云猫、渔猫和草原斑猫）都是国家二级保护野生动物。

猞猁又叫“林独”“猞猁狲”“马猞狸”，它体形似猫，但个头比猫大得多。猞猁体长85～130厘米，体重可达18～32千克，在我国产的9种小型猫属动物中名列第一。它头小而圆，嘴鼻和眼窝较大，配着一对闪耀绿光的眼珠，像两颗宝石炯炯有光。最引人注目的是两只直立的耳朵，耳端着生一撮毛笔般耸立的黑毛，两颊有长毛左右垂伸。它的尾又短又圆，只有20～31厘米，还不到体长的三分之一，尖端呈黑色。体背粉红棕色或灰棕色，还镶嵌着黑色斑纹；腹部白色，有少量灰棕色斑点。

猞猁在我国分布较广，东北、山西、四川、云南、青海、西藏等地都

猞猁耳尖有标志性的黑毛 ▶

▲ 金猫主食鼠、兔、鸟等动物

有它的足迹。它栖息于多岩石的森林中，能耐寒冷，不畏风雪，自己不筑窝，常利用别的动物废弃的窝当作“家”，或者栖居于岩石缝隙、树洞中。常见单只或几只在一起。白天它蒙头呼呼睡大觉，傍晚才出来活动。它会游泳，却很少下水。它的爬树本领很高，可以从一棵树纵跃到另一棵树上，捕猎雉、鹧鸪、松鸡等，捞取鸟蛋。鼠、野兔、松鼠等小型兽类也是它喜爱的食物。在捕猎比自身大得多的动物时，它常采用静待突击的方式。因为猞猁的耐性很好，能在一处“静卧”几昼夜，待猎物走近才下手出击，这样就省力得多了。有人曾目击，一只猞猁前肢抓住树枝，用树叶遮住身体，两眼注视着地面上的动静。此刻，正好有一只狍子路过，它就迅速跳下，猛扑在猎物背上，用利齿乱咬乱噬，最后狍子便成了它的腹中之物。有时，突击没有成功，猎物溜之大吉了，它也不跟踪追击，而是仍回到树上，耐心地等待下一个机会。

猞猁的视觉和听觉都很发达，生性狡诈而谨慎，加上它行动敏捷，因而，一般在遇敌时能快速逃脱，或上树避敌隐蔽。通常，它不会伤害人，但当它遭到猎人和猎狗围攻时，也会进行反扑。它有时会假装死去——躺倒在地，四脚朝天，只要猎人和猎狗来到它的身边，它就突然回击，向对方脸上乱抓乱咬，旋即拔腿就跑，一下子逃得无影无踪。在自然界，狼是猞猁的天敌，它们一发现猞猁之后，常追踪撕杀而食之。如遇上虎、豹，猞猁一般也较难逃脱。

金猫又叫“原猫”“红春豹”“黄虎”，貌似小豹，也是一种大型野猫。它稍小于猞猁，体长在75～110厘米之间，体重10～15千克。这种野猫的毛色和斑纹变化多端，可分为“红金猫”“灰金猫”和“花金猫”三种色型，其中以红金猫占多数。在我国，金猫分布于陕西、甘肃、四川、云南、广东、福建等地，生活在密林中，也栖居于多岩石地区，有时会出现在海拔3 000米左右的高山上。

金猫在夜间活动，善于爬树，听觉很好，在猫类中是外耳活动最灵活的一种，可以收听到来自四面八方的动静，仿佛是“活雷达”。它性情凶野、勇猛，故有“黄虎”之称。它主要捕食鼠、兔、鸟和小鹿，也盗吃家禽，有时还袭击羊和牛崽等。

兔狲又名“羊猞狸”“乌伦”“玛瑙”，体形粗壮而短，个头大小似猫，体长50～65厘米，体重2～3千克。它的吻部很短，耳朵短而圆，两耳相距较远。尾粗圆，长20～30厘米，上有6～8条黑色细纹，尾尖黑色。全身被毛极密而软，腹毛很长，为背毛长度的一倍多。体背面浅红棕色、棕黄色或银灰色，体背后部有数条不大明显的黑色细横纹。

兔狲分布于西藏、四川、青海、甘肃、新疆、河北、内蒙古等地。它栖息在沙漠、荒漠、草原或戈壁地区，能适应寒冷的环境，常单独栖居于岩石缝里或利用旱獭的洞穴。它夜间出来活动，主要以鼠类为食，也吃鸟和野兔。这种动物叫声似家猫，但较粗野，毛皮较为珍贵。

▼ 兔狲

从林猫又叫“狸猫”“麻狸”，个头比家猫大，体长60～75厘米，尾长25～35厘米，体重约5千克。体背呈棕灰色或沙黄色，背中线处深棕色，腹面淡沙黄色，

▲ 丛林猫（Petra Karstedt–Wilfried Berns供图）

全身毛色缺乏明显斑纹。它的耳尖有一簇短毛，但没有猞猁长而显著。

在我国，丛林猫仅分布于云南、新疆等地，栖息在沿河、环湖边的芦苇或灌木丛，海岸边森林或具有高草的树林、田野。这种野猫，虽然也是夜行性动物，但多在早晨和黄昏以后外出活动，偶尔白天也可以见到。它的嗅觉和听觉都很发达，善跳跃，能攀树，以鼠、兔、蛙、鸟为食，也吃腐肉和果实，偶尔会盗食家禽。它性凶猛，敢于同狗搏斗。可以人工饲养和繁殖，能与家猫交配生育。

荒漠猫又叫“漠猫”，个头较大，体长在60～80厘米之间，尾长在23～35厘米之间，体重约10千克。全身没有明显条纹，呈沙黄色，背中部略具暗红棕色，体背面有十分显著的长峰毛。

荒漠猫是我国特产的猫类，较为珍贵。它分布于新疆、青海、宁夏、甘肃、陕西、四川等省区，栖息在灌木的稀树林和高山地区以及荒漠地带，也在雪地活动，主要捕食鼠类，对农业有益。

渔猫的个头比家猫稍大一些，体长66～85厘米，尾长24～32厘米，体重

渔猫（Duloup供图）
草原斑猫（Wild Katzen供图）

约5千克。它身体粗壮，体毛粗糙，毛色从烟灰、黄灰、灰褐至浅黄棕色，遍体布满棕黑色的条纹和斑点，腹部白色，喉部形成两个领，胸部有横纹。我国仅产于台湾，栖息于林区的灌木丛、沿河的芦苇丛、沼泽地和热带海岸的常绿林，善于游泳，爱捕食水生动物（如软体动物和鱼类），故得名“渔猫”。不过，它也吃小兽、鸟类、蛙和昆虫。

草原斑猫又叫“野猫”“沙漠斑猫”“土狸子”，个头比家猫大，体长在50～70厘米之间，尾长为25～35厘米，正好是体长的一半，体重约8千克，看上去显得比较粗壮。它的体背呈淡沙黄色至浅黄灰色，体背至体侧毛色逐渐转为浅淡，腹面淡黄灰色。全身具有许多形状不规则的棕黑色斑块、横纹，耳尖略有棕黑色簇毛。尾上面有5～6条棕黑色横纹，尾下面白色。它分布于我国新疆、甘肃、内蒙古、宁夏等省区，栖息在灌木丛和草原地区，以及沼泽地和低地山区森林地带。活动多限于干旱地带，避开寒冷的雪地。这种动物主要吃小型啮齿动物、鸟类、蜥蜴和蛙等，也食鱼类和昆虫。

▲ 荒漠猫是我国特产动物

四

珍贵水兽

▲ 座头鲸腹面雪白，背部黑色

座头鲸恋歌

座头鲸

（鲸目 须鲸科）

座头鲸（拉丁学名：*Megaptera novaeangliae*）又名大翅鲸，体短而宽。体背面黑色，体侧具白斑，腹面灰白色。头部低，吻短而宽。栖息于太平洋、大西洋及其他各海洋，除吞食鲱鱼、毛鳞鱼、玉筋鱼和其他鱼类外，主要吃华丽磷虾。被人们称为动物世界中最出色的“歌手”。为国家一级保护野生动物。

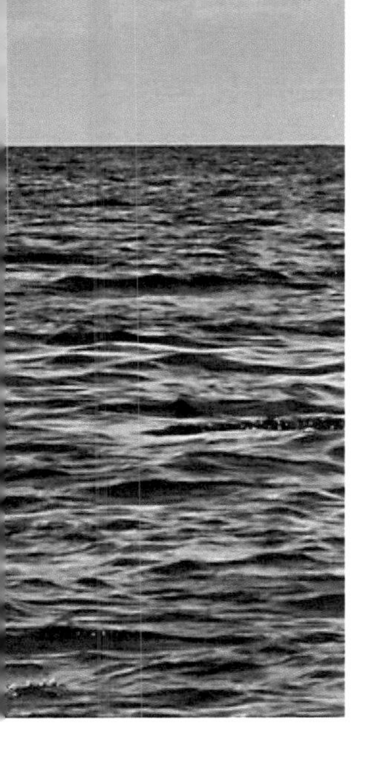

我国动物学家盛和林教授等在《哺乳动物学概论》一书中指出，全世界共有79种鲸类，可分为两大类：一类口中没有牙齿，只有须，叫“须鲸”，它们种类虽少，仅10种左右，但体躯巨大；另一类口中没有须，一直保留着牙齿，叫“齿鲸”，它们的种类很多，除抹香鲸外，一般体躯较小，包括各种豚。

分布在我国的须鲸类，包括座头鲸、蓝鲸、灰鲸、北太平洋露脊鲸和其他5种须鲸，共9种，都已列为国家一级保护野生动物。其中以座头鲸研究较多，也最为奇特。

座头鲸生活在太平洋、大西洋及其他各海洋，包括我国台湾省海区及黄海北部。它的体躯虽没有世界上最大的动物——蓝鲸那样大，但最大者也有15米长，50吨重！它长相奇特、行为怪异，又有不少名字和美称：由于它背部不像一般鲸那样平直，而是向上弓起，故又名“弓背鲸”或“驼背鲸”；它的背鳍短而小，胸部鳍状肢窄薄而狭长，呈鸟翼状，所以又叫“巨臂鲸”“大翼鲸”；它的叫声不仅美妙动听，而且能变化创新，因而生物学家称赞它为海洋世界里最杰出的“歌星”。

座头鲸个体之间虽有微小的差异，但是与其他鲸类相比，却有三个明显的特征：一是鲸尾叶腹面颜色雪白；二是鳍状肢特别长；三是背部黑色，鳍状肢前面腹部具有许多显眼的纵形肉指。因而，只要座头鲸一跃出水面，人们就可以认出来了。

在大海中航行的人们，往往可以听到一种神秘莫测的美妙歌声——古希腊史诗《奥德赛》中充分渲染的迷人的“海妖之歌”。歌手是谁？现在秘密已经揭示，歌手就是座头鲸。它们的歌声已录制成唱片，供人们欣赏。美国著名的鲸类学家罗杰斯·佩恩和他的妻子凯蒂，研究鲸歌已达十多年之久。

一天傍晚，佩恩夫妇坐在一只小帆船的尾部，从大西洋百幕大群岛的一个小岛，向东北方向赶往大约相距56千米的目的地。到了预定的目的地以后，佩恩急忙把一对水听器放入海中，并打开扩音机，夫妇俩通过耳机，开始聚精会神地探听海洋中那神秘的歌声。

他们被一种广阔、快乐的合唱声包围着。歌声从海洋里倾泻出来，荡漾在海面上，整个海洋好似一座欢乐的宫殿大厅，充满着鲸雷鸣般的叫声的回声，显得异乎寻常。隆隆的巨声，既重复又强烈，汇集成一曲辉煌的海洋交响乐。这就是座头鲸发出的最响亮的歌声。佩恩和凯蒂兴奋极了，他们被座头鲸神秘的歌声所吸引。

佩恩夫妇将记录下来的座头鲸的叫声，再用电脑加以分析，发现座头鲸的歌声由“象鼾”“悲叹”“呻吟”“颤抖”“长吼”“嘁嘁喳喳”和“叫喊”等18种不同的声音组成。其叫声节奏分明，抑扬顿挫，交替反复，很有规律。如果将录音加快到14倍速度播放，歌声更是婉转动人，精彩纷呈。所以人们称座头鲸为动物世界里最出色的歌手。1977年夏天，美国研究者将座头鲸的歌声同古典和现代音乐、联合国60个成员国代表用55种不同语言说的话，录进同一张

▼ **座头鲸是海洋世界的“歌星”**

唱片里，可见座头鲸的歌声身价之高！

生活在大西洋百慕大海域里的座头鲸，在同一年里都唱同样的歌。佩恩把历年录下来的歌声加以分析比较，发现它们每年都换唱新歌，两个连续年份的曲调相差不大，都是在上一年的基础上逐年增添新的内容。

▲ 座头鲸

佩恩夫妇在考察座头鲸时还发现，这种鲸不仅能唱优美动听的歌，而且生活在不同海区的座头鲸唱的歌是不一样的。他们把太平洋夏威夷海域座头鲸歌唱的录音，通过电脑，与大西洋百慕大海域座头鲸歌唱的录音加以比较，发现它们虽属同一种鲸，但是由于生活地区的不同，发出的声音是有明显差异的，这与居住地不同的人类有不同的方言，又何等相似！

座头鲸为什么放声高歌呢？经过一番探索和研究，佩恩夫妇认为，这出色的“歌星”，往往是未配对的雄性座头鲸；这无与伦比的歌声实际上是座头鲸的恋歌。因为座头鲸听觉敏锐，加之雄鲸声如洪钟，所以几十千米外的雌鲸会闻歌而来，彼此“成亲”交配，繁殖后代。往往一开始只是一头雄鲸在独自咏唱，一旦遇上雌鲸，歌声会戛然而止，而此时雄性座头鲸会显得活跃起来。

座头鲸除了吞食鲱鱼、毛鳞鱼、玉筋鱼和其他鱼类外，主要吃华丽磷虾。华丽磷虾是南极磷虾的亲属，体长小于4厘米，数量巨大，常常数百万只群集在一起。座头鲸有一种“网柱”捕食法，是非常高明的。这一绝招是科学家不久前发现的。一头座头鲸在水中发现猎物群时，会放出许多大小不等的气泡。气泡渐渐上升后，形成了一种圆柱形或管形的气泡网，把猎物紧紧地包围起来。通常，在水泡出现于水面后30秒钟内，座头鲸会突然从网的中央出现，张开大口，吞下网集的猎物。这种捕食方法，和捕鲑鱼的人们用两只渔船拉曳大型渔网一样，柱网从下面逐渐迫使磷虾或鱼类接近水面，然后一网打尽。

座头鲸与其他巨鲸一样，曾在18～20世纪遭到人类的大量捕杀，使数量锐减。直到1966年前夕，科学家大声疾呼“救救座头鲸”，国际捕鲸委员会才颁布了禁猎座头鲸的法令。1970年，世界自然保护联盟把座头鲸列入世界濒危动物名单，使这种动物得到了保护。1972年以来，美国对座头鲸进行完全保护。我国已将座头鲸列为二级保护野生动物。尽管如此，就世界范围来说，20世纪初还有大批座头鲸被猎杀。如今，座头鲸仍无法平静地生活：世界人口日益增加，有些人争相捕食座头鲸；观鲸者越来越多，他们产生的喧闹声干扰了座头鲸寻觅猎物；游客们将大量的塑料食品袋等废物抛入海中，座头鲸误食后积聚在胃肠里，对它们造成了危害。1985年10月10日，一头座头鲸竟然进入旧金山海湾，游了八百多千米后到达萨克拉门托河，这真是一件特大“新闻”，引起了数百万美国人的惊讶和关注。座头鲸终生都生活在海洋里，怎么会游到淡水河里呢？有些科学家认为，这可能是人类干扰了座头鲸在海洋中的正常生活所致。所以，要真正保护座头鲸，光靠法律条文是不够的，还应向广大人民群众进行广泛的宣传教育，这可能是保护鲸类的关键所在。

首屈一指的巨兽——蓝鲸

蓝鲸

（鲸目 须鲸科）

蓝鲸（拉丁学名：*Balaenoptera musculus*）体长可达33米。为现存最大的动物。体通常为蓝灰色，散有银灰色斑点。背鳍特别短小。口中每侧有鲸须270～395片。主食磷虾。分布甚广，从北极至南极的海洋中都有，南极为数最多。为国家一级保护野生动物。

▼ 蓝鲸是地球上最大、最重的动物

▲ 蓝鲸

蓝鲸体色蓝灰，有白色斑点，故得名；又因为体形像一把剃刀，所以又叫“剃刀鲸”。

说起蓝鲸，几乎人人皆知，因为这是地球上最大、最重的动物。那么，它究竟有多大呢？据记载，最大的一头蓝鲸，体长达34米，重约170吨。3头这样的蓝鲸就可铺满百米长的跑道。如果用载重量为4吨的卡车拖拉这头蓝鲸，那么就需要42.5辆卡车。把它的肠子拉直，足有250米长；一根舌头就有3米多厚、3吨多重，几乎相当于一头大象的体重；身体内某些血管，粗得足以容纳一个儿童；它的心脏有半吨重，脏壁有60多厘米厚，血液循环量多达8吨；雄蓝鲸的阴茎有3米多长，其睾丸则重达45千克。尽管蓝鲸的个头大得惊人，但是它有着流线型的身体，因而能在水中载沉载浮，显得十分自在。一头蓝鲸以每小时28千米的速度前进，可以产生1 250千瓦的功率，相当于一个火车头的拉力。它能拖着588千瓦的机船向前游动，甚至在机船倒开的情况下，仍能以每小时7～10千米的速度游几个小时。在动物世界中，蓝鲸真是绝无仅有的大力士。

蓝鲸属于须鲸类，主要以磷虾为食。它的口腔里虽然不长牙齿，但另有两排板状的须，它们像筛子一样。此外，这种动物的肚子里还有很多皱褶，像手风琴的风箱一样，能扩大又能缩小。这样，蓝鲸在水里吃食就十分方便了：可以撑开肚皮，张开巨口，这时海水和磷虾就一起鱼贯而入，大有百川归海之势，然后嘴巴一闭，海水从须缝里排出，滤下的小虾小鱼，便可吞而食之。蓝鲸的胃口特别大，一餐要吃1吨，每天要吃4～5吨食物。有人曾担心哪来这么多的鱼虾，其实这种担心是多余的，因为磷虾是全世界数量最多的动物，足够它们吃的了。

鲸都是胎生的，蓝鲸也不例外。雌鲸怀胎一年后，在汹涌的波涛中产仔。刚生下的仔鲸，自己不会露出水面呼吸，多是母鲸轻轻地将它托出海面，让它吸入生平第一口空气，否则就会窒息溺死。如果仔鲸是个死胎，母鲸就会一直托住它的背部，直至仔鲸的躯体逐渐腐烂为止。

母壮仔肥，仔鲸一出世就有6～7米长，7吨左右重。美国蓝鲸考察队在直升机上，对母鲸喂乳作了详细的观察：一头仔鲸总是紧跟在母鲸后下方游泳，其实它是在吃奶。母鲸生殖孔的两侧有一对乳头，借助肌肉的收缩，能把乳汁直接喷入仔鲸的口中，因为仔鲸没有能动的唇，不会自动吸奶。仔鲸断奶时，身体已长至16米长、23吨重。大约到8～10岁，幼鲸就完全成熟，并可以生儿育女了。蓝鲸的寿命一般在50岁以上，最长可超过100岁。

一头大蓝鲸，它的肺有一千多千克重，能容纳一千多公升的空气。这样大的肺容量，对蓝鲸来说是有好处的，可以不必经常浮到海面上来呼吸。据现场观察，每隔10～15分钟它会露出水面一次，平均呼吸6次。蓝鲸露出水面呼吸时，先将肺内的二氧化碳废气从鼻孔逐出体外，然后再吸气。当它的头部露出水面时，从鼻孔里会喷出一股灼热的二氧化碳废气，发出一阵响亮的尖叫声，犹似小火车的汽笛声。强有力的气流冲出鼻孔时，其高度可达10米左右，并把附近的海水也一起卷出海面，于是蓝色的海面上便出现了一股比座头鲸更为壮观的水柱。不同种的鲸，其喷气的声音、高度和形状是不同的。人们根据蓝鲸喷气的洪亮尖声、10米左右的高度和垂直而细长的形状，就可以确定它的存在和数量。

蓝鲸虽然如此巨大，但对人却十分友善，也没有任何好奇心。美国蓝鲸考察队乘充气船观察蓝鲸时，有一头大约23米长的蓝鲸向他们冲来。大约游到离船10米远处，突然它将头部钻入水中，翘起像充气船的长度那么阔的鲸尾，尾尖稍擦了一下充气船。那动物可能已有感觉，立即拖曳它的鲸尾，避免再碰撞充气船。此外，蓝鲸见了人毫不在乎，在大海中能与充气船并肩前进一段很长的路程。

蓝鲸分布甚广，从北极到南极的海洋中都有，也会进入我国沿海。1932年以来，虽然国际协定对于每年捕鲸的数量作了限制，但是20世纪捕杀的鲸的数量，比19世纪捕鲸的总数要多4倍。20世纪初，蓝鲸大约还有30万头之多，到1974年时估计，全世界海洋中生存的蓝鲸只有25 000头，今天剩下的可能只有10 000～25 000头了。因此，这种世界上最大最重的动物，已受到国际捕鲸委员会和环境保护团体的保护。我国已将它列为一级保护野生动物。

对人友好的灰鲸

灰鲸

（鲸目 灰鲸科）

灰鲸（拉丁学名：*Eschrichtius robustus*） 体长约13米。全身灰色，背面和腹面遍布白斑。口内每侧有黄白色鲸须130 ～ 180片。主食浮游甲壳类、鲱鱼卵和其他群游鱼，也吃海胆、海星、螺、蟹、虾等。濒于灭绝。现仅见于北太平洋。中国曾发现于黄海和南海。

灰鲸又叫"克鲸""腹沟鲸"，体长在10 ～ 15米之间，腹部有2 ～ 4条纵沟，没有褶沟。它虽然没有背鳍，但也露出背脊，并可见到尾部背面有7 ～ 15个小的驼峰状隆起。它全身灰色、暗灰色或蓝灰色。喷水孔位于吻部最高处的后方，喷出的雾柱矮而粗，彼此靠近，侧面看去似一条雾柱。

灰鲸是哺乳动物中迁移距离最长的种类，迁移距离可长达1.0 ～ 2.2万千米。北半球漫长的冬天开始后，成百头灰鲸告别北冰洋，以每小时6.4千米的速度南游，穿越白令海峡，横渡浩瀚的太平洋，到2月初到达墨西哥的下加利福尼亚沿海。引人注目的是，它们从不"失约"，每年到达的时间，最多相差四五天。

在我国，灰鲸分布于黄海和南海。据我国捕鲸队观察，这种鲸具有强烈的眷恋性。如果雌鲸被捕，雄鲸就依依不舍，久久不肯离去；如果仔鲸受伤，雄鲸和母鲸会奋起救助。灰鲸在20世纪30年代已濒临灭绝，后来国际捕鲸委员会采取了保护措施，目前估计全球约有15 000 ～ 22 000头灰鲸。

1976年1月，一艘科学考察船在加利福尼亚的马格达莱纳海湾抛锚观察灰鲸的活动情况。正当考察人员从船上放下橡皮筏子想上岸时，一头幼年的灰鲸游了过来。于是他们都涌到船边，以便看得清楚一些。最后有人甚至伸出手去摸摸这头大约7吨重的小灰鲸，而它却显得十分乐意。第二天，又来了一些灰鲸。在往后的一个月里，有更多的灰鲸游来和人玩耍。灰鲸不仅让人抚摸身体，而且肯与人贴贴脸。这种海兽与人们交上了朋友。

全世界共有三种露脊鲸，我国仅产北太平洋露脊鲸，分布于南海、东海和黄海。这种须鲸个头与灰鲸差不多。由于数量稀少，两者都已被列为国家一级保护野生动物。

▲ 灰鲸

北太平洋露脊鲸又叫“瘤头鲸”，体长约17米左右，体色蓝黑或黑色，头部具有角质瘤，最大的瘤位于上颌前端。它没有背鳍，尾鳍较宽。每分钟呼吸2～3次，两个喷气孔各喷出一条雾柱，高4～8米，水柱下落如伞状。主要吃浮游甲壳动物和小型软体动物。因为它的咽宽不大，不能吃大鱼。

由于北太平洋露脊鲸行动缓慢，性情温顺，所以易被捕获，在捕鲸高潮时常被大量杀戮。这种海兽今天已属稀有鲸种，受到国际条约的保护。在我国大连自然博物馆里，有这种巨鲸标本展出，很受游客欢迎。

▲ 长须鲸（Aqqa Rosing–Asvid供图）

须　　鲸

长须鲸

（鲸目 须鲸科）

长须鲸（拉丁学名：*Balaenoptera physalus*）体一般背面青灰色，腹面白色。背鳍小，位于肛门正上方；胸鳍小，末端尖。口中每侧有鲸须260 ~ 470片。鲸须暗色，其中有许多角质板部分或整板呈白色。主要以小型甲壳动物和小鱼为食。广布于世界各大洋。为国家一级保护野生动物。

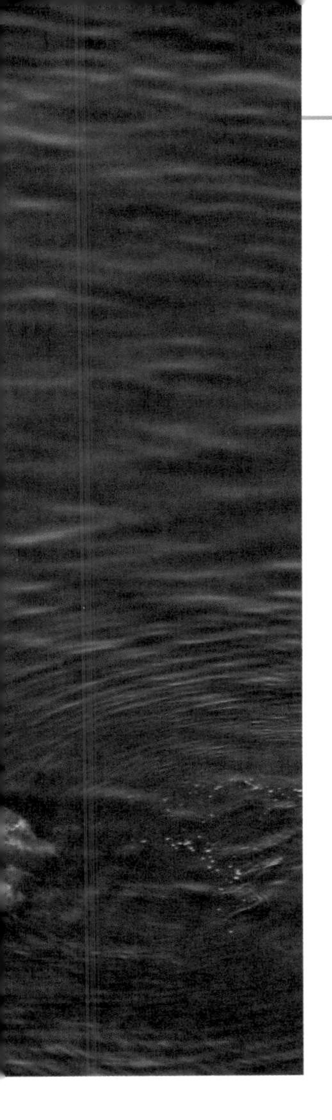

分布在我国的须鲸类动物，除了前面讲的座头鲸、蓝鲸、灰鲸和北太平洋露脊鲸以外，还有长须鲸、小须鲸、大须鲸、大村鲸和布氏鲸5种，都已列为我国一级保护野生动物。

在我国，长须鲸分布于南海、东海和黄海，一般体长在20米左右，最大者体长可达26米，体重有95吨，仅次于蓝鲸。它的身体呈纺锤形，较细长。从背面看，头的前部呈楔形，两侧边不平行，在身体后背部形成较高的背脊。它的背鳍高达50～70厘米，是须鲸类中最高的一种，呈三角形，其后缘有一个凹痕。它的体色是背部青灰，腹部纯白。这种鲸的最主要外部特征是体色特别是头部色调不对称，以此可与其他须鲸区别开来。

长须鲸多单个或二三头一起游动。如果是成对的，常是雌雄鲸或母仔鲸。在我国辽宁省海岸的海洋岛，常可见到50头以上的大群长须鲸。据报道，在欧洲海面还见到过200头长须鲸在一起活动。在进食时，长须鲸游泳较缓慢，每小时大约只游5.6～7.4千米；但变换栖息场所时，游速可增加到每小时22～26千米。平时呼吸一次约3～5回，其间它先作较浅潜水，待肺内吸满新鲜空气时，即拱起背部进行最后一次呼吸，随即向下进行深潜水。此时人们可看见露出水面的头肩部、背鳍和两次出现尾鳍，停留在水下时间为4～15分钟，最长时间估计可达30分钟。长须鲸在呼吸时喷出的雾柱比较细长，似一个倒置的圆锥形，高度接近蓝鲸，在晴朗天气数千米之外也可见到。它的捕食方式和食物种类与蓝鲸基本相同，但食量稍少。

据南极鲸类资源消长数统计，原有长须鲸约40万头，现在只有约10万头。1937年是长须鲸猎捕量最高的一年，共有28 000头被捕获。

小须鲸又叫“小鳁鲸”“尖头鲸”“明克鲸”，是须鲸类中最小的一种，最大体长不超过10米，体重4.8吨。每年12月进入我国的黄海和渤海内，于7月先后离开。在外貌上它十分像长须鲸，但体形比较粗短。头部有毛，上颌两侧各有4～5根，鼻孔旁也有2～3根，下颌两侧各有6～8根。吻尖呈三角形，故得名“尖头鲸”。

小须鲸常单独或两三头一起游行，很少见到20～30头的大群。每次呼吸

▲ 小须鲸（Rui Prieto供图）

时会浮上海面，需连续出入水面3～5回，然后作持续3～5分钟的潜水。它在深潜时，尾鳍并不露出水面，有时可看到它弓起背部在水面跳跃，喷出高一二米的稀薄雾柱。

小须鲸也吃小虾、小鱼。在我国黄海北部，科研人员见到小须鲸追逐虾群移动，在虾群的水域内，它游动十分迟缓并围绕虾群旋转，促使小虾聚集在一起，然后侧转身体张口吞食。

大须鲸又叫“塞鲸”“鳁鲸”“鳕鲸”和“黑板须鲸”，个头比长须鲸小，体长15～16米，体形细长，背鳍较高呈三角形，往后倾斜。它背部黑色，腹

▲ 大须鲸（NOAA供图）

▲ 布氏鲸有45条长长的褶沟

部白色，交界线是波状或云状的，过渡区呈灰色。与上述几种须鲸一样，它也没有牙齿，每侧有须板300～400枚，须板黑色，故名“黑板须鲸”。呼吸时喷出的雾柱没有长须鲸高，只有3～5米，但形状与长须鲸相似。这种须鲸分布于我国沿海，游速很快，以桡足类、甲壳类及各种小鱼为食。

布氏鲸又叫“长褶沟大须鲸”“鳀鲸”“拟大须鲸”，体长可达14.5米，体形粗短。背部黑色，腹部白色。它的褶沟有45条左右，而且很长，可以达到脐，故得名“长褶沟大须鲸”。分布于我国沿海，性喜群游，以小型甲壳类、乌贼、秋刀鱼等为食。呼吸时，喷出的雾柱不高。潜水时，尾鳍并不高举露出水面。

长江中的活雷达——白鳘豚

白鳘豚

（鲸目 白鳘豚科）

白鳘豚（拉丁学名：*Lipotes vexillifer*）体背面淡蓝灰色，腹面白色；鳍白色。以鱼类为食。是中国特有的淡水鲸类，仅产于长江中下游。为国家一级保护野生动物。

1980年1月11日，湖北省嘉鱼县的两艘渔船，到湖南境内的洞庭湖口捕鱼。忽然，在前方不远处，渔民们看到两头水生动物忽沉忽浮，出没在绿波之间。只见它们的身体是纺锤形的，背部淡蓝灰色，腹部白色，在阳光下闪耀着光亮。这种动物有一个三角形的背鳍和两片手掌状的胸鳍，能在游泳时保持身体平衡，控制方向。

这是长江中的珍稀动物白鳘豚！渔民们驾驶渔船紧追不舍。那两头白鳘豚走投无路，慌乱中误入一个只有十多米长的浅湾，最终被捕获。雌的那一头因伤势较重，捉到船上就一命呜呼了，只剩下那头雄的。中国科学院水生生物研究所闻讯后，马上派人把这一“贵宾”迎到武汉，养在东湖畔的一个圆形饲养池里，给它治疗创伤，还给它取了个漂亮的名字“淇淇”。此后，研究所的科研人员对它进行了一系列的研究和训练。慕名而来的外界人士，也络绎不绝。因为这是当今世界上第一头人工饲养的白鳘豚！

▼ 白鳘豚

▲ 白鱀豚在阳光下闪耀着光亮

白鱀豚又称“白鳍”或“白旗”，是我国的特产动物。它体长约2.5米，是一种小型齿鲸，属于淡水豚科。这个科除了白鱀豚，还有4种淡水豚，分别生活在恒河、印度河、亚马孙河、拉普拉塔河，都是一些古老而原始的鲸类。白鱀豚只产于我国，主要栖息在长江三峡以下的干流中，地理分布区域狭窄，数量极少，可以说是我国特有的稀世之宝，已列为国家一级保护野生动物。直到1980年前国内外的科学家还没有亲眼见过活的白鱀豚。

白鱀豚的眼睛小似绿豆，已经退化，这是因为它生活在浑浊的淡水里，又经常在污浊的淤泥中觅食鱼类，不需要好的视力。这种动物的双耳也已退化，没有外耳，耳孔小得像针眼，而且闭塞不通。令人不解的是，白鱀豚能很快发现10多米外自己爱吃的小鱼，箭似地冲过去，用长吻猛然一叼，小鱼便成了它的腹中之物。这是怎么回事呢？原来，白鱀豚有一种特别灵敏的回声定位系统。在它的上呼吸道有3对功能奇特的气囊和一个似鹅头的喉部，能在水中发出“滴答”“嘎嘎”和哨声等几种不同的声音，当声音遇到物体反射回来时，通过白鱀豚身上特殊的接收装置，就能判断目标的远近、方向和形状，甚至确定是哪一类物质了。它那回声定位系统的功能，远远超过了人类制造的现代化声呐设备。为此，白鳖豚又被人们赞为长江中的活雷达。

白鳖豚的大脑与海豚一样，十分发达。它的大脑面积很大，沟回复杂，一头95千克的雄豚，大脑就有470克，重量与大猩猩、黑猩猩的大脑非常接近。有的科研人员甚至认为它比黑猩猩或长臂猿更聪明。

白鳖豚具有很高的科学价值。它那奇特的形态、行为和器官的特异功能，为生物学、仿生学、生理学、动物声学、军事科学等领域，提供了许多有趣的研究课题。

继“淇淇”之后，1981年12月初，江苏镇江市渔民在谏壁附近的江面上，用滚钩捕到一头白鳖豚，被江苏省淡水水产研究所运回南京，放在养殖试验场池内饲养，取名为“江江”。可惜由于重伤不治，没有活多久便死去了。

近一个多世纪以来，中外几十个国家数以千计的专家、学者乘船在长江沿岸考察，他们面对水流湍急、烟雾笼罩的江面一筹莫展，对定点活捕白鳖豚更是难以想象。尽管我国渔民用滚钩已经捕到过两头活白鳖豚，可是1985年10月中旬，德国杜易斯堡动物院院长格瓦尔特博士乘船在八百里洞庭湖附近的长江江面上考察时还断言：“中国人在20世纪80年代没有先进的捕捉白鳖豚的技术设备，要想在长江活捕白鳖豚是不可能的。”然而仅仅隔了5个月的时间，洪湖籍渔民出身的中国科学院水生生物研究所长江考察队副队长万恩权和他的渔民兄弟们，在高级工程师华元渝的指导下，于1986年3月31日在长江流域荆江江面观音洲，用5 000米围网定点活捕白鳖豚获得成功，攻克了国内外白鳖豚研究上的一个重大难题。此外，华元渝和万恩权还探明长江流域白鳖豚的资源量为380多头，并且作了考察记录，为我国水生生物鲸类白鳖豚的资源量提供了准确的数据。

2006年来自7个国家的科学家对长江进行历史上最大规模的野外白鳖豚考察活动，结果，考察队员没有观察到白鳖豚，声学记录仪也没有监测到白鳖豚的声信号，比人类历史还长、在长江中生活了2 500万年的白鳖豚被宣布功能性灭绝。

2017年5月14日上午，中国生物多样性保护与绿色发展基金会（简称“中国绿发会”）发布消息称，当天上午6时30分，中国绿发会白鳖豚科考队在长江芜湖段目击、拍摄、记录到两头疑似白鳖豚，相关“数据和图像正在处理中，有待最终确认。”中国科学院水生生物研究所的一名专家表示，从照片和视频来看，水中出现的动物“应该都是江豚”。

中国科学院水生生物研究所研究员王丁认为，所谓功能性灭绝有两层含义：一是种群稀少，功能丧失，对生态环境影响微小；二是数量下降至无法保证种群繁殖的需要，就是不能实现种群繁衍功能。应该说，功能性灭绝并不否定还有少量白鳖豚个体存在。

潜水冠军——抹香鲸

抹香鲸

（鲸目 抹香鲸科）

抹香鲸（拉丁学名：*Physeter macrolephalus*）头部极大，约占体长的三分之一。由于其头部特别巨大，故又有“巨头鲸”之称。以章鱼、乌贼和鱼类为食，广布于世界各大洋。为国家一级保护野生动物。

在鲸类王国里，有一个抹香鲸家族——抹香鲸科，共有抹香鲸、小抹香鲸和侏抹香鲸3个种，我国台湾省沿海都产，已被列为国家二级保护野生动物。

抹香鲸是最大的齿鲸，一般体长在14米左右，最大的雄鲸可达23米，体重近100吨。它的长相非常奇特，头重尾轻，仿佛一只巨大的蝌蚪，庞大的头部占体长的1/4～1/3，整个头部活像一个大箱子。它的鼻孔也十分特别，只有左鼻孔畅通，且位于左前上方，右鼻孔阻塞，所以它呼吸时雾柱是以45度角向左前方喷出的。抹香鲸尽管头很大，但下颌又小又窄，与头部很不相称，不过长得还是强而有力的，上面生有圆锥形牙齿，足有二十多厘米长，每侧有数十枚。而上颌却没有牙齿，只有被下颌的牙齿“刺出”的一个个洞。这种海兽体背面暗黑色，腹面银灰或白色。

抹香鲸常结成5～10多头小群，或者几十头甚至两三百头的大群，一般营一雄多雌的群居生活。它的性情与蓝鲸等须鲸截然不同，显得十分凶猛、厉害，动物一旦被它咬住就难以脱身。这种巨大的齿鲸最爱吃大王乌贼，而这种乌贼也十分巨大，当今已发现的最大个体有18米长，如果把它的身体放在地上，它的触手可伸到6层楼高。据报道，在大洋深处还有30～40米长的大王乌贼。抹香鲸要制服、吃掉这么大的猎物，可不是件容易的事，需要经过较长时间的搏斗。有时，双方搏斗时会一起跃出水面，简直像一座平地而起的小山，那种场面真是惊心动魄。

抹香鲸游泳迅速，平静时以每小时5.6～7.4千米速度前进，在被追逐时每小时可达到18千米以上。它的潜水本领就更高明了。在潜水前，抹香鲸先露出海面吸足空气，然后头部向下，尾部露出水面快速深潜，一般可深达数百米，最深可达2 200米，被称为鲸类王国里的“潜水冠军”！它在水下停留的时间很长，有40分钟到1小时以上。

抹香鲸有时会在海上顽皮地玩耍，有时又长时间躺在海面上酣睡。在第二次世界大战时，有一艘美国军舰在夜间航行时，突然觉得舰体受到强烈的震动。不少人误认为是触礁或碰上了水雷，纷纷准备跳水逃命。后来才发现，原来是军舰撞上了一头正在熟睡的抹香鲸，真是一场虚惊。

抹香鲸有爱护它们的幼鲸和同伴的习性。日本学者西胁正治和高岛，曾经在飞机上成功地拍下了成群的抹香鲸正簇拥在受伤的同伴周围给予救援的场面：这时抹香鲸群摆成花瓣形，推拥着待在中间的那头受伤的抹香鲸前进。有趣的是，抹香鲸在海面玩大木头时，也正在做着类似的推拥动作。

抹香鲸的经济价值很大，在它巨大的头部鲸蜡器官中可以提取出一种鲸蜡油，过去误以为是脑子里流出来的，所以一直叫它“鲸脑油”，其实与脑无关。现已发现，这是抹香鲸调节潜水深度的重要物质。鲸蜡油无色透明，接触空气后便凝结成白色软蜡，可作精密仪器的高级润滑油，手表、天文钟、火箭都离不开它。更为重要的是，价值远远超过黄金的著名的龙涎香，也是抹香鲸身上的产物。宋代文学家苏东坡的一首诗中提到：“香似龙涎仍酽白，味如牛乳更全清”。可见古人已把龙涎香视为香中之极品了。这种极为名贵的定香剂，目前还不能人工合成，所以显得更加珍贵。龙涎香燃烧时香气四溢，酷似麝香，被熏之物，能较长时间芳香不散。近代的调香师们，依然把龙涎香视为珍宝，因为香精中加进极少量的龙涎香之后，不但能使香气变得柔和，而且留香特别持久，显得格外迷人。

令人不解的是，世界上的鲸类种数很多，而龙涎香为什么仅出自抹香鲸的腹内呢？原来，抹香鲸主要吃大乌贼、章鱼等头足类动物，这些动物口内有坚韧角质的颚和齿舌，不易消化，抹香鲸吞食之后，肠道内受到了刺激，会分泌出这种特殊的异物——龙涎香。一般每块龙涎香不超过几千克，大的有60千克。据报道，1913年12月3日，一家挪威捕鲸公司在澳大利亚水域里捕到一头抹香鲸，从它的肠子中获得一块455千克重的龙涎香，当时在伦敦以23 000英镑（那时合111 780美元）巨价出售。

此外，抹香鲸的皮在鲸类中也是首屈一指的：质地致密，纵横都强韧，与陆栖兽的毛皮相比也毫不逊色，尤其是头部和背部的皮可做上乘皮革材料。

小抹香鲸长大了体长有4米。它头较小，大约只有体长的六分之一。吻部前突呈三角形，下颌较短。体背部灰黑色或藏蓝色，腹面灰色或白色。这种鲸喜欢3 ～ 5头成群活动，以乌贼、鱼类为食。

侏抹香鲸外貌似小抹香鲸，但个头较小，成鲸体长只有2.1 ～ 2.7米，体重不到300千克。它的背鳍较小抹香鲸高，并位于背中，不是在躯体中部以后。

▼ 抹香鲸头部形状非常独特

日本喙鲸和瘤齿喙鲸

日本喙鲸

（鲸目 喙鲸科）

日本喙鲸（拉丁学名：*Mesoplodon ginkgoden*） 栖息于深海区，通常单独或成3 ～ 5头的小群，也有多至20头的群体。主要以鱿鱼和底栖鱼类为食。与同科的瘤齿喙鲸同为国家二级保护野生动物。

▲ 日本喙鲸

在齿鲸类家族的喙鲸科中，有6种生物被列入国家重点保护野生动物名录，其中分布在我国台湾省沿海的有2种，即日本喙鲸和瘤齿喙鲸，都已列为国家二级保护野生动物。

这两种海兽，人们都比较陌生。日本喙鲸又叫“浅间齿鲸”，身体呈纺锤形，左右侧扁。吻长而狭，前端尖，呈剑状。背鳍长在身体后部，鳍肢较小，尾鳍后缘几乎没有缺刻。全身蓝灰色，腹部颜色较淡。咽喉部皮肤有“V”形沟。牙齿明显减少，只有两对下颌齿，上颌没有牙齿，主要吃头足类动物，也捕食深海鱼。它分布于太平洋北部。

瘤齿喙鲸又叫“尖间齿鲸”，体长可达4.5米，体形与日本喙鲸相似。它的背鳍呈高三角形，长在身体中部稍后处，端尖而后屈。鳍肢不大，狭而尖。全身黑色，腹面稍淡。牙齿数目也明显减少，只有两对下颌齿，上颌没有牙齿，以头足类动物和鱼类为食。它广泛分布于全世界热带和亚热带的海洋中。

瘤齿喙鲸（NOAA Photo Library供图）►

▲ 虎鲸成群游弋

海上霸王——虎鲸

虎鲸

（鲸目 海豚科）

虎鲸（拉丁学名：*Orcinus orca*）体大，呈纺锤形。头圆，无喙。齿粗大；上下颌各有齿20 ~ 26枚。背鳍高大，略呈三角形，位于体中部，雄的高可达1.8米，游弋时高露水面，状似倒竖的戟，故亦称“逆戟鲸”。性凶猛，常成群游弋，捕食鱼类、海豚、海豹等，甚至袭击须鲸，为海中害兽。广布于世界各大洋。为国家二级保护野生动物。

虎鲸是一种大型齿鲸，由于它性情凶猛，因而又有“恶鲸”“逆戟鲸”“杀鲸”“刽子鲸”之称。它的体长近10米，体重可达7～8吨，背脊的中央有一个强大的三角形背鳍，既是进攻的武器，又可起舵的作用。虎鲸的嘴很大，上下颌各长着二十多枚锐利的牙齿，显出一副凶神恶煞的模样。

人们还把虎鲸称作海洋里的“混世魔王”，这不是没有道理的。有人曾拍摄到虎鲸大战蓝鲸的珍贵影片，那是发生在美国西部加利福尼亚附近的太平洋中：一头长约18米的蓝鲸拼命地逃，而它的两侧和前后，甚至腹下，则被虎鲸团团包围着。不多久，这伙“强盗”发起了攻击，有的咬它的背鳍，有的撕碎它的尾鳍，有的把它的肉一块块咬下来……就这样，虎鲸跟踪追击了37千米，蓝鲸所过之处，留下了一条血流！

科学家发现，在非人类物种中更年期现象十分罕见，虎鲸妈妈更年期后的存活时间最长，因而能尽心尽力地照顾它们的成年虎鲸子女。雌性虎鲸三四十岁时便停止了生殖，但可以一直活到90岁。它为什么有这么长的更年期呢？长时间来这一直是个不解之谜。最近，英国和加拿大科学家在《科学》杂志上发表文章，指出雄性虎鲸确实是个“长不大的男孩”，如果没有妈妈的一臂之力，它们是难以生存下去的。虎鲸妈妈进入更年期后照顾儿子的这种需要，可以用来解释为什么它们能有比任何非人类动物更长的更年期。

如果说座头鲸是鲸类世界里的“歌唱家”，那么，虎鲸就是鲸类王国中的“语言大师”了。研究人员的最新研究表明，虎鲸能发出62种不同的声音，而且这些声音有着不同的含义。

通过水听器结合潜水观察，研究人员发现虎鲸在捕食大马哈鱼时，会发出断断续续的“咔嚓”声，犹如用力拉扯生锈铁门窗铰链发出的声音。研究人员在收到一群虎鲸捕食声的同时，在潜水中发现大马哈鱼以莫名其妙的角度游动着，对虎鲸的出现毫无反应（在正常情况下，人的到来会使大马哈鱼惊慌失措，四处逃散）。这说明，鱼类在受到虎鲸捕食声的恐吓后，行动变得失常了。

经过大约两个多小时的觅食以后，虎鲸发出的声音变了，不再是捕食时的“咔嚓”声，而变为“wawa”声和哨声等，有时还喷出一团团泡沫。这表明它们正在尽情戏耍。

有时候，虎鲸群会进入海湾，游进草丛中。此刻人们可以听到它们发出的“huhu”声和挣脱海草的声音。过不太久，幼鲸露出海面，浑身披着半透明的海草。看来，这些虎鲸特别喜欢用它们尾叶上的凹缺去钩拉海藻。

生活在不同海区里的虎鲸，甚至不同的虎鲸群，使用的语言音调也有不同程度的差异，犹如人类的地方方言一样。有时候，某一海区出现大量鱼群，虎鲸群会从四面八方游来觅食，但它们的叫声却各不相同。研究人员推测，虎鲸之间可以通过“语言”互相交谈，至于它们是怎样听懂对方的“方言”的，是否也像人类那样配有翻译，至今还是个不解之谜。

由于虎鲸的语言复杂多变，幼鲸要完全掌握成年鲸的语言，至少需要5年时间。研究人员观察到，刚出世的幼鲸在饥饿或与母鲸分开时，只能发出粗哑的声音。以后，随着年龄的增长，它们会逐渐模仿成年鲸的声音，改进和丰富自己的叫声。不过，在刚出生的头一两年内，它们的叫声没有太大的

▼ 正在表演节目的虎鲸

改变。

为了了解和征服这个“海上霸王”，美国著名的鲸类驯养家蒂莫西·德斯蒙德和美国知名的海洋生物学家爱德华·格里芬，长期和虎鲸生活在一起，通过驯养、观察和研究，他们发现虎鲸智力出众，完全可以成为人类的朋友。

格里芬怀着喜悦的心情，从两个渔民手中购得了雄虎鲸“纳木”。他游近纳木，不过在人与虎鲸之间隔着渔网，以防万一。纳木用好奇的目光盯着这位不速之客，发出尖叫声和噼啪声，时而又像一只害相思病的猫在哀诉。格里芬在网外模仿着它的声音，这是他和纳木第一次面对面的交谈。

驯养虎鲸并不是一件轻而易举的事。纳木在进入新居后不肯吃东西，为了刺激它的食欲，格里芬决定给它注射维生素复B。他请教了有关方面的专家后，用弓向纳木发射一支带有维生素复B的箭。注射后，不知是由于维生素复B的功效还是其他原因，纳木变得十分贪婪，每天要吃180千克大马哈鱼。

一天早上，格里芬发现纳木似乎比平时更加贪婪。他把一条大马哈鱼抛给纳木，它马上用牙齿把鱼咬住，然后沉入水中游走了，因为这是纳木的习惯动作，所以格里芬毫不在意。但纳木很快就回来了，露出乞求再给一条鱼的神态。格里芬又给了它一条大马哈鱼，可是它游了一圈后又来讨鱼吃了，一次又一次地讨个不停。这是怎么一回事？经过一番调查，格里芬终于发现在围栏的一角堆积着一大堆大马哈鱼，原来纳木在偷偷地囤积口粮。

格里芬花了很长的时间来观察和研究纳木的行为，熟悉它的脾气。起初，格里芬在围栏的周围划船，纳木显得紧张不安，甚至有点冒火，但过不多久它就习惯了。在这以后，格里芬就乘坐小型橡皮筏接近它。经过他的持久努力，纳木已允许格里芬接触和轻轻抚摸它了。现在，格里芬只要把小船划进围栏，纳木就会在小船旁边游来游去，就像一只狗在主人身旁欢蹦乱跳那样。在这以后，格里芬让纳木学会了表演一些节目。

德斯蒙德也加入了格里芬的行列。经过他们的驯养和训练，雄虎鲸“奥凯”和雌虎鲸“科凯”，也成了出色的演员。这两头来自不同海区的虎鲸，在海池里成了一对亲密的伴侣。

经过较长时间的训练，奥凯和科凯已经能乖乖地服从命令听指挥，进行各种精彩的表演了。如今，在它们居住的海池旁，从早到晚围满了成千上万的观众，他们尽情地欣赏着海上霸王的惊人表演。其中，最激动人心的节目有四个：

第一个节目是“迎客”。在演出前10分钟，海池的铃声响了，这时，奥凯和科凯已做好演出的准备。当观众基本上到齐的时候，奥凯将巨大的头部露出水面，向观众徐徐游去，以示“欢迎”，当场博得了人们的鼓掌和喝彩。

第二个节目是“跃水吞鱼”。一名训练者站在海池工作台的钢架高处，颈部悬挂着一条大鱼。德斯蒙德一发出表演信号，科凯马上破水而出，张开大口，跃到5米多高处，吞下这条大鱼，然后返回海池。此时，水花飞溅，池面宛如一锅煮沸的水。

第三个节目是“速游中纵跳”。奥凯虽然体躯庞大，却能沿着池边快速游泳，这时它露出三角形的背鳍，犹如飞艇在破浪疾驶。一旦听到德斯蒙德发出“纵跳”的信号，它便立即跃出水面，时游时跃，活像人们的蛙式游泳表演。

第四个节目是“召之即来”。德斯蒙德刚发出召唤信号，奥凯和科凯马上争先恐后地围上来。

奥凯和科凯是一对聪明而调皮的“演员”。它们在作精彩表演后，一定要人们付给高价报酬——鲑鱼、金枪鱼之类的上等鱼，否则下次表演时就会“偷工减料”，甚至不听指挥，拒绝表演。

在世界各大洋里人们都能发现虎鲸，在我国渤海、黄海、东海和南海也有它的足迹，我国已把它列为二级保护野生动物。

前面提到，虎鲸在野外的寿命可达到80～90年，但在圈养条件下，平均寿命却只有20～30年。虎鲸的大脑大脑发达，能够使用含义丰富传播遥远的叫声，适应于它们高度社会化的生活与海洋中广袤的活动范围，这是海洋馆无法提供给它们的。野生动物最好的归宿在自然之中，保护野生动物对我们的工作提出了更高的要求。

在渤海、黄海和东海还有一种伪虎鲸，又名“拟虎鲸”。它的个头比虎鲸小多了，雄鲸体长只有5.7米左右，雌鲸更小。它头圆口大，与下颌相比，上颌略向前突出，身体近似于圆柱形，背鳍远比虎鲸小。伪虎鲸没有虎鲸凶猛、大胆和狡猾，以乌贼、各种鱼类为食。它喜欢几十、几百或几千头一起活动。我国已将伪虎鲸列为二级保护野生动物。

高智商的海豚

海豚

（鲸目 海豚科）

海豚（拉丁学名：*Delphinus delphis*）体呈纺锤形。喙细长，有额隆，上下颌各有尖细的点90 ~ 110枚。常群游海面，以鱼、乌贼、虾、蟹等为食。大脑沟回复杂，能学会许多复杂动作，并有较好记忆力。

在鲸类王国里，要数海豚家族——海豚科的种类最多了，全世界共有三十多种。它们虽然智力都很发达，但是种类之间也有差异，其中宽吻海豚最为出色。这可能有两个原因：一是宽吻海豚的数量较多，人们容易接触和捕获；二是宽吻海豚的大脑沟回特别复杂，有较好的记忆力，能学会复杂的表演动作。

▼ 海豚科是一个庞大的家族

宽吻海豚又叫“大海豚”“尖嘴海豚”“胆鼻海豚”。它体长2.5～3.1米，头部的喙较长，额部隆起明显。身体背面是发蓝的钢灰色或瓦灰色，向腹部逐渐过渡为淡色。我国各海区都有分布，以黄海、渤海为数较多，人工饲养的多半是这种海豚，我国已把它列为二级保护野生动物。

1986年4月，一头来自马来西亚的宽吻海豚，在广州表演后来上海演出。它长2.5米，重118千克，取名为“叮叮”。叮叮是一位优秀的“演员”，为上海观众表演了“唱歌”“与人接吻”“顶球”“牵船”“打保龄球”“与人握手”“跳迪斯科”“钻火圈”等24个精彩节目，历时一个多小时，赢得了观众的笑声和掌声。当然，每表演一个节目后，训练师就要喂它一两块鱼肉，以资鼓励。但是，鱼肉也不能喂得过多，如果它吃得太饱，就会不肯表演，或者“偷工减料”。

南非伊丽莎白水族馆的海豚池，每天都要上演宽吻海豚表演的有趣节目。看台上观众挤得满满的，都在等待精彩节目的开场。终于开演了，第一个节目获得满堂彩。第二个节目是母海豚“丹恩”从水中跃起，钻过空中的橡皮轮胎。然而丹恩就是不肯钻。它游到观众席前，拼命地击打水面，溅起的水花把前几排的观众弄得像落汤鸡似的。另一头母海豚“芭洛玛”还要过分，它的节目是顶球，可是它不但不肯表演，反而纵身一跃，从水中滑向平台，把女驯兽师猛地推向水中。观众大哗，这场演出算是砸了锅。事后水族馆才弄清了“演员”罢演的原委。原来第一个节目成功表演以后，奖给它们的鲱鱼是隔夜已经变质了的！

宽吻海豚不仅是出色的演员，还是海洋工作者的得力助手。美国军事部门已经成功地训练这种海豚打捞海底的火箭架和深水炸弹，充当海底救生员的信使，以及为潜水员担任警戒，驱赶鲨鱼等。

人们对野生宽吻海豚的观察和研究较多，所以对它的智商和行为比较了解。2008年澳大利亚鲸类研究中心的科学家宣布，已经确认海豚发出的近200种声音，并已破译6种常见叫声的含义。这种海豚能不能学会人类的语言呢？在美国的圣托马斯岛上，一名动物学家从1955年开始教海豚讲英语。3年以后，这位动物学家宣布，海豚能模仿某些人的说话声。有一头名叫“埃尔维”的海豚，在听到它的女教师用“再多些，埃尔维”的话鼓励它时，竟然用小鸭子似的高音重复着这句话。

20世纪70年代，美国夏威夷大学海兽实验室的3位科学家对一对海豚进行训练，教它们用人类语言说话。经过18个月的训练，这两头海豚学会了25个单词，其中11个是物质名词，7个是动词，其余的是副词和形容词。到1979

海豚

年，这两头海豚一见到出示的东西，便能准确地发出表示物体名词的声音，如“球”“管子”“铁环”和“人”等。

此后，大洋洲海洋基金会的4位科学家对两头海豚进行试验。她们花了3年时间，教会它们700个英文词汇，比《吉尼斯世界纪录大全》记载的一只非洲鹦鹉所掌握的500个词汇还要多。

几十年的研究结果表明，海豚不仅拥有高智商，还拥有情感和自我意识。南非威特沃特斯兰德大学的保罗·曼格尔，在2013年发表的一篇论文中，详细分析了海豚的高智商传说：海豚能看懂手势，狗也可以；海豚能听懂人说话，可它的表现并不比海狮高明；海豚能区分“多”和“少”，这个连黄粉虫都可以做到；至于使用工具，许多动物都可以用得比海豚更自如。德国鲁尔大学的学者奥努尔·冈特昆则认为，没有人怀疑海豚在应对自然挑战时能找到很多复杂的解决方法，然而有些内容被过度解读了。换句话说，海豚并没有人们所认为的那样聪明。

海豚还喜欢和人玩耍。在澳大利亚沙克湾内狭窄的佩伦岛，有一个名叫“蒙凯米阿”的海滩。原来这个海滩默默无闻，后来由于出现了与人友好的宽吻海豚，吸引了成千上万的旅游者，使这儿一下子闻名天下。宽吻海豚一见到人们在海滩浅水处，便兴致勃勃地游了过来。可能是由于过分兴奋了，它们不约而同地发出了短促而刺耳的咔嗒声。它们在人腿的“迷宫”中穿梭自如，颇有外交家的风度。这些海豚将自己的时间都花在周围的每一个人身上，逐个地与他们玩耍。它们从成人和孩子们的手里接过鱼，又把头伸出水面，以便更好地看一看四周的观众。围观者都欣喜万分，轮流用手温柔地抚摸着海豚的侧面，摸一摸它们橡胶似的皮肤，凝视着它们永远微笑的脸……

▼ 海豚与人玩耍

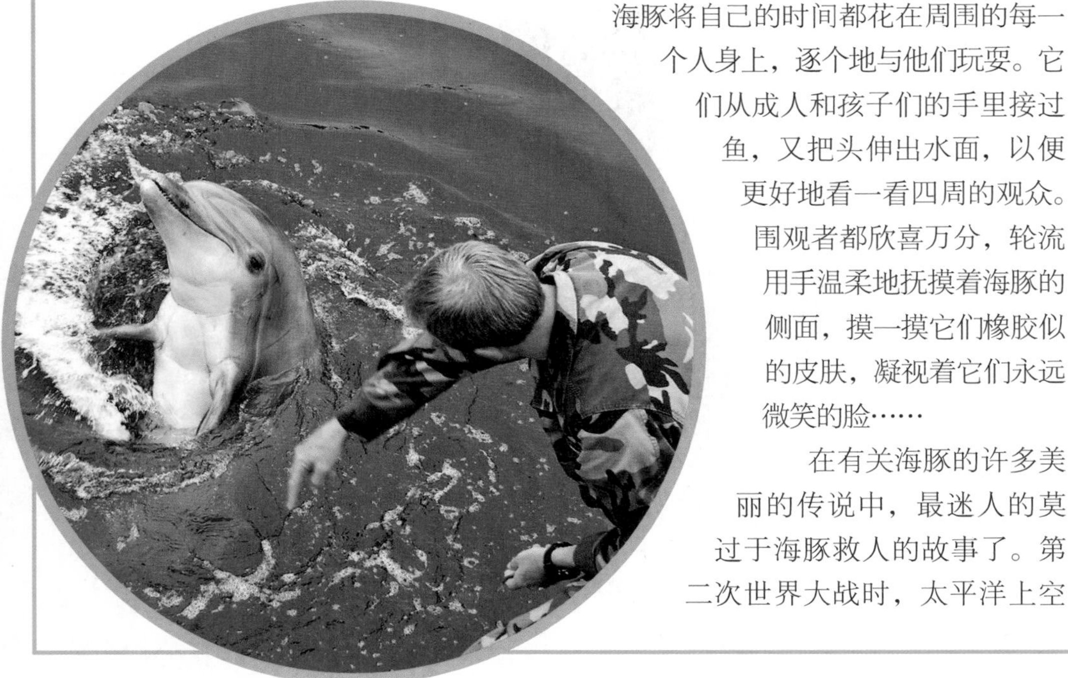

在有关海豚的许多美丽的传说中，最迷人的莫过于海豚救人的故事了。第二次世界大战时，太平洋上空

▲ 中华白海豚（Zureks供图）

有4架美军飞机被击落，飞行员脱险后跳上充气的橡皮筏。这时，不知是谁从后面轻轻地将橡皮筏向岸边推去。他们回头一看，竟是海豚。

1949年，美国佛罗里达州一位律师的夫人在《自然史》杂志上透露自己在海上获救的奇特经历。她从海滨浴场下水后，游了一段距离，突然陷入一个旋涡或水下暗流。就在她即将昏迷的刹那间，感到有什么东西从下面猛地推了她一下，紧接着又是几下，直到她被推到浅水中为止。她清醒过来后，举目四望，想看看是谁救了自己。然而，海滩上空无一人，只有一头海豚在离岸不远的水中嬉戏。这时，远处的一位目击者跑过来告诉她：是海豚救了她。

大量事实表明，海豚救人并不是人们杜撰和编造出来的。那么怎样解释这一奇特行为呢？有人认为，这是海豚有意识的高尚行为，是对人友好的表示。动物学家却不同意这个观点。因为海豚的营救对象并不只限于人。1959年，美国动物学家德·西别纳勒等人在大海航行时，看到两头海豚游向一头被炸药炸伤的海豚，努力搭救着自己的同伴。在一个海洋公园里，一头小海豚一生下来就死了，可是一头雌海豚仍然不厌其烦地把它推出水面。即便是无生命的物体，海豚也会表现出极大的热忱。它们会向大海中漂浮的海龟尸体、碎木和褥垫等靠拢，推逐这些物体前进。

由此看来，海豚救人不是一种有意识的行为，而是由泅水反射引起的一种本能。也就是说，海豚发现同伴在水下受到窒息和死亡的威胁时，就会赶去营救，把受难者托出水面，使它打开喷水孔，完成呼吸动作。这种行为是在长期的自然选择中形成的。

在海豚科这个家族里，除了前面所说的虎鲸、伪虎鲸和宽吻海豚以外，我国还有中华白海豚、真海豚、条纹原海豚、花斑原海豚、白点原海豚、镰鳍斑纹海豚、沙劳越海豚、糙齿海豚等17种动物。其中中华白海豚已列为国家一级保护野生动物，其余的都是国家二级保护野生动物。

中华白海豚又叫“华白豚”“白鯃”“白牛”，体长在2.2～2.5米之间，体重约235千克。吻部尖长。幼鲸体背面灰黑色，腹面白色；成鲸全身乳白色，散有许多细小的灰黑色斑点。不成大群，常数头一起或单独活动，以鱼类为食。我国分布于广东、台湾、福建、浙江沿海，尤以南海最为常见。

真海豚又叫“普通海豚”，体形似鱼，体长在2.0～2.4米之间，喙部细长，额部隆起不像一般海豚明显，背鳍与虎鲸一样也是三角形的。身体背部蓝黑色或黑色，腹部白色，两者之间为土黄色或灰色。常以数十头或几百头为群，行动敏捷，经常跃出水面。有时成群尾随在渔船、轮船之后，或跟着较大鱼群移动，也喜欢在船头的波浪中随波荡漾。以鱼类和乌贼为食。我国沿海都有分布。

条纹原海豚又名“蓝白海豚”，体长2.4～2.7米，体形是典型的纺锤形，肛门后尾部比真海豚粗。喙部不太长，前额呈圆形膨大，背鳍也是三角形的。身体背面深蓝色，腹面白色，体侧交界处呈晕色。眼至喙额交界处有一条黑带，眼至肛门间一般有两条黑带。常百余头一起活动，以乌贼和鱼类为食。分布于我国台湾省沿海。

花斑原海豚体长1.8～1.9米，身体呈纺锤形。它的背鳍也是三角形的，但后缘凹入呈镰状。身体背面黑色，腹面白色。除头部外，其他部分界线不清。主要以上层鱼类为食。分布于我国台湾省沿海。

真海豚

条纹原海豚

花斑原海豚

▲ 白点原海豚（NOAA供图）

白点原海豚体长1.8～2.1米，体躯呈纺锤形。背鳍也是三角形的，不过尖端后曲。身体背面铁蓝色，腹面灰色。深色部分有灰色细斑点，灰色区有许多白斑点。主要以鱼类为食。分布于我国台湾省海域。

▼ 镰鳍斑纹海豚（NOAA供图）

镰鳍斑纹海豚又叫“镰海豚”“短吻海豚”。体长2.0～2.3米，体呈纺锤形。有喙部但不明显，故得名“短吻海豚”。自肛门部以后，身体急剧变细。背鳍高而后曲，前边黑色，后边色淡。身体背面黑色，腹面白色，体侧灰色。以几十头或上百头为群，捕食乌贼和鳀鱼、鳕鱼等群游鱼。分布于我国东南沿海。

沙劳越海豚体长可达2.35

▲ 糙齿海豚（Gustavo Pérez供图）

米，体重130千克左右。它的背鳍近似等边三角形，鳍肢较小。主要吃深水鱼和乌贼。分布于台湾省沿海，较少见。

糙齿海豚也呈纺锤形，背鳍处身体最粗。背鳍较高，呈三角形，后缘似镰刀状凹入。它的喙特别狭长，其长度为宽度的3.1倍，与体长之比在海豚科中名列第一。下颌每侧有齿20～27枚，齿很大，齿冠部有纵行的绉绸状细纵皱纹，所以叫“糙齿长吻海豚”。它的身体大部分炭灰色或黑色，腹面有不规则的白斑；此外，在身上还有白色、淡红色、象牙色的斑点。栖息在热带和亚热带各海域内，偶尔也进入较冷的水域。主要捕食鱼类，有时也吃章鱼等头足类动物。这种海豚也富有智慧，经人们驯养后能进行杂技表演。它也常和宽吻海豚混群活动。国内分布于东海及南海水域，台湾岛周围海域有时也能见到。由于这种海豚富含脂肪，过去曾被大量捕杀用以炼油，以致数量减少。

有“巨头鲸”之称的领航鲸

领航鲸

（鲸目 海豚科）

领航鲸（拉丁学名：*Globicephala*） 头与躯干部的界限不明显，使它们的头显得很大。主食乌贼，也捕食鲱鱼、鳕鱼等。主要分布于太平洋、印度洋、大西洋等热带、温带海域，在中国仅见于东海和台湾省附近海域。为国家二级保护野生动物。

领航鲸原归隶于海豚科领航鲸属，后来发现这个属的特征与海豚科其他种类有较大的差异，分类位置介于海豚科与鼠海豚科之间。

领航鲸体长约6米，喙特别短。从侧面看，前额圆而隆起，头与躯干部界限极不清楚，头显得很大，因而又称“巨头鲸”。它的嘴巴极大，口裂由头部前下方斜往后上方切入。由于它颈椎较短，鳍肢好像长在颈部。背鳍呈三角形，位于体中间稍前处，由于其基底长而显得略低。鳍肢长而尖，其长度为体长的五分之一。尾鳍背腹侧有明显的棱状物及肤嵴。全身深炭灰色，腹面色稍淡。两个鳍肢基部的连线及下颌到肛门间，有一个呈“十”字形的白色或灰白色花纹，从腹面看去十分显眼。上颌和下颌每侧有齿8～10枚，齿很大，长达5厘米，直径1.5厘米，显得很凶猛。

领航鲸常集群活动，通常200～300头为一群，最多可达500头。此鲸主要吃乌贼，有时也捕食鲱鱼、鳕鱼等群游性鱼类。每年2～3月在温暖的海域中交配，怀孕期约12个月，出生的仔鲸长约1.4米，哺乳期约20个月。雌鲸6岁，雄鲸12岁时性成熟。国内广泛分布于沿海各海区，但南海和东海数量较多。此鲸胆小，容易捕捉。过去捕捉领航鲸时，人们常用小船进行三面包围，把它赶入海湾或港口，然后“瓮中捉鳖”。这种一网打尽的办法，使这一动物资源遭到了严重破坏。目前我国已将它列为二级保护野生动物。

领航鲸（Gustavo Perez供图）

江豚和鼠海豚

江豚

（鲸目 鼠海豚科）

江豚（拉丁学名：*Neophocaena*）与海豚科非常相似，但是体形较小，无喙，类似海豚科中无喙的小型成员。我国产的长江江豚被列为国家一级保护野生动物，东亚江豚和印太江豚被列为国家二级保护野生动物。同科的鼠海豚又名“无喙豚”，为濒危动物。

在鲸类王国里，鼠海豚科是一个小家族。它不仅种类少，全世界只有6种，而且个头比较小，体长为1.5～2.1米，体重90～220千克，为小型鲸类。我国原产的江豚有长江江豚、东亚江豚和印太江豚3种。

江豚又叫“江猪”“海猪”“海和尚”，体形似鱼，体长在1.2～1.6米之间，体重可超过一百多千克。它头短近圆形，额部稍微向前凸出，吻短阔，上下颌几乎一样长，眼睛较小，背脊上没有背鳍，鳍肢较大呈镰刀形，尾鳍分为左右两叶，呈水平状，后背部有些小结节或角质鳞。全身铅黑色，腹部颜色浅亮，唇和喉部黄灰色，腹部有些形状不规则的灰斑。

江豚性喜单头或成对活动，结成小群也不超过4～5头，从不集合成大群同游，以鱼、虾和乌贼等为食。它分布广泛，在我国见于沿海一带，通常栖于咸淡水交界的海域，也能在淡水中生活，甚至可沿着长江上溯至宜昌和洞庭湖。在春季，当长江口银鱼、鲚鱼汛期时，江豚经常出现于崇明岛附近。

尽管江豚分布广泛，但由于它的皮下脂肪层很厚，占体重的23%～36%，经济价值颇大，特别是开展了江豚的油、肉、皮、骨的综合利用以来，捕杀江豚的数量剧增，因而我国对此已进行了保护。

由中国科学院武汉水生生物研究所、世界自然基金会等单位组织发起并实施的长江淡水豚类考察活动于2012年11月11日正式启动。这一考察活动历时44天，经过分析大量的江豚观察数据，最后认为江豚种群数量约为1 040头，数量远少于大熊猫，呈加速下降趋势。如果不采取强有力措施，江豚将会在10年内灭绝。为此，2014年江豚被列为国家一级保护野生动物；最新的国家重点野生动物保护名录将长江江豚定为国家一级保护野生动物，东亚江豚和印太江豚则为国家二级保护野生动物。

鼠海豚又名“无喙豚”，是鼠海豚属的一种濒危动物，在我国沿海也有分

▲ 江豚

布，不过对它的研究不多。这种海豚个头较小，体长在1.7～1.8米之间，头圆无喙，有背鳍，高达15～20厘米，鳍肢比江豚小。它身体背部蓝灰色，腹部白色，过渡区晕色，腰部近似黑色。鼠海豚以鱼类、甲壳动物和乌贼等为食。潜水时间较短，一般不超过3～4分钟，有时会全身跃出水面进行呼吸。

鼠海豚（Malene Thyssen供图）►

▲ 儒艮是传说中美人鱼的原型

海上美人鱼——儒艮

儒艮

（海牛目 儒艮科）

儒艮（拉丁学名：*Dugong dugon*）亦称“人鱼”，体呈纺锤形，前肢呈鳍状，无指甲；后肢退化。尾鳍后缘内凹，呈新月形，中央有一个缺刻。皮肤灰白色，有稀少分散的粗毛，体表有稀疏的短毛；背面深灰色，腹面灰白色。乳头一对，位于胸鳍腋后方。栖息河口或浅海湾内，喜集群，以藻类或其他水生植物为食。为国家一级保护野生动物。

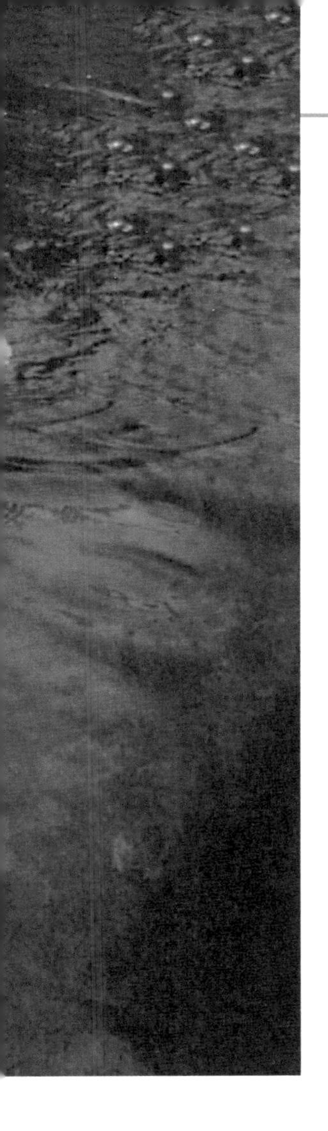

绚丽多彩、瞬息万变的海洋，是个神秘的世界。然而，最令人神往的莫过于“美人鱼”的传说了。

世界各国都有关于“美人鱼”的神话传说。有的叫她“海妖”，有的称她“女河神”。

我国古代也有这方面的传说。其中，最著名的是《徂异记》中的一段描述，宋朝有一个叫查道的人，出使高丽（朝鲜）。在海上航行途中，他见到一个妇女，“红裳双袒，髻鬟纷乱”，随波逐流，出没在水面。

世界上究竟有没有“美人鱼”呢？在很长一段时间里，人们一直不得而知。1830年，伦敦的一家博物馆突然出现了一件“美人鱼”的标本。人们如潮水般涌来，争相观赏这稀世珍宝的风采。生物学家也风尘仆仆地赶来了，谁知经过一番认真的鉴别，这并不是真的“美人鱼”标本，而是用一张鱼皮和猴子的上身缝接而成。

近几十年来，有关“美人鱼”的记载和传说也有不少。根据记载，在我国南海曾多次发现过“美人鱼”。例如，1931年在台湾南部海岸大树房地方的沙滩上，人们在潮水退后，看到过一头200千克重的“美人鱼”。

经过科学家的研究，现已真相大白：“美人鱼”并不是鱼，它是生活在海洋中的哺乳动物，正式名字叫“儒艮”。世界上只有一种儒艮，是现存海牛类中的一种，栖息在亚洲热带和亚热带浅海海湾，我国产在广西、广东、台湾沿海，由于数量很少，已列为国家一级保护野生动物。

儒艮是马来语的音译。人们称它“美人鱼”，其实它长得很丑：两只小眼睛耷拉着，上唇特别厚，向上翘起，前端如盘，仿佛戴了只口罩，鼻孔几乎挤到了头顶上，嘴也挤得向下张开着。

明明是个“丑八怪”，为什么要叫“美人鱼”呢？儒艮的腹部长着两只鳍一般的前肢，仿佛双手；雌兽的胸前还鼓起两个奶头。这种动物每胎只生一个孩子，第二胎往往要隔三四年。小儒艮出生后就会游泳，跟随妈妈一起生活。母儒艮在喂奶时，将上身斜浮在海面上。小儒艮斜躺着，用嘴吸住妈妈的奶头。吸吮奶汁时，好像妈妈用前肢抱着。人们在海上航行时，见到儒艮哺乳的情景，由于不了解这种动物，便把它称为“美人鱼”了。

在天气晴朗的时候，儒艮常在黎明前后和傍晚时分，浮游在海面上。中

▲ 幻想中的美人鱼

午，是难以看到它的。白天和晚上，它都在海底寻找各种食物——柔嫩多汁的海藻、海草和其他水中植物。吃饱以后，儒艮就悄悄地潜入三四十米深的海底，像岩石那样待在那儿，除非有时露出水面换一口气。

我国动物学家对儒艮作了深入的研究，发现这种动物和海豹、海狮、海豚一样，都是从大陆迁移到海洋中去的“居民”。从外表来看，儒艮和长鼻子大象简直毫无共同之处，但它们却是同宗“兄弟”。在很久很久以前，它们都生活在陆地上，都用四肢走路。

大海是孕育生命的摇篮。翻开生物进化的史册，当年动物的祖先是从低等到高等、从简单到复杂、从水生到陆生，一步步地登上陆地的。后来，儒艮为什么会重返大海的怀抱呢？在这个问题上，科学家们众说纷纭，至今还没有令人满意的结论。现在，一般人认为，也许是陆地上的植物日益稀少，儒艮填不饱肚子了，只得到水中去觅食。另一种可能是：温顺的儒艮抵御不了陆上凶猛的食肉兽，在生死存亡的关键时刻，只能到大海中寻找“安乐窝”了。

▲ 北海狮是海狮中个头最大的

北海狮和海狗

北海狮

（食肉目 海狮科）

北海狮（拉丁学名：*Eumetopias jubatus*）四肢呈鳍状，后肢能转向前方以支持身体；耳壳短，紧贴在头侧，尾甚短；体被短硬粗毛，细毛稀少，无绒毛。有的种类雄性颈部有长毛似狮，故名。群栖于海边，白天在近海活动，晚上都上岸睡觉。以鱼、乌贼及贝类等为食。与同科的海狗均为国家二级保护野生动物。

海狮与海豹既不属于鲸类，也不属于海牛类，由于它们的四肢变为鳍状，适于游泳，所以与海象一起独立为鳍足类。这类动物虽是海兽，但不像鲸类和海牛类终生生活在水中，它们是水陆两栖动物，在产仔、哺乳、换毛、休息时需到陆地或冰块上，有些种类交配时也得上岸。

全世界共有14种海狮，可分为两类：一类个头较大，体披稀疏刚毛（或称粗毛），没有或极少绒毛，如分布在我国的北海狮；另一类个头较小，体上既有刚毛，又有厚而密的绒毛，如分布在我国的海狗。因为它们吼声如狮，有的种类雄性颈部的长毛也像狮子，故名。我国海域仅有北海狮和海狗两个种，都已列为国家二级保护野生动物。

北海狮是14种海狮中个头最大的。雄兽体长可达3.5米，重达一吨。雌兽较小，长2.5米，重300千克。不过这种动物虽体躯魁梧，却胆小如鼠。它们在陆地上时，一有风吹草动就纷纷入海潜逃。即使在睡眠时，也有雄性哨海狮担任警戒。哨海狮十分认真，它们抬着头，一面倾听着声响，一面嗅着气味，发现异常或危险，立即发出报警信号，告知同伴一起逃离现场。有时候海鸥的叫声，也能引起海狮惊慌逃跑。有人曾做过一个有趣的试验，把一支带有麻醉剂的箭，从隐蔽处向哨海狮射去。中箭的哨海狮呻吟数声，就倒了下来，其他雄海狮闻讯跑了过来。它们一嗅到箭柄，便突然吼叫起来，睡意正浓的众海狮也随之一哄而起，争先恐后地向海里逃去。据推测，它们是嗅到了箭柄上留下的人的气味才发出警报的。过不太久，外逃的海狮们见四周没有什么动静，便陆续返回岸上，横七竖八地躺下。这时，研究人员又射出一箭，不过这一次在箭柄上涂了一层海狮粪。结果，闻讯赶来的其他海狮，经过一番“调查”，嗅不出人体的气味，感到没有什么可疑情况，也就默不作声，仍然高枕无忧地安心睡大觉。

雌性北海狮上岸后不久就会产仔，母子俩总是待在一起，分散在繁殖场的各个地方。母兽在移动时，会像老猫衔小猫那样将仔海狮衔在嘴里带走。母海狮产仔后5个星期开始下海觅食鱼类、乌贼等。它们每隔2～3天，最长9天回来一次。尽管繁殖场海狮群比比皆是，海狮声此起彼伏，震耳欲聋，但由于母子的声音彼此十分熟悉，即使相距很远也能辨别出来。据科学家观察，母海狮返回其仔海狮的栖息地后，先是连声高叫，召唤着小海狮。小海狮一听到母海狮的召唤，也会高声答应，并急切地向母海狮叫声的方向移动。母海狮听到小海狮的回答后，也朝这里加快步伐。当它们彼此靠近后，除了用声音继续交流联系外，再辅以嗅觉，彼此嗅嗅对方身上的气味，甚至鼻子对鼻子地闻一闻，仿佛是母子久别重逢时的亲吻一样。当确认无疑后，母海狮才开始喂奶。

▲ 海狗在我国分布于黄海和东海

母海狮对自己的亲生儿女关怀备至，而对同伴的儿女却残酷无情，不但不代为哺乳，而且还要“投石下井”。有的母海狮下海觅食时间较长，小海狮饿得大叫，此刻，在场的其他母海狮不但不给奶吃，还要恐吓威胁，甚至用牙咬起小海狮，把这可怜的孩子抛向远处。这时，如果正巧被小海狮的妈妈发现，两头母海狮之间就会展开一场格斗。大海狮打架时，也会拿对方的子女出气。有人目击，一头北海狮在格斗时，将对方的小海狮从崖上扔下去，此时，争斗突然中止，心急如焚的母海狮急切地探视崖下，当发现小海兽在下边的礁石上安然无恙时，它会沿着几乎垂直的陡坡笔直滑下去，对小海狮百般抚慰，还给它喂奶。小海狮过3～5年后性成熟，寿命可达30年。

北海狮主要分布于北太平洋，从加利福尼亚至阿拉斯加、堪察加沿海，在我国海域中也捕获过。

海狗也是一种海狮，又叫“海熊”“膃肭兽”。它不仅外貌多少有点像陆地上的狗和熊，而且是由进化至狗和熊的同一个陆地祖先发展而来的。据考古学家和古生物学家的研究，最早的海狗是1 200万年前（海象鼎盛时期），在北太平洋内首先出现的。至今，海狗仍然栖息在北太平洋千岛群岛和萨哈林岛（库页岛）一带，在我国偶见于黄海和东海，可见它的“家乡观念”很强。

海狗的雌雄大小悬殊：通常雄的体长在1.9～2.2米之间，重达300千克，雌的体长1.2～1.3米，重达63千克，两者体重之比为4.5∶1。近些年，《美国国家地理杂志》报道海狗之雌雄大小差异可达5倍以上，并刊登了一张“上大下小”的海狗照片。许多人见了都误认为这是海狗“母仔”或“父仔”俩的合影，其实，这是雌雄海狗正在交配呢！这种差异，不要说在鳍足类动物中是独一无二的，就在整个水兽里也是罕见的。

海狮家族里奉行的是“一夫多妻”制。每年一到生殖季节，年富力强的雄海狮先到达繁殖场，在海岸上、岩石上割疆而据，等待雌兽的到来。大约一个星期以后，雌海狮陆续上岸了。它们上岸后自由结合，分别进入雄海狮的占领区。这样，一头雄海狮和若干头雌海狮组成了一个生殖群。一般是雌雄之间个体大小的差异越悬殊，每头雄海狮所占有的雌海狮数量就越多。一般每个生殖群中，有雌海狮10～20头，而一头雄海狗占有的雌海狗就更多了，平均有40头左右，最多的可达108头。雄海狗在整个生殖季节都不下海，也不进食，每天交配多者可达30次，每次时间最长的可达15分钟。它们就是依靠平时体内积累的脂肪来维持这一巨大消耗的。据测定和观察，雄海狗的平均体重可达204千克，其体内积累的能量足可使它们能够在连续70天内不吃食物和不饮水。这样一来，在繁殖场上势必有不少的过剩雄海狮，它们散布在多雌群周围，争风斗殴。一些老弱个体自感力不从心，心甘情愿地在海边度日，而一些身强力壮的个体，则尽量寻找机会将较弱的雄海狗撵出多雌群，夺取其占有的雌海狗。直到生殖期结束，多雌群散伙，纷纷下海四处觅食，这类争斗才平息下来。

海狗在行动时仿佛旁若无人，显得拘谨而刻板。即使在数目众多的群体内，相互之间也毫不相干。它们在活动时，不仅我行我素，而且极端自私自利，从不关心同伴的利益。一头海狗在海洋中捕食鱼儿时，如果与另一头海狗相遇，它会放弃即将到手的美味，而去撕咬来者。在岛屿上，倘若与猎人不期而遇了，一头海狗会用力地把另一头海狗推出去，给猎人送上这份厚礼，以便自己“逃之夭夭”。有的母海狗见到情况危急，常常会残忍地“丢仔保己”，用自己孩子的生命，换取自己的安宁。这种极端自私的行为，在动物世界里可能是独一无二的。

最近美国海洋生物学家应用潜水测量仪，对这种水兽的潜水速度作了一番测定。结果表明，全世界的海狗都称得上是一流的潜水员，其潜水速度之快令人望尘莫及。一头体重45千克的海狗，在5分钟的时间内，便可上下来回潜行336米。进一步的研究还发现，海狗越重，潜水速度越快，潜得也越深。海狗的潜水本领胜过一般鲸类，连海豚也只能望“狗”兴叹！海狗在潜水时，需要足够的氧气，所以它停止呼吸，减慢血液循环，降低心率，以保证氧气供应。有时，其心率可慢至在水面时的百分之十。

海狗是一种颇有经济价值的水兽。它的毛皮优良，据说北美洲鞣制的海狗皮，每张价值20美元。小海狗的毛皮质地光亮柔软，用它制作的皮氅可以称为“千金裘”。在德国和其他欧洲国家，一件皮氅价值达3 000美元。它的睾丸和阴茎称作“海狗肾”或“膃肭脐”，是名贵的药材。用它的脂肪提炼而成的油，可治疗伤风、支气管炎、哮喘病、皮肤病，也是良好的护肤油。尽管如此，由于它数量不多，我国已进行保护。

▲ 海狗

北海狮和海狗，与其他鳍足类动物一样，长有许多“胡子”，这在脊椎动物中也是“独树一帜”的。人们经过解剖和研究发现，它们的胡子不仅具有触觉作用，而且还能接受声音，是一个声音感受器。人们已经发现，北海狮和海狗也有类似海豚这样的回声定位系统。它们能向四周发射一系列的声信号，然后收集来自目标返回的回声，这样就能了解目标的大小和形状，从而把两个非常相似的目标辨别开来。这些回声就是依靠胡子监听的，所以胡子是它们声呐系统的一个组成部分。根据实验，若慢慢地弯曲它的胡子，即使超过一个很大的角度也不会产生信号；但若以高频率弯曲胡子，就能产生很强的信号，它们对频率甚高的超声会有所反应。它们的定位信号不完全是声带发出来的，咽部的近后端也会发出这类信号。每一个体的声波波形是特殊的，这就使它能够排除噪声的干扰。

海豹和髯海豹

海豹

（食肉目 海豹科）

海豹（拉丁学名：*Phoca largha*）身体肥胖，皮下脂肪厚，颈粗头圆，后肢和尾连在一起，在陆地上只能借助身体的蠕动而匍匐前进。在水下相当灵活，且善于深潜，可以潜入数百米的深处。主食鱼类，也吃甲壳类和贝类。为国家一级保护野生动物。同科的髯海豹为国家二级保护野生动物。

在鳍足类中，海豹科是一个最大的家族，全世界共有19种。其中海豹和髯海豹分布于我国，分别列为一级和二级保护野生动物。它们的体形比海狮、海象更适宜于水中生活。例如，后肢不能曲向前方，这在陆地上是很少见的，但在水中运动却显得十分重要。又如，身体外壳极为平滑，几乎成了完全的流线型，适于在水中快速游泳和潜水。一到陆地上，它们的动作就显得十分笨拙，善于游泳的四肢只能起支撑作用，只好缓慢地匍匐爬行，显得滑稽而又可笑。

海豹又叫“斑海豹”，是我国海域数量最多的种类，尤以渤海和黄海最为常见。它身体浑圆，形如纺锤，体色斑驳，毛被稀疏，皮下脂肪很厚，看上去显得膘肥体胖。它的背部灰黄或苍灰色，杂有许多不规则的棕黑色或黑色斑点，故得名“斑

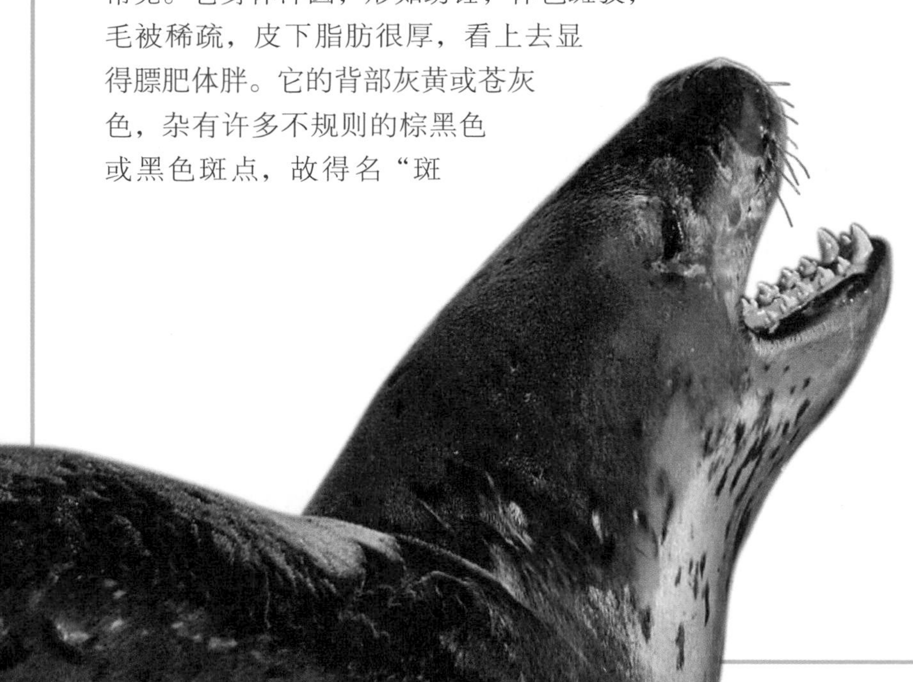

◀ 海豹

▲ 海豹

海豹”。腹部乳黄色。它的个头不大，只有1.3～2.0米长，一般体重为70千克左右，最大的雄兽为150千克，雌兽略小，约120千克。它主食鱼类，也吃甲壳动物和贝类。

每当春暖花开时，我国的东北海面却依然是北国风光。不过，一块块大浮冰已开始随风漂荡。这儿正是小海豹即将降生的天然“温床”。怀孕期满的雌海豹用尽力气爬上一块大浮冰，在寒风中产下了一头重约5千克的小海豹。母海豹每天都要给孩子喂奶7～10次，所以小海豹长得很快。

母海豹产仔以后，忙于照料自己的孩子，有时也会在浮冰周围游泳瞭望，甚至将自己的头搁在冰块边缘，与小海豹亲热地接吻。小海豹浑身长着厚密的白色“乳毛”，这种皮毛对它早期的冰上生活十分有利，既可以抗御寒冷，又是天然的保护色。小海豹卧在浮冰上，远看像冰，近视似雪，所以不易被敌害发现，十分安全。

一个月以后，小海豹渐渐长大了，体色慢慢地变为淡灰色。体重为15～20千克时，它虽已能独立索食，但仍与母海豹一起生活，与妈妈同头而睡，形影不离。

海豹既有很好的听觉，又有敏锐的嗅觉和视觉。它的眼睛很大，不但能看清水里的东西，也能看清空中的物体。在哺乳期间，母海豹的警惕性很高。它们发现危险时，会立即将小海豹推下水去，然后自己潜水而逃。有的母海豹事先在它们栖息的冰块上凿一个大洞，以便在急需时带着小海豹由洞里出逃。还有的因情况紧急，来不及将小海豹推下水去，事先又没有在浮冰上打洞，此刻母海豹会急中生智，“狗急跳墙”，突然将身体一弹，腾空跃起，用自己身体的重力将冰块砸破，“一家人”共同落水而逃。

在动物园里，海豹是引人注目的观赏动物。人们在海豹池畔俯首望去，可以透过清澈的池水，见到它们时而侧游，时而仰游，时而又在水面逗留，你追我赶，显得轻松自如，活泼可爱。

在苏格兰北部离海滩不远处，有个叫“克罗夫特”的小村。少女法尔和她的姑妈就住在那儿。一天，她俩收养了一头活泼可爱的小海豹，给它取了个名字——劳拉。劳拉很早就显露出它的音乐天才。它一听见法尔弹钢琴，就会爬过来，聚精会神地听。一次，法尔自弹自唱一首名叫《哈莱茨的人们》的民

▲ 髯海豹（Ansgar Walk供图）

歌。靠在钢琴腿上的劳拉竟随着琴声放声唱了起来。几个星期以后，劳拉学会了好几首苏格兰民歌。它一举成名，成了苏格兰著名的海豹音乐家。

髯海豹又叫“海兔”“胡子海豹”，个头比海豹大，体长在2.6～2.8米之间，平均体重可达400千克。它全身棕灰色或灰褐色，背中线颜色最深，向腹部渐淡，没有海豹那样的斑点。它吻部短宽，额部高而圆突，在吻部密生着很长的感觉毛，而且笔直粗硬，故得名“髯海豹”和“胡子海豹”。这种水兽主要捕食底栖动物，如虾、蟹、蛤、章鱼、海参等和底栖鱼类。它们不成大群，在洄游中喜欢分散活动。髯海豹分布于北半球，曾在我国浙江沿海捕获过。

五

陆上巨兽

▲ 亚洲象可以在茂密的丛林灌木间自如行走

画画成瘾的亚洲象

亚洲象

（长鼻目 象科）

亚洲象（拉丁学名：*Elephas maximus*） 体形巨大，是陆地上现存最大的兽类。鼻端具一指状突起，耳小，后足四蹄。仅雄象有象牙，分布于印度、巴基斯坦、孟加拉国、斯里兰卡、马来西亚、泰国、缅甸、老挝、柬埔寨、越南及中国云南等地。为国家一级保护野生动物。

亚洲象生活在亚热带海拔1 000米以下的山坡、沟谷、河边、盆地等处，那里雨水充沛，森林茂密。不过树木的密度不是太大，否则亚洲象就无法走动了。象是陆地上最大的动物，最大的亚洲象肩高可达3米，体重为6吨。

亚洲象是成群生活的，每群数量不一，有的1～10头，也有的数十头、上百头。每群都有一头首领象，与一般群居动物不同的是，首领象是一头大母象，而不是大公象。集体行动时，这头大母象走在队伍的前面，幼象和其他雌象在中间，一头大公象在后面压阵。大母象和大公象有明确分工：大母象是领导者，它决定象群的行动路线、时间安排、取食地点、休息场地等；大公象不是象群的领导者，而是象群的保卫者，如果遇上危险，必须挺身而出确保象群的安全。当然，也有不合群的单个成年雄象，人们称之为"孤象"。这种象过独居生活，比较凶猛，活动范围比象群大。

亚洲象皮肤很厚，体毛稀少，皮下脂肪不发达，隔热保暖能力差，既怕酷寒，又畏烈日，所以早晨和黄昏活动，中午炎热时在林中休息，晚上有时会活动到午夜。由于它们个头大，又成群行动，因而所到之处常碰到或折断树木、竹竿，地上的草也大多倒伏，形成了一条"象路"。象路的路面宽可达近1米，但两旁约2米之内都是灌丛或草，没有高大树木或粗竹，路上足印明显，多成一个个的深坑。亚洲象的食量很大，一头大象每天要吃大约两百多千克的野芭蕉、竹叶、藤蔓、树叶和鲜草等植物。午间最热的数小时，是它们休息或睡眠的好时光，此时亚洲象常常是一边站着睡，一边不停地摇尾扇耳，驱赶那些讨厌的蚊子和苍蝇。当然站着睡也是它们祖传的一种自卫本能，因为象的躯体笨重，躺卧下来如果遇到敌害袭击，就容易吃大亏！

亚洲象特别喜欢水，这有两个原因：一是它性喜喝水，一头象每天要饮许多水，一次大约能喝60多千克，这样可以消暑；二是它爱洗澡，常在河中用自己的长鼻子吸水，然后翘起鼻子将水往头、背上喷洒。这种洗澡方法，有点像人的淋浴。大象为什么要经常洗澡呢？原来，大象栖居地天气较炎热，加上它皮肤特别厚，汗腺又不发达，不能光靠出汗将多余的体热完全散发出来，只能用洗澡来散热避暑。同时，大象的体毛十分稀疏，容易被苍蝇、蚊子叮咬，洗澡和用长鼻子甩动，就可以避免虫子的打扰了。大象在洗澡以后，常用鼻子吸卷泥土，撒在自己的身体上，此举也有防止蚊蝇的作用。这种庞然大物的水性很好，能涉水渡过宽阔的大河，并可连续游泳5～6个小时。有人测量过亚洲象的游速，大约每小时能游1.6千米，虽不算快，但对于如此笨重的躯体来说已是相当不错了。还有人测量过亚洲象在陆地上的奔跑速度，最快是每小时24千米，不过一次只能维持400～500米。跑400米需要1分钟，虽然比运动员的跑速差远了，可是它不是在平坦的运动场上，而是在茂密的丛林草莽间奔跑，应该说还是颇有水平的。

亚洲象的鼻子与上唇愈合成圆筒状长鼻，鼻端有一个指状突起，感觉十分灵敏，且用处极大。除了呼吸和嗅觉以外，它还能攫取食物、吸水、喷水、拣物、攻击、自卫、绘画以及个体之间交流感情、传递信息等，真是象鼻妙用，称得上“多功能器官”了。据报道，象鼻的灵敏度很高，可以从地面上拾起一枚绣花针！

亚洲象的视觉较差，而嗅觉和听觉却很好。在野外，当它们闻到烟火味或听到吹牛角声后，会马上匆匆离去。象群的每个成员之间能互助友爱，假如一

▼ 亚洲象皮肤多褶皱

头象为人所伤害，一部分象就会一拥而上，马上携扶受伤者离去，另一部分成员则立即寻找“凶手”报复。一旦伤象倒毙，它们会在它的身边停留或徘徊许久，离开前还会推倒或拔翻树木，掩盖在死象身上，予以“埋葬”，似乎在表示“哀悼”。

公亚洲象常常会发“象疯”，这是较年轻的成年公象为了与母象交配，同占优势的年老公象争夺异性的一种生理反应。这是它们体内的雄性激素——睾丸激素所引起的，使其无法控制。有没有制止“象疯”的方法呢？古时候是将一头公象套上脚镣，安放在一个偏僻的地方，让它挨饿。这样一来，公象的活动量增加了，能将多余的能量消耗掉，加之食物缺乏，似乎可以制止它不再继续发“象疯”。其实并非如此简单，对于饲养的公象来说，管理人员是无法了解它发“象疯”的时间的，所以每年公象发“象疯”时，有些人就会遭到它的突然袭击，并因此而一命呜呼！

在历史上，因“象疯”引起的灾难，是不乏其例的。有的马戏场把发疯的公象关在帐篷里，结果帐篷经不起它一击，被撕得粉碎，在场的人也被击毙。动物园的情况稍微好一点，可是那里的建筑物也难以阻挡一头5 000千克重的“疯象”的狂暴行为，其后果自然也是可想而知的。1959年，美国决定在俄勒冈州的波特兰地区建造一家华盛顿公园，那里的象房采用了牢固的封闭式结构，可以容纳成年公象，促进其繁殖。象房门的开关是遥控的，公象能够安全地出入和移动。到了1962年，第一头繁殖象终于问世了。20多年后，已有24头幼象呱呱坠地，它们中有5头是第二代。

近年来人们发现，亚洲象是很聪明的，有的居然能挥笔作画。如今，已有好几头亚洲象成了出色的“画家”，其中水平最高的要数一头名叫“鲁比”的雌性亚洲象了。

鲁比生活在美国亚利桑那州的菲尼克斯动物园里。它是1987年开始画画的。鲁比要绘画时，饲养员赶紧拿出一个已经绷好画布的画架、一盒画笔以及固定在调色板上的几罐丙烯颜料。鲁比用它那神奇的鼻尖，轻轻敲打其中的一罐颜料，然后点中一支画笔。饲养员马上拿起它选中的那支画笔，在这罐颜料中蘸几下，然后递给鲁比。大象用灵巧的鼻尖握住画笔，便开始在画布上涂抹。画了几笔以后，它会要求调换画笔和颜料。通常，只要10分钟时间，一幅绘画作品就大功告成了。这时，鲁比放下画笔，从画架边后退几步，两眼凝视着画面，仿佛在自我欣赏。

在几年时间里，鲁比已经画了几百幅画，全都是清一色的抽象画。鲁比绘画的主题，大多是它看到过的周围事物和它用过的物品。在晴天作画，它爱用鲜艳的色调；而在阴天挥笔，它多选择暗淡的颜色。在有些作品中，其主色调竟与旁边某一围观者衣服的色彩颇为相似。

在鲁比的众多作品中，最引人注目的要数《救护车》了。这幅画是怎么创作出来的呢？那是一天下午，饲养员正在为鲁比准备画具时，在围观的人群中，有名男子突然昏倒了。不一会儿，一辆救护车开来了，车上的警报器发出了刺耳的鸣声。救护人员把病人抬上车后，救护车便向医院驶去。鲁比目不转睛地注视着这一情景。稍后，它便拿起画笔，画了一幅特别杂乱而醒目的画。画的正面涂了几笔蓝色的线条，宛如救护人员制服的颜色。画中还有一个隐约可见的红色的影子，也许是表示警报器在闪烁。

当地一名著名的艺术商人比尔·毕晓普闻讯赶来。他独具慧眼，在自己的斯科茨代尔艺术博物馆为鲁比举办了一个大象画展。画展展出了鲁比的39幅代表作，并在上面一一标价：最低的定价为250美元，最高的竟高达650美元。动物园的管理人员原以为恐怕没有人会不惜重金购买这些大象画，可是令人惊奇的是，大象画展开幕的第二天，展出的所有作品都被一抢而空。后来，连没有参展的画也被售完了，只留下一张长长的购买者的名单。

日本宫崎市凤凰自然动物园的两头亚洲象"太阳"和"小绿"，也成了大象画家中的新秀。它们自从2006年爱上画画后，便一发不可收拾，每天都要连续画上一两个小时。这两个新秀画画成瘾，常常早晨一睁眼就拿起画笔画了起来。

那么，大象为什么绘画？有人认为大象喜欢绘画，是因为绘画能够给它带来欢乐。有些人还提出了其他几种解释。有人认为绘画是大象的一种特殊的"取代活动"，也就是一种基于本能欲望的活动。譬如，大象在野生状态下有一种折断或摇动树干、树枝的欲望，但是在围养中这一欲望无法得到满足，于是就萌发了挥动画笔的愿望，并逐渐升华到油画布上绘画的艺术境界。也有人说，大象学会绘画是为了社交的缘故，作为勾起饲养员注意和赞赏的一种手段。还有人说，大象画家和人类画家一样，也有一种强烈表达外界和内心的愿望。

亚洲象的经济价值很高，它不仅是世界各地动物园的极好观赏动物，驯养后还可以帮助人们种地和驮运木材，一头大象可以抵得上20～30人的劳动力。此外，象牙是著名的贵重工艺品原料。

可惜，亚洲象的数量正在日益减少。现在，不仅产象国的科学家，连不产象国的科学家也在呼吁要保护它。人们都在千方百计挽救它，让它永远昌盛。

目前世界上的野象，大约有一半或稍多一点受到了产象国的保护，生活在自然保护区或国家公园里。世界野生动物保护组织早在1972年就将亚洲象列为第二级濒危动物,《国际濒危物种贸易公约》把它列入严禁买卖的第一附表。因此，几十个签约国都禁止象牙制品的出入口贸易。我国已将亚洲象列为一级保护野生动物。尽管如此，由于亚洲象的自然保护区或国家公园不包括动物的整个迁移区域，所以还常被人们偷猎。今天，人们正在继续把亚洲象从它们的原来栖息地挤出去，例如科学家们估计居住在印度布拉马普特拉河南部的一个地区的2 000头野象，将在它们的栖息地全部消失。因为农民要在那里种植谷物和果树，除非立即建立无人居住的大型自然保护区，否则这些野象便无立足之地了。面对现实，科学家们也认为保护亚洲象的栖息地是一件十分困难的事情。因为随着人口的增长，人们需要生产足够多的食物。于是进行亚洲象的繁殖研究，发展人工繁殖技术，便成了解决这种动物数量锐减的最切实有效的方法。

除了亚洲象之外，还有一种非洲象，这两种象十分相似，人们都把它们俗称为“大象”。其实两者是有区别的：亚洲象个头较小，鼻端只有一个指状物，耳朵小，前足5趾，后足4趾，仅雄象的象牙突出口外，分布于亚洲森林中；非洲象个头较大，鼻端有2个指状物，耳朵大，前足5趾，后足3趾，雌雄象的象牙都突出口外，分布于非洲密林或稀树草原地区。根据这些特点，人们就可以把这两种大象区分开来了。

▼ 非洲象体型比亚洲象更大

举世无双的巨型野牛

野牛

（偶蹄目 牛科）

野牛（拉丁学名：*Bos gaurus*） 亦称“白肢野牛”。体巨大，体长2米余。头大、耳大，肩部到前背有一瘤状突起。雌雄均有角。四肢粗短，尾长，末端有一束长毛。四肢上半截内侧金棕色，下半截白色，故亦称“白袜子”。栖息于中国云南阔叶林、竹阔混交林和稀树草原。群栖。为国家一级保护野生动物。

世界上的野牛，从广义上来说有10种以上，仅就野牛属家族成员计算有5种。其中产于我国云南、东南亚和印度的野牛，不仅是世界上最大的野牛，而且在整个牛科动物中也是首屈一指的第一大牛种。这种巨型野牛究竟有多大？一头雄野牛，肩高可达2米，体重能超过1 000千克，甚至能达到1 500千克！

野牛，又叫“�”“野黄牛”和“印度野牛”，又因为它的四条腿下部是白色的，好像穿上了白色的袜子，因而还称它“白肢野牛”，有人干脆叫它“白袜子”。它的头和耳朵都很大，肩膀隆凸，向后延伸到背脊中央，再逐渐下降；四肢粗短，尾巴很长，末端有一束长毛。野牛的体毛短而厚，呈深暗棕色，鼻、唇灰白色。雌雄野牛都长有角，角的表面十分光滑，呈灰绿色，唯角尖黑色。角的弯度很大，由额骨高起的棱长出，先直升，再向外，复向上，角尖又向内并略向后弯转，长度可达75 ～ 80厘米，粗度可达50 ～ 52厘米，两角之间的最宽处可达110厘米。但雌野牛的角比雄野牛小得多。

据实地考察，野牛栖息在阔叶林、竹阔混交林或稀树草地，那里林木葱郁，食物丰富，环境清幽，远离人迹，虻蝇较少。它们无固定的住所，多半生活在较陡的山坡上，最高可达海拔2 000米，过着游荡生活。野牛的活动范围很广，夏天移向高处，冬天迁往低处；白天炎热时隐蔽在沟谷树林中休息，晨昏时出来活动和觅食，喜欢慢慢地吃各种野草和嫩枝芽，尤其爱吃笋和嫩竹，也喜食盐碱水。

野牛过群栖生活，常几头、十余头或二三十头集群，其中有一头大雌牛为首领。发现异常情况时，它会用鼻子哼气，受惊后立即奔逃。领先的几头跑了一段距离后会停顿下来，等待落后的野牛跟上时再一起前进，颇有“集体主义”精神。而成年雄牛，在一年的大部分时间里是独栖或两三头同栖的，人称

▲ 野牛

其为“孤牛”，仅在发情期才返回牛群。据观察，孤牛的嗅觉和听觉特别灵敏，且胆大机警。过去，许多人认为野牛是一种凶猛而狡猾的兽类，并传出它们伤人的故事，甚至说它的锐利硬角会置人于死地。实际上，野牛是怕人的，它们喜欢走熟路，发现异常情况时就会绕道而行。它们的嗅觉和听觉都很好，可以较早地嗅到或听到人的气味或声音，及时避开。只有在被人击伤或逼得走投无路时，野牛才会行凶伤人。母牛在携仔期内，见到有人走近，便误认为来者不善会伤害小牛，于是奋不顾身地向人冲来。

每当交配季节，雄牛之间会发生一场争雌格斗。在争斗中，双方以角作为武器，互相剧烈撞击，并大声吼叫，其声音一直可以传到1 000米以外的地方。

有趣的是，这种动物竟有一张“作息时间表”：早晨6时前后开始寻找食物或嬉戏；上午10时前跑到森林里去休息；下午17时左右又开始活动；夜晚，它们平静地待在原地。这种野牛一昼夜活动的距离可达20千米，它们走到哪里就吃到那里，住在那里。

由于这种野牛的角既大又美，加上其肉可食、皮可制革，因而很长时间内一直是猎人的狩猎对象，这就使得它的数量在各产野牛国都日益稀少。在我国，野牛仅生活在云南西南部的热带森林中，目前数量不多，连各大型动物园也很难见到，所以列为国家一级保护野生动物。

要想观赏这种“白袜子”野牛的人，不必到野外去徒劳往返，据了解，国内有两处地方可以让你如愿以偿：一处是昆明动物园，那里有一头雌野牛展出；另一处是昆明市郊的中国科学院昆明动物研究所，在它的标本室里有一个雄野牛的头骨标本，看一看那粗如人腿的巨角，就可想象这头野牛该有多大了。

高山奇兽

▲ 四川扭角羚是我国特产亚种

食盐兽——扭角羚

扭角羚

（偶蹄目 牛科）

扭角羚（拉丁学名：*Budorcas taxicolor*）亦称“羚牛”“牛羚”。雌雄均具短角，角呈扭曲状，故名。四肢粗短有力。全身棕黄或深棕色，眼周黑色。一般见于山地森林中，群栖。夜出觅食，以青草、树枝、竹笋为食。分布于中国四川、云南、西藏、陕西、甘肃；不丹等地亦有分布。为国家一级保护野生动物。

扭角羚又叫“羚牛”，也有人叫它“牛羚”，这是一种很奇特的大型稀有珍贵动物。扭角羚非常爱吃盐，因而人们又叫它“食盐兽”。

扭角羚奇特，主要是它的外貌与众不同。在分类学上，原先把它与鬣羚、斑羚等放在一起，归入羊羚亚科，认为它们的形态介于山羊与羚羊之间。后来发现，它和北美洲产的麝牛一样，形态介于绵羊和牛之间，于是把它归入羊牛亚科。但是从扭角羚总的形态来看，应该说比较像牛。它体形粗壮，头大颈粗，四肢短粗，蹄子也大；吻部宽厚，稍有毛，颏下略具须。不过，扭角羚也不完全像牛，例如尾短而多毛，角先弯向两边，然后朝后上方扭转，角尖向内，构成一种扭曲的形状。这些特征与牛显然是不同的。

20世纪80年代，美国纽约动物学会国际野生动物资源保护组织负责人乔治·B.沙勒博士，与我国动物学家合作，在四川北部岷山地区考察大熊猫时，见到了扭角羚。这种奇兽引起了他莫大的兴趣。沙勒博士经过一番仔细观察后，把这种动物称为“六不像”：庞大的背脊隆起像棕熊，绷紧的脸部像驼鹿，宽而扁的尾巴像山羊，两只角长得像角马，两条倾斜的后腿像斑鬣狗，四肢粗短像家牛。

不同产地的扭角羚，毛色也不一样：产于西藏东南部、云南北部、四川西南部以及缅甸和印度局部地区的喜马拉雅扭角羚，全身毛色深褐；产于不丹和西藏山南地区的喜马拉雅扭角羚，肩背部毛色鲜黄；产于四川西部、北部及青海南缘的四川扭角羚，体毛大部橙黄，脸部和身体后部黑灰色，下肢黑褐色，似乎是前半身黄色，后半身黑色；产于陕西、甘肃南部的秦岭和岷山中的金色扭角羚，全身都是浅黄或金黄色，没有其他杂色，所以又叫金色扭角羚。动物学家主要根据不同的毛色，把这个种分为四个亚种。

大熊猫虽然极为珍贵，但容易见到，而扭角羚却难得发现，因为它们栖身于山势陡峭、树林茂密、多石崖和沟涧的地区，再加上扭角羚性喜隐蔽，因而旅游者很难见到其“尊容”。1984年，沙勒博士等动物学家在四川唐家河自然保护区考察大熊猫时，步经针叶和桦树山区森林，幸运地发现和跟踪了一群扭角羚。因为它们沿着山脊，环绕悬崖峭壁而下，始终选择一条最佳路线，这给人们考察跟踪带来了极大的方便。在一个山谷处，沙勒博士等人听到了扭角羚群飓风般的吃草声，闻到了扭角羚发出来的一股强烈的厩肥气味，听到了扭角羚飞驰而过的脚蹄声，不禁喜出望外。

扭角羚虽然喜欢隐蔽，但有时见到人却不逃，也不发怒，而是好奇地瞧着你。一次，沙勒博士偶尔见到一头孤独无伴的公扭角羚在山坡上休息。它纹丝不动，乍看简直像一块巨大的砾石。因为它在休息时，后肢贴地，前肢撑立，是蹲坐在地的。凭借灵敏的嗅觉，扭角羚很快发觉周围有人，便立即站了起来，一动也不动地凝视着沙勒——抬高头部，鼓鼻吹气，把棕色的眼睛睁得大大的。据当地人说，有时候公扭角羚一见到人，会立即低下头部，两只角对准着你，并发出一阵阵威胁的哼叫声；这时你可要小心，得赶快后退离开，不然它会突然向你袭来，使你难以招架，甚至还会有生命的危险呢。沙勒博士风趣地说："那我真是好运气！"

山羊是有蹄兽中草口最粗的一种动物。扭角羚和山羊一样，凡是能够到达它们宽阔嘴边的植物，几乎都吃。沙勒博士在考察中作了一番粗略的计算，扭角羚的食料至少包括一百多种植物。

扭角羚没有什么自然敌害，凭借它那强壮的体躯和力气，可以随时赶走前来争食的毛冠鹿、麝、鬣羚和其他有蹄动物。别看扭角羚体躯臃肿，在行进时弓着背，步态蹒跚，可是在需要时却能跃过2.4米高的枝尖，或者用前腿、胸膛去对付一根挡在前进道路上的树干，使之弯曲直至折断。如果一根树干仅在扭角羚的重量下弯曲，它就会跨骑在上面，慢慢地吃食。据沙勒博士测定，扭角羚能用这种方法轻而易举地推弯或折断直径为12.7厘米的树干。

▼ 金色扭角羚

扭角羚群居于高山上，一群少则一二十头，多则上百头，由雌兽、仔兽和未成年兽组成。平时成年雄兽喜欢过孤独生活，故有"独牛"之称；也有两三头同栖的，称为"对牛"。在每年8月左右的繁殖季节里，它们很热切地四处寻找配偶，雄兽之间不时发生争雌格斗。情敌们各自摆开攻击的架势：以不灵活的步态蹒跚而上，口鼻部几乎低垂在两腿之间，双角冲向敌手，并发出嗥叫和哼叫声。经过几个回合之后，如果一方认输败逃，一般获胜者便不再追击。倘若双方势均力敌，在猛烈角击后彼此往往会隆起背脊，在2米距离内以体躯相击，企图以自己巨大而健壮的体躯压倒敌手。假使双方仍然各不相让，接踵而来的角击便更为激烈，常常会造成一方头角脱落，鲜血直流。

在争雌格斗时，雄扭角羚们由于弯曲的角互相揪扭，整个身体伸长，常常会出现一上一下的位置。处于上坡的雄兽居高临下，可增加重力向下的攻击力量；处于下坡的雄兽，似乎懂得自己处于劣势，所以急忙转向，保护自己的肋腹，以角抵挡对方。一场格斗往往可以持续几十分钟，少数自不量力的雄兽如不及时认输，轻则重伤，重则死于情敌之手。

获胜的雄兽与雌兽相爱，双双进入深山密林，进行秘密婚配。母兽怀孕8个多月，一般次年4月产下仔兽。仔兽稍大一些后，它们的“妈妈”便把自己的“儿女”放在一个扭角羚幼儿园里，由一头扭角羚照管，自己外出觅食和进行其他活动。据说，“独牛”有时会混入“家牛”群中一起进食，甚至会同雌“家牛”交配。

扭角羚的4个亚种在我国均有分布，其中四川扭角羚和金色扭角羚2个亚种是我国的特产。据1980年的统计，除中国动物园有少量扭角羚展出外，全世界只有三家动物园有扭角羚，数量仅5头，而且都是喜马拉雅扭角羚。这说明扭角羚是不可多得的珍稀动物。

沙勒博士等在我国通过实地考察后，赞扬中国保护扭角羚工作做得好，政府和动物学工作者把扭角羚同大熊猫、金丝猴并列为国家一级保护野生动物，并采取了切实有效的保护措施。

金色扭角羚和四川扭角羚，常与大熊猫分享同一的栖息地。四川现有约20个自然保护区就是为保护大熊猫、扭角羚等珍稀动物建立起来的。此外，还有2个主要为保护扭角羚建立的自然保护区，一个是四川北部的喇叭河，另一个是陕西的柞水。

通过调查，研究者发现扭角羚的数量开始增多。据悉，目前在秦岭山脉至少拥有1 300头金色扭角羚，大约有几千头四川扭角羚漫游在岷山、邛崃和其他山脉的广阔地带。尽管如此，我国政府仍然禁止将扭角羚移居到外国动物园。国际上公认扭角羚（除喜马拉雅扭角羚外）为最稀有的动物之一。

轻功高手——两种鬣羚

鬣羚

（偶蹄目 牛科）

鬣羚（拉丁学名：*Capricornis sumatraensis*）典型林栖兽类，是亚洲东南部热带、亚热带地区的典型动物之一，主要活动于海拔 1 000 ～ 4 400 米的针阔混交林、针叶林或多岩石的杂灌林。台湾鬣羚、喜马拉雅鬣羚为国家一级保护野生动物，中华鬣羚、红鬣羚为国家二级保护野生动物。

在武打影片《新方世玉》中，见到方世玉的轻功“蜻蜓点水”的人，无不啧啧称奇。看过小说《七侠五义》的人，也无不为金毛鼠白玉堂的轻功“飞檐走壁”，拍案叫绝。殊不知，这些轻功高手的技能都是模拟鬣羚等动物行为的结果，在电影和小说中进行了艺术夸张。

我国的鬣羚主要有两类形态：一类仅产于台湾，叫做“台湾鬣羚”；另一类分布较广，足迹遍布甘肃、四川、云南、湖北、潮南、贵州、安徽、浙江、福建、广东、广西等地，常被统称为“鬣羚”。这两类鬣羚虽然相似，但仔细

▼ 鬣羚属动物都是“轻功高手”

▲ 台湾鬣羚

观察可发现两个较为明显的差异：其一，台湾鬣羚个儿小，一般肩高只有70厘米，体长约100厘米，而鬣羚个儿大，通常肩高在86～97厘米之间，体重有100～140千克；其二，台湾鬣羚的颈部没有长鬣，准确地说是长鬃，而鬣羚颈部具有长鬃。因此，动物学家把它们分为两类。在鬣羚中，因产地不同，在毛色深浅等方面也有差异。

鬣羚的名称很多。在动物学上，它又叫“苏门羚”，这是因为这种动物的模式标本得自苏门答腊岛的缘故。此外，由于鬣羚的产地不同，又有许多其他名称。在我国西南地区，四川人叫它“崖驴”或“山驴”，云南人叫它“山骡”，但有些地方，例如昌都，有人叫它“野牛”或“岩牛”。华中地区的湖北、湖南以及川东，人们多半叫它“明鬣羊”，安徽黄山一带都叫它“四不像”，同时又有“天马”之称。至于产在台湾的鬣羚，动物学上称它“台湾鬣羚”或“台湾苏门羚”，民间又有“野山羊”“台湾羚羊”等名称。这么多的名称，或多或少地反映出这种动物的一些外貌特征。诸如驴、骡、羊、牛、羚、马，叫什么的都有，可见都沾上一点边，又都不怎么像，长相确实颇为奇特。

生活在海拔1 000～3 800米悬崖峭壁上的鬣羚，能够在最陡峭的巉岩绝壁之间行走自如，或在乱石溪谷之间跳跃如飞，这比起方世玉和白玉堂来，不知要高明多少倍，真是货真价实的轻功高手呢！

台湾鬣羚的轻功也极好。在台湾所有兽类中，论轻功台湾鬣羚堪称“第一高手”了。它的个头不大，既能跳跃60多厘米高，又能每小时飞奔80千米。人们在台湾南湖大山、雪山、玉山及秀峦山高山区中，海拔1 000～3 500米的碎石崖坡上，可惊鸿一瞥它的飞壁纵横的身影：粗短的后腿肌用力一蹬，前后脚同时离地，凌空跃出6米多，以前蹄蹄尖着地，轻巧稳准；即使在45度以上的斜坡上，也是四平八稳。这种跳跃的本事，除了需有良好的视力与平衡感之外，最重要的是它们拥有擅长在巉岩峭壁行走的小蹄。这种奇兽在攀岩时，可以利用自己的副蹄紧紧地抓住地面，以坚硬的主蹄支撑着身体的主要重量，蹄缘柔软富有弹性的角质层又能够增加附着力，避免“失足”——从悬崖峭壁上掉入万丈深渊。

▲ 盘羊有标志性的大羊角

赫赫有名的盘羊

盘羊

（偶蹄目 牛科）

盘羊（拉丁学名：*Ovis ammon*） 亦称“大角羊”“大头羊”。头大颈粗，尾短，耳小。雌雄均有角，雄性角粗大，长达1米，向下扭曲呈螺旋状，外侧有环棱。颏下无须。群栖于海拔3 000 ~ 6 000米的高原和山麓地带，善爬山。有季节性迁移现象。盘羊是“素食者”，食谱包括草、树叶、嫩枝等。为国家二级保护野生动物。

生活在我国内蒙古、西藏、青海、甘肃、新疆等地的盘羊，在世界上名声显赫。这是因为它的弯曲洞角巨大无比，据有关记录，最大的雄羊角长可达158.1厘米，粗达54.6厘米，往往能绕耳一周多，故有“大角羊”之称，并与阿拉斯加大驼鹿的角、北美洲落基山区的大马鹿的角，并称为世界狩猎珍品中的三绝。雌羊也长角，不过较短较细。

一头大雄羊，肩高能达115～120厘米，体长约160厘米，体重可达125千克甚至150千克。它的头和角合起来就有40多千克，约占整个体重的三分之一，因而又有“大头羊”之称。其实盘羊的大头，主要在于它的巨角。

不同产区的盘羊，其个头和角的大小、粗细不同。产于内蒙古等地的盘羊，个头最大，双角最粗。产于天山西部和帕米尔高原的盘羊，就是十分著名的“马可·波罗羊”。由于杰出旅行家马可·波罗在他的游记中对它有所记述而得名。它的个头虽略小于前者，角也稍细于前者，但是角的长度却遥遥领先，最长竟达190.5厘米，角在弯了一圈以后还要弯大半个圈。产于西藏的盘羊，角也很大，最长纪录是133.3厘米，粗可达46厘米。

生活在大自然中的盘羊，多习惯于三五成群一起行动，也有十头左右、数十头成群的。一般每群中有一头公羊，有些大群中有几头公羊，其他公羊另结小群，到秋季开始发情至整个冬天，它们才回到大群中。公羊之间的争偶格斗相当激烈，其激烈程度可与马鹿、赤鹿相比。其争斗方式灵活多变，既能像绵羊那样从远处低头奔向对方，猛撞过去；又能模仿山羊的姿势，直立后发力向下击角，直到把对方打败为止。双方用巨角撞击时，会发出轰然巨响，人们在远处也能听到。在争斗时撞死的盘羊虽十分少见，但也有被击落山涧的事例。

盘羊是“素食者”，食谱包括草、树叶和嫩枝。这是一种高山动物，栖居于无林的高原、丘陵地带和山麓，与植被的性质没有关系，但有明显围绕水源栖居的特点。生活在喜马拉雅山区的盘羊，常活动于海拔4 600～5 200米的高处；生活在青海的盘羊能登上4 000米以上的高山裸岩地带；生活在内蒙古和甘肃的盘羊活动地带更低一些。生活在各地的盘羊，都有一个迁移习性：在一定的活动范围内，夏季往高处，冬季到低处，有些地方虽然食料和水源条件同样有利，它也不去。它的奔跑速度、攀崖走险技能都不及其他野羊，但危急时却敢于从悬崖高处往下滚跑，以此常能转危为安。盘羊的天敌有狼、豺和雪豹等猛兽。有时集群迁移时，易遭狼群袭击，而老公羊角重跑不快，尤易受害。当然也有因一时找不到足够的杂草、树叶而饥饿倒毙的。

盘羊勇猛异常，人们难以接近和捕捉，生擒成羊迄今还未听到过。动物园所获都是雏幼盘羊，多数来源于羊群围裹，或者是阳光下熟睡的小盘羊。熟睡是雏盘羊的致命弱点。

过去有人试图用在动物园中饲养的盘羊和家畜绵羊杂交，以培育出硕大的改良种，但几次试验都未获得成功。不过，盘羊与山羊交配后，却能成功地进行繁殖，可后代的毛色会明显变青，与骡子一样，也没有繁殖能力。人工饲养的雄性盘羊进入成熟期后，几乎都会攻击人，伤人的事故也时有发生，尤其是在交配期攻击性更强。雄羊若与雌羊同笼饲养，它会出现无理强行交配的举动，万一达不到目的，有可能将雌羊碰死碰伤。

在我国的保护野生动物的名单中，盘羊被列为二级保护野生动物。在《濒危野生动植物种国际贸易公约》中，西藏盘羊列入第一类名单，其他盘羊列入第二类。

角如弯刀的北山羊

北山羊

（偶蹄目 牛科）

北山羊（拉丁学名：*Capra ibex*） 亦称“羱羊”“悬羊”。形似家养山羊。肩高约1米。雌雄均有角，雄性角特别长、大，向后弯曲。雄性颏下有长须，雌性须很短。栖于高山地带，集群。以草本植物为食。中国仅产于西北和西藏，为国家二级保护野生动物。

在我国，北山羊仅产于西北及西藏。多年来，在栖息地多种措施的保护下，北山羊的生存环境得到明显改善，种群数量上升，已于2021年由国家一级保护野生动物调整为国家二级保护野生动物。

▼ 北山羊

北山羊的角很长，雌雄羊都长角，雄羊更长，一般在100厘米左右。据记载，产于天山的北山羊，最长的角达到147.3厘米。角形前宽后窄，横剖面近似三角形，粗度在25～30厘米之间，角的前面有大而明显的横棱，1米长的角有14～15个横棱。

北山羊的角与盘羊角，各有千秋。前者虽不盘旋，也不那么粗大，但像两把弯刀，倒长在羊头上，又似戏剧中武生演员头盔上插的雉尾，弯度一般达到半圈乃至三分之二圈，真是威风凛凛，别具一格。

一般北山羊肩高约1米，体重在40～50千克之间。大者肩高可超过1米，体重近100千克。雌羊个头较小，只有雄羊的三分之一。雄羊颏下有长须，须长约15厘米，雌羊须短。雄羊的毛色会随季节变化，夏季背部为棕黄色，体侧浅棕色，冬季毛长而色浅，呈黄色或白色。从头的枕部沿背脊到尾巴基部，有一条黑色纵纹。除角以外，它的外貌有点像家畜山羊，但比家畜山羊矫健而强壮，四腿较粗长，颈部显得更粗壮。

北山羊性喜登高，通常在森林线以上的不毛之地生活，最高点在海拔6 000米以上，冬天也不迁移到海拔低的地方，所以被人们称为栖处最高的动物之一。白天，它们在多裸岩、无植物的高山上安身；晨昏时分，才到较低的高山草地觅食和饮水。

北山羊成群活动，一般4～10头为群，多则数十头甚至百余头结成大群，羊群中由身强力壮的雄羊担任首领。它们的警惕性极高，在觅食前先行眺望，觅食时有2～3头雌羊作警哨，伫立在离羊群不远的巨石上，注视着四周的动静。一旦发现异常情况，羊群便闻风而动，从容不迫地爬上峭壁，使来敌无可奈何。北山羊的主要敌害是豺、狼、猞猁和雪豹。其中最厉害的要数有“爬山能手”之称的雪豹了，它们常乘羊群下来吃草之际进行突然袭击。为了躲避这些敌害，北山羊往往选择顶峰或峭壁下方地势险要的地方觅食，那儿两旁是寸步难行的悬崖，背后则是冰川或积雪的顶峰，左右和上方都属于安全地带。

到了冬季发情期，一般是11月底到12月初，雄北山羊也像雄盘羊那样，参加争雌格斗，互相以长角撞击，直到一方体力不支败退为止，胜者就此罢休，不会再进行攻击。不过，有时候一方在角撞中顶不住另一方的猛烈冲击，会被顶落到万丈深渊。

北山羊是动物园中的珍贵观赏动物。由于它的视觉和嗅觉特别发达，而且非常机警，加上栖息地又十分险要，所以不易捕获。这种野生羊可以和家畜山羊杂交，产下后代体大且活泼健壮，具有更强的生命力。

悬崖上的精灵——岩羊

岩羊

（偶蹄目 牛科）

岩羊（拉丁学名：*Pseudois nayaur*） 亦称“崖羊”“石羊”。全身青褐色，故又称“青羊”。体长约1.2米。头狭长。雌雄均有角，但大小悬殊，雄羊角粗大，最长达84厘米。雌羊角短细，长约10厘米。群居。行动敏捷，善跳跃，以草类、灌木枝叶为食，亦盗食农作物，对农业有害。为国家二级保护野生动物。

▼ 岩羊隐身于环境中

岩羊又叫“崖羊”“石羊”，这些都是根据它的栖居习性命名的。有人还称它“青羊”，这是反映其主要体色。岩羊的分类地位，介于绵羊与山羊之间，外貌也确实兼有这两类羊的一些特征。就总的体形而言，岩羊颇似绵羊，不过其角近似山羊，雄岩羊颏下无须，这又不像山羊。

岩羊全身青褐色，冬季体毛比夏季长而色淡。雄羊的四肢前缘有黑纹，而雌羊没有。它的个头比盘羊小得多，通常略大于北山羊，一般体长约120厘米，肩高90厘米左右，体重在60～70千克之间。头长而狭，耳朵短小。雌雄岩羊都有角。雄岩羊的角，既不像盘羊那样盘成螺旋形，且多皱和颗粒，又不如北山羊那样朝后呈弯刀形，且具横棱，而是先向上，再向两侧分开，然后在一半处稍向后弯，角尖略微偏向上方，整只角表面比较光滑。岩羊角虽远逊于盘羊和北山羊角，但因特别粗大，看上去也十分雄伟，因而被视为国际狩猎珍品。

岩羊栖息在高山裸岩地带，在大小森林及灌木丛中并不多见。它们躺卧在草地上时，与草地上的裸露岩石极难分辨，因而有保护作用。岩羊虽常出现于比较开阔的地方，但它攀登山岭的本领并不亚于其他野羊。受惊时，它们能在乱石间迅速跳跃，并攀上险峻陡峭的山崖，宛如悬崖上的精灵。它们有迁移习性，冬季生活在海拔2 400米左右的地带，春夏常栖于海拔3 500～6 000米之间，冬夏都不到林线以下地方活动。

岩羊性喜群居，常十多头或几十头在一起活动，据说有时可结成数百头大群。夏季雄羊有时单独集群，常五六头在一起，爬上最高的顶峰，到秋季发情期才下来加入大群同居。有时，岩羊与北山羊共栖在同一个地点，但是它们不在一起进食，所以不会发生冲突。岩羊主要以青草和灌木枝叶为食，取食时间并不十分固定，白天常时而取食时而休息。

岩羊分布于我国青海、西藏、四川、陕西、甘肃、宁夏等省区，已列为国家二级保护野生动物。活岩羊是动物园中的稀有动物之一。

▲ 塔尔羊毛色多为红棕色或深褐色

难得一见的塔尔羊和藏羚

塔尔羊

（偶蹄目 牛科）

塔尔羊（拉丁学名：*Hemitragus jemlahicus*）又名“鬣羊”“长毛羊”。外形与山羊相似，体型健壮，皮毛粗厚光滑，为红棕色或深褐色。以禾本科植物等为食。善于攀爬，常结群活动。主要分布于中国的喜马拉雅山。虽属高山动物，但栖息地海拔不太高。同科的藏羚有“独角兽”之称。栖息于4 000~6 000米的高山草原、草甸等荒漠地带。主要分布于中国青藏高原地区。均为国家一级保护野生动物。

北京动物园的动物学家谭邦杰在《中国的珍禽异兽》一书中记述，塔尔羊和藏羚至今未在国内动物园展出，后者甚至尚未在世界上任何动物园展览过。可见，这两种动物十分珍稀，我国都已将它们列为一级保护野生动物。

我国过去出版的动物学专著中，未曾出现过“塔尔羊”这一名称，更不知道中国也产这种珍羊。直到1972年，喜马拉雅山综合考察队在喜马拉雅山南坡进行考察时，才在聂拉木附近发现了它，至今还按当地土名的译音，叫它“塔尔羊”。除了聂拉木地区以外，我国其他地区是否还生存着塔尔羊，尚不清楚。由此可见，塔尔羊是我国分布区最小，自然也是数量最少的兽类之一。

从外貌来看，塔尔羊有点像山羊，不过公羊颏下没有须，吻部光秃无毛，两只角短而侧扁，肩部和颈部有长毛下垂到膝，与雄狮的颈毛相似。它的体毛又长又密，为红棕色或深褐色。个头与北山羊差不多，体长90～156厘米，肩高60～100厘米，体重50～90千克。

塔尔羊虽属高山动物，但栖息地不太高，一般在海拔2 500～4 000米之间，从不进入林带以上地区。不过，它们多以数十头成群，活动于裸崖或陡峭山巅的最险恶处，那里灌丛甚密，不易被人们发现。据考察人员说，这种羊警惕性特别高，加上视觉、嗅觉和听觉都很好，且善于隐蔽，活动时也有哨羊站岗，因而要想接近它们确非易事。此外，在塔尔羊栖居地区，常有虹雉出没。这种目光敏锐的鸟，一旦发觉异常情况，会立即发出惊叫声，把猎人的行踪暴露无遗，这对塔尔羊有报警的作用。

1999年10月，由《濒危野生动植物种国际贸易公约》秘书处和我国濒危物种进出口管理办公室共同倡议，首次保护藏羚国际研讨会在中国西宁召开。与会者起草了全人类携手共同拯救藏羚的《西宁宣言》。

藏羚又叫“羚羊”，也有“独角兽”“一角兽”之称。它的个头不算大，雄兽体长130～140厘米，肩高只有76～85厘米，体重45～60千克，小于梅花鹿，略大于狍子，与黄羊差不多。藏羚背部毛厚密、浅红棕色，腹部毛白色，四肢灰白色。雄兽有角，雌兽没有角。它的角形特殊，细长似鞭，弯度极微，从头顶几乎垂直向上，仅角尖稍朝前倾，下半部前缘有横棱十余个。双角长得十分匀称，由侧面远远望去，颇像一角，故有“独角兽”“一角兽”之名。一般藏羚角难得超过60厘米，最长的是72.4厘米。藏羚无论在缓行还是速奔时，其角必然直举，状甚精巧美观。雄兽的吻部肿胀，鼻腔宽阔，鼻孔较大，略向下弯，每个鼻孔内还有一个扩张的小囊，可以帮助呼吸，有利于在空气稀薄的高原上奔跑。高原上虽然狼很多，但是藏羚的奔跑速度极快，时速可达180千米，狼是无法追上的。

藏羚是我国青藏高原的特产动物，在西藏栖居于海拔4 000 ～ 6 000米处，青海昆仑山下的修沟大草滩上，也见到过大群藏羚，据说在四川的甘孜地区也有其足迹。这种动物性怯懦、怕人，见人后常隐藏在岩穴中，晨昏出来活动，爱到溪边觅食杂草。平时多结小群活动，逃逸时公羊殿后，以防有掉队者。藏羚有两个有趣的生活习性：一是在较为平坦的地方挖掘一个小浅坑，白天整个身子正好匿伏其内，只露出头部，据说是为了避风沙和潜望附近有无敌害；二是有一些藏羚会发疯似地狂奔乱跳，使人见了感到莫名其妙，后来才弄明白这是因为蝇蛆钻入了它们的屁股所致。

▲ 藏羚

据国外学者报道，在冬季交配期间，雄羊会处于兴奋状态，食欲减退，身体消瘦；此时一头雄羊常与10 ～ 20头雌羊相伴，并且严格看守，不让一头雌羊被别的雄羊夺去。如果发现别的雄羊来犯，这头雄羊便挺身而出，低首发出叫声，并以角猛击，到头来这两头雄羊往往同归于尽。有时，一头雌羊离群，雄羊前去设法追回，结果常因顾此失彼而使羊群散伙。倘若雄羊以肛门迎向其配偶，用蹄击地，曲尾低首，发出轻视雌羊的叫声，则表示双方已脱离关系，这只雌羊只好“移情别恋”，寻觅别的雄羊了。

藏羚是雪域高原的宠儿。2004年成立的可可西里藏羚羊救护中心累计救护藏羚300余头。2005年，其中一头名叫“迎迎”的藏羚喜得“千金”，这也是世界上第一例人工救护条件下降生的藏羚。《西宁宣言》也许能挽救这种叫藏羚的野生动物，然而地球上还有更多与藏羚一样濒临灭绝的珍稀动物等待着人们伸出援手！

▲ 赤斑羚野外分布区十分狭窄

斑　羚

赤斑羚

（偶蹄目 牛科）

赤斑羚（拉丁学名：*Naemorhedus baileyi*） 体长1 ~ 1.2米。形似家养山羊，但颌下无须。雌雄均有角。是世界上发现、定名很晚的兽类之一。四肢粗壮，蹄大，适于攀登巨岩陡坡，能在峭壁上奔跑跳跃，如履平地。主食草本植物，仅分布于中国西藏，为国家一级保护野生动物。

全世界共有2种斑羚，即赤斑羚与斑羚。这两种斑羚我国均有分布。赤斑羚仅分布于我国西藏，数量极少，已列为国家一级保护野生动物，是世界上最罕见的动物之一，被列为国际稀有级动物。斑羚几乎遍布全国各地的山林悬崖环境，但数量已较稀少，故列为国家二级保护野生动物，进入国际贸易公约第一级严禁交易的名单。

赤斑羚又名“红斑羚”，是世界上发现、定名很晚的兽类之一。据报道，这种动物是1961年在缅甸伊洛瓦底江上游的河敦河谷首次发现并定名的。过去认为我国不产赤斑羚，直至1973年起才在西藏地区发现了赤斑羚。

赤斑羚的分布区十分狭窄，目前已知仅限于西藏、印度的阿萨姆和缅甸北部。在西藏，曾产于喜马拉雅山东端的林芝、波密、墨脱、察隅、米林5个县境内。但据最近调查，由于多年的围捕猎杀，现今赤斑羚的主要分布区已大大缩小，其分布范围东西不足110千米，南北不到150千米，总分布面积约8 000平方千米。

赤斑羚的外貌，与斑羚十分相似，往往使人误认为是同一种动物。但只要仔细观察一番，就可发现两个较为明显的区别：一是赤斑羚的毛色红艳，而斑羚的体毛，冬季灰黑或深棕色，夏季色较暗；二是赤斑羚的背脊线宽阔，是黑色的，而斑羚背部有深色纵纹，无鬣毛。赤斑羚个头不大，成体身长也不到1米，体重在20千克上下。不过这种动物四肢粗壮、蹄大，适于攀登巨岩陡坡，能在悬崖峭壁上奔跑跳跃，如履平地。

赤斑羚为典型的林栖动物，终年栖息于高山亚热带常绿阔叶林和针阔叶混交的林内，喜在山势险峻、水急林密、巨岩陡坡的深山峡谷地区活动。早上和午后，它们成对或几头结成小群，外出觅食和饮水，主要吃草本植物。一到中午，多数赤斑羚便在隐蔽的石板上卧着休息。它们的警惕性很高，活动前先要在隐蔽处窥探一下，确认没有危险才迈步前进。一旦受惊，这种动物便立即窜入附近隐蔽处躲藏起来，很少作长距离奔逃。危险过后，它们又会缓步出来，行动十分谨慎小心。尽管这样，赤斑羚还是遭到了人们的捕杀。据统计，至20世纪80年代初，仅林芝县的东久、迫隆和八玉3个乡，每年被猎杀的赤斑羚就高达150头之多。这是因为赤斑羚肉味鲜美、毛色艳丽和皮质柔软，所以成了猎人们捕杀的目标。不过近年来，经过宣传教育和积极保护，乱捕滥猎行为已有所收敛，但偷猎现象仍屡有出现，对此我们切莫掉以轻心。

1982～1983年，上海动物园曾在西藏捕获了7头赤斑羚（3雄4雌），经过驯化饲养于1985年首次繁殖成功，以后不断繁殖后代。该园已经总结出一套饲养繁殖赤斑羚的经验，这对这一珍稀物种的繁衍是很有积极意义的。

斑羚的外貌大致似羊，一般都认为它是一种野羊，所以华北和东北各地俗称“青羊”或“山羊”，中南地区有时叫它“灰羊”或“野羊”。实际上，它的形态比较接近于羚羊类。斑羚的个头与家养山羊差不多，体长为100～120厘米，肩高64～72厘米，体重25～35千克。它的角小，黑色，基部有皱纹，与鬣羚角相似。

斑羚栖息地的高度悬殊，有海拔4 000米以上的喜马拉雅山区，也有海拔2 000～3 000米的滇北和川西山区，还有海拔只有数百米的北京附近山区。不过，斑羚栖居的山地，一般都十分陡峭险峻，人们难以到达。通常，冬天斑羚多在阳光充足的山岩坡地晒太阳，夏季则隐身于树荫或岩崖下休息，其他季节常置身于孤峰悬崖之上，早晚才下山觅食，性喜单独活动，偶见有成小群的。它的攀登善跳本领不亚于鬣羚。据观察，动物园饲养的斑羚，也有见高即上的习性，能跃过1.8米高的障碍物。

▲ 斑羚

桀骜不驯的野牦牛

野牦牛

（偶蹄目 牛科）

野牦牛（拉丁学名：*Bos mutus*） 是家牦牛的野生同类。四肢强壮，身被长毛，胸腹部的毛几乎垂到地上。舌头上有肉齿，凶猛善战。是典型的高寒动物，为青藏高原特有牛种，国家一级保护野生动物。是食草动物，由野牦牛驯化而成的家牦牛，是中国西藏、青海、甘肃等地重要的役用兽和食用兽。

野牦牛又名“牦牛”“旄牛”“犛牛”。因它叫声似猪，又称“猪声牛”。它体形大而粗重，体长可超过3米，肩高在1.6～2.0米之间，体重能达550千克。体毛很长，色多黑、深褐或黑白花斑，尾毛蓬生，下腹、肩、股、胁等部都密生着长毛。

野牦牛栖息在海拔2 000～6 000米高山大岭最高峻以及最荒凉的地方，那里风雪交加、空气稀薄、植被贫乏，在这样艰苦的自然环境中它能耐苦、耐寒、耐饥、耐渴地生存下来，实在是世界奇迹。

野牦牛身上五六十厘米的长毛几乎拖到地上，这是它抵抗高原严寒的“大衣”和在冰雪中卧地栖息的褥垫。它生性桀骜不驯，在高原上少有敌手，是当之无愧的大力士，特别是大公牛头顶上一对七八十厘米的又粗又大又弯的角，更是势不可挡的武器。在高原牧区牧民曾亲眼看见一辆解放牌汽车的喇叭声扰得一头野牦牛心烦意乱，它气不打一处来，怒气冲天地用犄角把汽车抵进沟里，将手扶拖拉机撩起，摔了个底朝天，真不愧为“高原大力士”。

野牦牛喜群居，常七八头、数十头、上百头为群。但老雄牛性情孤独，夏季常离群而居，仅三四头在一起，到秋天逐偶时才回群参加争斗。据说，有些斗败的雄野牦牛会下山闯入家牦牛群，与家雌牛交配，甚至把雌牛拐上山。它们夜间及清晨出来觅食，主要食物是粗草，白天则进入荒山的峭壁上休息或睡眠。野牦牛的嗅觉十分敏锐，不容易捕获。有戒备时，成牛必首当其冲，护卫其群体，而将幼牛安置在中间。一旦猎人走近，野牦牛会头向下而尾朝空，马上狂奔乱跑，一下子消失得无影无踪。

由野牦牛驯化而成的家牦牛，是西藏、青海、甘肃等地极其重要的役用兽和食用兽。它体格健壮，又能适应高山气候，所以是青藏高原的一种重要运

▲ **野牦牛与家牦牛的形态有明显区别**

输工具，能够负重致远、横过冰河之区，故有“高原之车”和“冰河之舟”之称。此外，家牦牛的奶可饮，肉可食，其尾可作驱蚊帚。家牦牛和黄牛杂交的后代称作“犏牛”，耐寒以及役用的性能都胜过牦牛，母犏牛泌乳量也很大，但不能生育，与马和驴杂交的后代——骡一样，不会传代。

从形态上来说，野牦牛与家牦牛是有明显区别的：一是前者个头大，肩部特别高耸，而后者个头小而较矮胖；二是前者角粗长，且弯度特别大；三是后者体毛有棕、黄、白等杂色。

目前，家牦牛已广泛分布于中亚的许多地区，而野牦牛除了每年有极少数进入克什米尔地区过冬以外，基本上仍属于青藏高原的特产动物，因而也可认为是中国的特产动物，已列为国家一级保护野生动物。在世界动物园中，至今只有我国有野牦牛展出。

七

荒漠珍兽

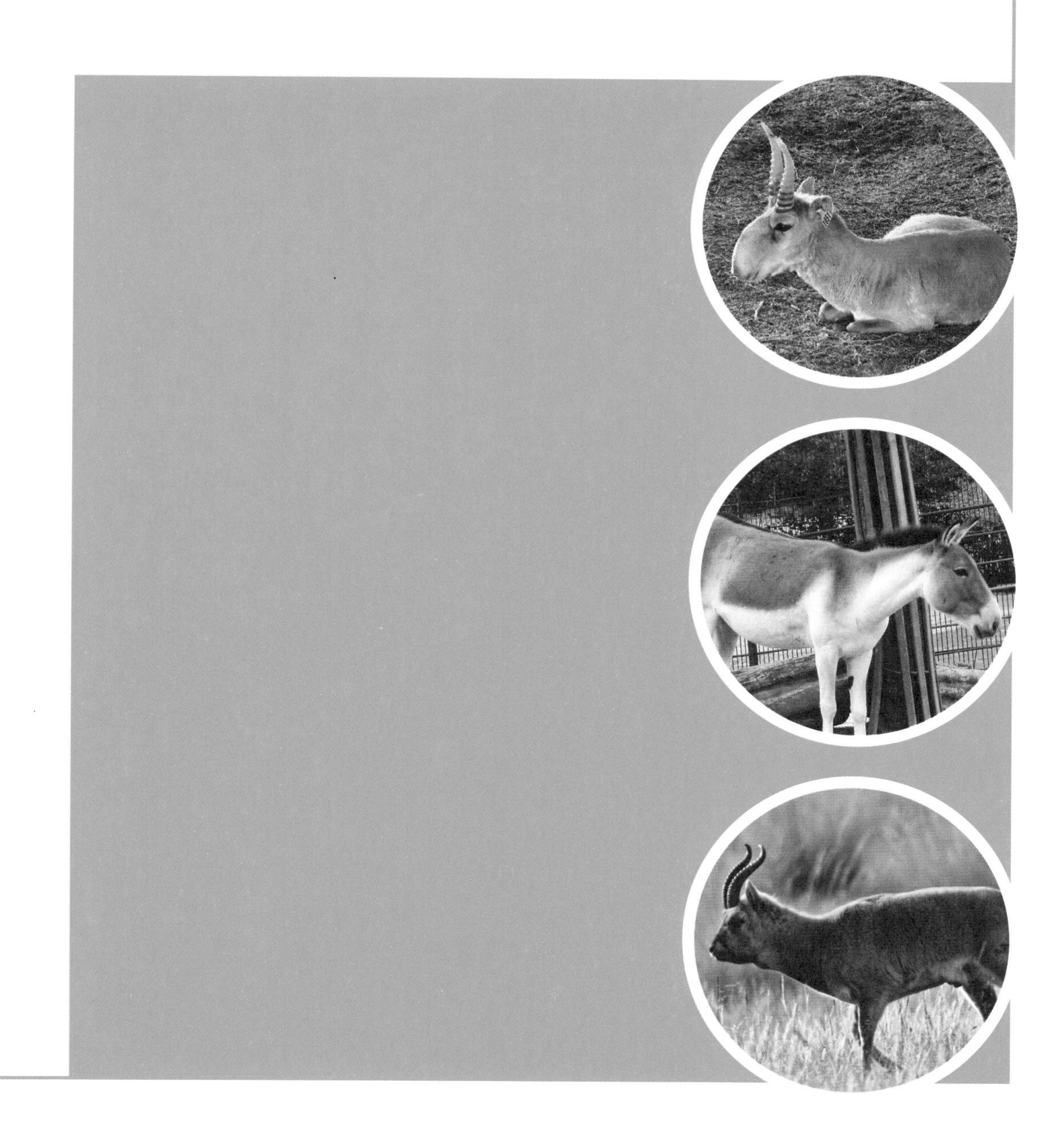

长跑健将——高鼻羚羊

高鼻羚羊

（偶蹄目 牛科）

高鼻羚羊（拉丁学名：*Saiga tatarica*） 亦称“赛加羚羊”。形似黄羊，雌性较小。耳小，两眼突出。鼻大，膨胀突出，故名。雄性有角，栖息荒漠及半荒漠开阔地区。群居。有季节性迁移现象。食多种植物，其中有13%是家畜不喜食的，而高鼻羚羊却能适应和消化。分布于中亚北部和西伯利亚南部。中国原分布于新疆准噶尔盆地，现已在新疆、甘肃地区半散养。为国家一级保护野生动物。

高鼻羚羊又叫“大鼻羚羊”或“赛加羚羊”，前两个名称反映动物的形态特征，后一个名称是外文译音，其中俄文“赛加”的原意就是羚羊。

高鼻羚羊的个头与黄羊差不多，体长100～140厘米，肩高60～80厘米，雄高鼻羚羊体重40～60千克，雌兽较小，为23～40千克。夏天毛短，呈淡棕黄色；冬天毛长而密，几乎换成白色或乳白色。头大而粗，仅雄兽有角，雌高鼻羚羊在头骨上有个小突起。角的长度在26～30厘米之间，基本直竖，没有什么大弯度，角上有不少环节。看上去，高鼻羚羊的角没有什么特别，但这是赫赫有名的药用羚羊角，具有清热解毒、平肝息风、明目退烧的功能。

高鼻羚羊的鼻子非常特殊。鼻腔呈肿胀状鼓起，而且整个鼻子延长，稍似象鼻那样形成管状下垂，两个鼻孔就朝下开在管的下端，有宽阔的鼻腔。高鼻羚羊的大鼻子有什么作用呢？据研究，这种宽阔的鼻腔，在吸进草原干燥而寒冷的空气后，可以进行加温，起到调节温度的作用。动物分类学家把高鼻羚羊和产在青藏高原的藏羚归入一类，叫高鼻羚羊类，因为藏羚也有类同于高鼻羚羊的膨胀鼻子，不过膨胀程度较小。此外，这种动物耳朵小，尾巴特别短，腿细，站立或行走时姿态异常，头部低垂，颈向前伸，好似弯腰的模样。

高鼻羚羊栖息于草原、灌丛区，以植物为食。在其所吃植物中，有13%是家畜不喜食的植物，其中常含有毒物质和盐分，但高鼻羚羊却可适应、消化和分解。吃含水较多的植物时，这种动物可以较长时间不饮水。在极其干旱的情况下，它们才集群去找寻水源。冬季，它们能挖食埋在厚雪下、含蛋白质和脂肪的艾属植物。

▲ 高鼻羚羊的宽阔鼻腔可以调节温度（Vladimir Yu. Arkhipov供图）

高鼻羚羊性喜集群游荡，有季节性南北迁移现象。幼高鼻羚羊随群活动后，雌高鼻羚羊就又和雄高鼻羚羊集群。秋天是它们的交配季节，雄高鼻羚羊占有一定的领域，通常与5～15头雌高鼻羚羊结成小群，形成“一夫多妻”的生殖群。其间，如果其他雄兽侵入其领域，便会发生残酷的逐偶格斗，甚至造成死亡。

论跑速，狼是追不上高鼻羚羊的，一头成年的高鼻羚羊时速可达到60千米，显然狼是望尘莫及的。这种动物不仅跑得快，而且很有耐力。即便是刚出生五六天的幼仔，每小时也能奔跑30～35千米。因而，人们常把它称为长跑健将。不过，狼仍然是高鼻羚羊的主要天敌，这是因为狼很狡猾，常常乘虚而入，捕食交配后体弱的雄羊和怀孕的母羊，在大风雪袭来时或积雪较深的地方捕杀它们，根据它们循原路返回的习性伺机捕食。此外，草原鹰、金雕和狐也会危害幼高鼻羚羊。

由于高鼻羚羊具有较大的经济价值，所以人们长期滥加猎杀，致使高鼻羚羊的数量和分布范围大大减少。几十年前，这种动物还成千上万地广布于我国内蒙古西部，新疆北部的荒漠、草原地带。其数量之多，集群时场面之壮观，犹如非洲大草原上角马迁徙的情景。可是在20世纪五六十年代，它们的数量急剧减少，到1979年仅剩200头，随后就在我国彻底消失了。我国已将高鼻羚羊列为国家一级保护野生动物。

值得庆幸的是，在俄罗斯伏尔加河下游、哈萨克斯坦和蒙古国等地，还保留着数十万头高鼻羚羊的野生种群。我国从1988年至1991年分四批从美国和德国引进了高鼻羚羊，进行饲养、繁殖和研究，至今种群数量已达到100多头。

▲ 藏原羚信步走在草原上

普氏原羚和藏原羚

普氏原羚

（偶蹄目 牛科）

普氏原羚（拉丁学名:*Procapra przewalskii*）全身黄褐色，臀斑白色。仅雄性有角。栖息于半荒漠草原地带，以数头或数十头为群，冬季往往结成大群。以莎草科、禾本科及其他沙生植物为食。曾广泛分布于中国内蒙古、宁夏、甘肃及青海，现仅分布于青海省，包括青海湖周围地区。为国家一级保护野生动物。同科的藏原羚体形比普氏原羚瘦小，为国家二级保护野生动物。

普氏原羚仅见于我国西北地区，主要分布于青海、内蒙古、新疆和甘肃等地，数量极为稀少，我国已列为一级保护野生动物。它体长约100厘米，肩高约50厘米，体重约15千克。夏季，它的体毛短而光亮，为沙黄色，并略带赭石色；冬季毛色变浅，略呈棕黄或乳白色。喉、腹和四肢内侧都是白色的。

普氏原羚栖息在半荒漠草原地带。它性喜群居，行动迅速敏捷，疾驰如飞。虽然嗅觉较差，但视觉和听觉却很发达，且生性机警，又有保护色，要捕捉它确实不是件易事。普氏原羚主要以禾本科、莎草科及其他沙生植物的嫩枝、茎、叶为食，冬季则啃食干草茎和枯叶。

藏原羚又叫“原羚”“小羚羊”“西藏黄羊”和“西藏原羚”，是青藏高原上的特有动物，已列为国家二级保护野生动物。

藏原羚虽体形瘦小，长约110厘米，肩高60～66厘米，体重20千克左右，但却十分矫健，四肢细长，在高原上行动敏捷，疾走如飞。它的体毛灰褐色，腹部毛白色，在阳光的强烈照射下，远看其色接近沙土黄色，因而有“西藏黄羊”之称。仅雄藏原羚有细而较长的镰刀状角，双角自额部几乎平行向上升起，然后向后稍弯曲。除角尖外，角上有明显而完整的环状横棱。雌雄藏原羚臀部都有纯白色的大斑，在野外遇人受惊逃遁时，极易辨认。尾巴很短，几乎隐匿在毛中，不易见到。

在我国，藏原羚主要分布于青藏高原及四川西北部和甘肃的甘南等荒漠、草原地带。它的栖息环境较为广泛，在海拔3 000～5 000米的各种草原环境中，几乎都可以生存，但一般多见于高寒草甸和干草原地带，在高原荒漠和半荒漠景观中数量较少。

通常，藏原羚栖息于草本植物生长较茂盛和水源充足的地方，活动范围不太固定，有东游西荡的习性。一般来说，藏原羚在不同季节会结成不同大小的群体。通常，冬春季结成较大的群，常常是数十头，有时形成上百头的大群；夏秋季节则结成几头到十几头的小群，也有单独活动的。

藏原羚虽嗅觉不灵，但听觉和视觉却很好。它性机警，在野外遇敌或受人干扰时，会迅速逃遁至一定距离后停下，继而回头凝望，根据外界情况或者

▲ 普氏原羚

继续奔跑远逃，或者在原地休息、进食。由于它们的跑速极快，体色又与沙土颜色相似，猎人一般不易发现，除非发现它们的白色臀斑或听到这种动物的吼声。

狼和猞猁是藏原羚的主要天敌，有时鹰、狐等也会危害幼羚和体弱成羚，但不会造成这种动物数量上的急剧波动。在大多数情况下，这种因素反而起到了“净化”种群的有益效果。

原来，藏原羚几乎是青藏高原随处可见的有蹄动物，但近一二十年以来，由于垦荒、采矿等人为因素的干扰，以及滥捕滥猎现象的日趋严重，它的数量已急剧下降，分布区域也在迅速缩小。

善于奔跑和跳跃的黄羊

黄羊

（偶蹄目 牛科）

黄羊（拉丁学名：*Procapra gutturosa*） 亦称“蒙古羚”。颈细长；尾短；肢细。角短，上有轮嵴。体毛以棕黄色为主。栖息丘陵、平原、草原和半荒漠地带，善于奔跑和跳跃，主食草类和灌木。分布于中国内蒙古、甘肃、河北、吉林等地。为国家一级保护野生动物。

黄羊又名“蒙古原羚”“蒙古羚”，与上述普氏原羚和藏原羚同属一类——原羚属。我国已将这种动物列为一级保护野生动物。

黄羊虽体形纤瘦，但比其他两种原羚粗壮，体长在100 ～ 130厘米之间，肩高约76厘米，体重20 ～ 30千克。成年雄羊重可达60 ～ 90千克。它头部圆钝，仅雄黄羊长角，角较短较直，也有横棱。此黄羊颈部粗壮，尾巴很短。夏毛红棕色，四肢内侧白色，尾毛棕色。冬毛色浅，略带浅红棕色，且有白色长毛伸出，臀斑白色，十分明显，腰部毛色呈灰白，稍带粉红色调。

黄羊四腿细长，前腿稍短，善于奔跑和跳跃。一头幼黄羊出生3日后即可随母黄羊疾走，每小时行速达40千米，两三个月后即能以最高速度奔跑，时速竟能达到80 ～ 90千米。黄羊也善跳跃，往上跳可达2.5米高，平地一个纵跳可达六七米远，下坡时跳跃可达13米远。在奔跑时，它时而直线前进，时而来回横窜，喜欢在马匹和汽车面前飞越而过。牧区有句俗话：“黄羊窜一窜，马跑一身汗”，一点也不夸张。黄羊在平坦的草地上奔跑时，人驾驶着吉普车只有用最快的速度方能追上。它在远处看到人后并不害怕，往往先凝视一阵，然后奔跑一段距离后，复又站住，回过头来观察一番，若再发现动静，就会飞奔离去，直到无影无踪为止。

▼ 黄羊

黄羊分布于我国西北部和东北部，国外见于蒙古国和俄罗斯西伯利亚南部，栖息于半沙漠地区的草原地带，一般避开高山或纯沙漠地区。它们性喜群栖，集群的时间较长，移动的距离和范围也大。冬季逐渐南移，到杂草草原和南方的荒漠草原，但不会越过长城以南；春季则向北移动。

黄羊每年有两次群集。第一次在5～6月，母黄羊分娩以前，黄羊群会移居到水草丰盛的地区。7月初，母黄羊独居，在疏灌木林中分娩。母黄羊每胎产仔1～2头，偶有3头，刚出生的仔羊，只要能吃上奶，被妈妈舔干了身子，3日以后就能随母黄羊一起驰骋草原，不会掉队。以后，仔羊就分散活动。第二次聚集是在秋季，它们成大群汇集一起，过去有时可多达数千头，浩浩荡荡移往水草丛生的地方。之后，便是晚秋初冬的黄羊交配时期，公羊追逐着配偶。此时，公羊十分兴奋，脖子胀得又粗又大，低着头部乱奔横窜，拼命追逐异性。公羊碰到了同性，就会低头伸角，相互间展开凶猛的争斗，同时用“啊卡、啊卡”的嘶叫声威胁对方。这种声音十分洪亮，在草原上可传播2千米远。黄羊角斗并不激烈，一旦对手败退而被逐出时就戛然而止，不会出现死亡现象。

黄羊成群活动时，通常有一头有经验的公黄羊在前面带路，其余的便一头跟一头组成一列纵队，有条不紊，按次序行进。只有到了紧急关头，它们才各自逃命。黄羊的听觉特别灵敏，能觉察几千米外的敌情。发现异常后，它便立即发出吼叫声，以示警告，接着羊群中吼叫声此起彼伏，黄羊纷纷拔腿逃窜，转眼间就消失得杳无踪影。黄羊可与野雁和睦地生活在一起，黄羊吃草或休息的时候，野雁在它身旁来回地散步。

黄羊怕热，夏季在早晨或日落之前吃草，中午便躺在山谷间安睡。冬季草原上盖着厚雪，草被雪盖住，黄羊觅食发生了困难，这是黄羊生活最困难的时期。狼是黄羊的天敌，它们能沿着黄羊的足迹追赶黄羊群，虽跑速不如黄羊，但遇上羊群中体弱或有病的落伍者，也会用突然袭击的办法进行捕杀。此外，狐、沙狐、山猫、鹫等也会捕食幼小的黄羊。

黄羊有喜光的特性，这常会给它带来灭顶之灾。在夜间，猎人守在汽车里，开亮了汽车灯。黄羊在远处看到光亮，就快跑过来，团团围在车前。猎人举枪射击了，它们纷纷中弹倒地。没有被射中的黄羊，在眼花缭乱的灯光下，会像着了“魔”似地不敢离去，最后也只得束手待毙了。可是，在白天，黄羊被射伤后，却很顽强，它依然拼命逃跑，除非筋疲力竭、无法自持。

过去，我国黄羊的数量确实较多，后来由于不断被人们大量偷猎或捕杀，数量逐年下降，亟待采取措施，加以保护。

喉部膨大的鹅喉羚

鹅喉羚

（偶蹄目 牛科）

鹅喉羚（拉丁学名：*Gazella subgutturosa*） 亦称“膨喉羚”。颈细长，尾短，四肢细长有力。发情期雄羚喉部和颈部肿胀，状如鹅喉，故名。栖息于荒漠和半荒漠地区。常4 ～ 10只集群活动。有季节性迁移现象。晨昏觅食频繁，以艾蒿类和禾本科植物为食。为国家二级保护野生动物。

鹅喉羚与黄羊虽不属于同一个属，但是外形却十分相似，故有人也称它“黄羊”。因为它的尾巴比黄羊长，所以又叫它“长尾黄羊”。我国已把这种动物列为二级保护野生动物。

▼ 鹅喉羚生活在沙漠和戈壁地区

鹅喉羚个头稍小于黄羊，体长约100厘米，肩高约66厘米，体重约25～30千克。它的毛色也跟黄羊有点不同，背部毛色较浅，呈灰黄色，胸、腹和四肢内侧都呈白色，冬天的毛色更浅。雄性鹅喉羚有角，长约30厘米，除角尖外都有横棱。雌性鹅喉羚无角，但该部位有3毫米的突起。雄性鹅喉羚在发情季节，喉部和颈部特别膨大，好像甲状腺肿胀似的，状如鹅喉，因而得名“鹅喉羚”。

在我国，鹅喉羚分布于新疆、青海、内蒙古、甘肃、西藏等地，是一种典型的荒漠和半荒漠地区的动物种类，栖息在干燥荒凉的沙漠和半沙漠地区。平时，鹅喉羚常4～6头一起生活，秋季汇集百余头大群作季节性迁移。在非交配季节，雄性鹅喉羚独栖，或者20～30头集群而居。雌性鹅喉羚产仔后，携仔同栖。

鹅喉羚喜欢在开阔地区活动，晨昏觅食频繁，主要以艾蒿类和禾本科植物为食。它能耐旱，很少饮水。它四肢修长，奔跑似箭，善于在开阔地的戈壁滩迅跑或在沙柳丛中穿行。这种动物敏捷而胆怯，稍有动静，刹那间就能跑得踪影难寻。

中国科学院青海甘肃考察队动物专业组，曾于7月上旬在青海柴达木苏干湖岸的戈壁中，经常看到鹅喉羚十余头成群一起活动，群内雌雄都有，且有一头幼兽。它们常啃食戈壁上的半灌木优若藜、木猪毛菜等植物。全群常将尾竖立着，横向摇动。雄性鹅喉羚常互相以角对顶，或以后肢支撑，作人立状，观察动静。若有人追赶，它们即往山脚奔逃。如果追赶者穷追不舍，它们便一溜烟逃入山中。幼鹅喉羚在逃跑时常常掉队，见此情景一些雌性鹅喉羚就不时停下等候。被追逐射击时，它们并不四散奔逃，依然成群行动，跑在前头的还会不时回过头来，跑到队伍的后面或停下来张望。在这个地区，人们还常常见到鹅喉羚与野驴一起活动。

由于非法猎捕和人类活动的影响，鹅喉羚的分布范围不断缩小，数量逐年下降，所以要采取有力措施，努力恢复其种群数量。

活化石——野马

野马

（奇蹄目 马科）

野马（拉丁学名：*Equus ferus*）形似家马。耳短小；鬃短而直，不垂于颈的两侧；尾有长毛；蹄宽。生活于荒漠草原地带。群居。性凶野。原产于中国甘肃西北部和新疆北部及准噶尔盆地。最近一次发现是在1957年，现几乎绝迹。是世界上唯一生存的野马。为了保护野马这一世界濒危物种，中国被选定为具有拯救这一濒危物种使命的国家之一。

素有“活化石”之称的野马，原产于我国新疆的准噶尔盆地和蒙古国的干旱荒漠草原地带，所以又叫“准噶尔野马”或“蒙古野马”。1879年，俄国探险家普锡华尔斯基在新疆获得野马标本后，于1881年定名为野马。其实，早在3 000年前的中国古籍中，就对这种野马及其产地有过明确记载。

野马被人称为当今稀世之宝，是现今最稀有的动物之一，这是颇有道理的。从广义上来说，在生物进化史上出现过数百种野马，但是现今只剩下这种野马，其他的野马全都灭绝了，所以在科学上具有极高的研究价值。野马仅产于我国和蒙古国的局部地区，据蒙古国动物学家旦达格乌介绍：1944年在霍宁马萨戈壁，遇到过50～100匹的野马群。但1948年、1956年、1963年、1964年的冬季奇寒，给野马以致命打击，它的数量急剧下降。1969年在准噶尔盆地，有人看到仅有8匹野马组成的小群。由于野马生活于极其艰苦的荒漠戈壁，缺乏食物，水源不足，导致营养不良，抵抗力减弱，经不起低温暴风雪的侵袭。1971年，猎人只能看到单匹野马。国家对野马的存亡极为关注。1974年、1981年、1982年，先后由中国科学院、中国林业科学院、中国科学院新疆分院、新疆大学、新疆林

◀ 极稀有的野马

业厅、新疆八一农学院等单位组织的考察队，深入准噶尔荒漠、乌伦古河、卡拉麦里山、北塔山等野马产地考察，并结合航空调查，力求找到野马。结果，他们都没有取得野马存在的确凿证据，只找到了一些线索和踪迹。如果还有残余的野马，其数量少到不成其种群，也可能会在自然演化中逐渐消失。我国虽然是野马的产地，并已将这种动物列为一级保护野生动物，但有人怀疑这一稀世之宝在我国可能已经灭绝了。

由于它的数量实在太稀少，因而许多人只知道家马，却未曾见过野马的“庐山真面目”。尽管野马的体形相似于家马，但是两者还是有区别的：从整个体形比例上来看，野马的头部显得较大较重，四肢也显得较粗；野马的颈背鬃毛短而直立，不垂于颈的两侧；家马额部有额毛，野马却没有；从尾巴来看，家马自始至终都是长毛，而野马则在近尾根处有一段很短的毛，然后才是正常的长毛；野马的染色体为66，比家马多一对；野马发出的鼻啸声中稍带有嘶哑声。

野马栖息于沙漠、草原、丘陵、戈壁及多水草地带，春夏季节常结成5～20匹小群，由一匹强壮年轻的雄马率领，营游移生活。冬季常结成大群，有时达数十匹，甚至数百匹，共同觅食和防御狼群。野马性凶野，嗅觉、视觉和听觉都十分敏感，无论顺风向还是逆风向人们都很难接近，并有惊人的奔跑能力。新近的研究表明，它实为家马的祖先。

为了保护野马这一世界濒危物种，根据国际野马保护组织的建议，我国被选定为具有拯救这一濒危物种使命的国家之一。1985年7月至1991年12月，我国从国外先后引进野马18匹（8雄、10雌），在新疆吉木萨尔县建立了国内第一个“野马繁殖研究中心”，随后逐步展开适应性饲养、栏养繁育、半自然散放和自然散放等一系列试验。

随着圈养野马种群数量的不断增加，野马的放归被提到议事日程上来。因为卡拉麦里山有蹄类自然保护区位于准噶尔盆地东部，保护区的北部属于乌伦古河流域，是野马最后的残存地，所以卡拉麦里山有蹄类自然保护区，理所当然地成了野马在中国放归的首选地。

2001年8月，第一批由27匹野马组成的繁殖群，冲出了限制它们自由的大围栏，我国的野马保护事业由此而进入了一个崭新的阶段。2003年，野马野外繁殖取得成功，第二年形成自然分群。截至2011年10月，野马群已从当初的43匹扩大到百余匹，放归的野马家族正在日益壮大。

蒙古野驴和西藏野驴

蒙古野驴

（奇蹄目 马科）

蒙古野驴（拉丁学名:*Equus hemionus*） 亦称“亚洲野驴”。体较驴大。尾有长毛。夏毛赤棕色，背中央有一条杂有褐色的细纹；冬毛灰黄色。当今世界有3种野驴：一种产于非洲东部，叫非洲野驴；两种产于亚洲腹地，一种叫蒙古野驴，另一种叫西藏野驴。蒙古野驴生活在荒漠和半荒漠地带，耐寒和耐热力均强。性蛮悍，不易驯养。分布于中国内蒙古、新疆、甘肃、青海等地，与西藏野驴同为国家一级保护野生动物。

野驴与野马同属马科动物，它们之间不仅个头接近、外貌相似、分布区交相重叠，而且民间还经常共用一个名称，这就造成了“真野马”和“假野马”之争。也有人因此说野驴是“冒名顶替”，甚至说它“鱼目混珠”。实际上，这些罪名是人为的，不是野驴之过。

我国古代就已“指驴为马”了。不信，请看今天西北一些地区沿用的古名：在青海天峻以西有野马渡，玛多以南有野马滩；在甘肃有野马山和野马南山，又有马鬃山和野马大泉。其实，这些地名中的“野马”，都是野驴。再说新中国成立以来，从内蒙古、西北和西藏等地发出的报道，经常提到有关“野马”的消息，给人一种假象，似乎野马在相当广大的地区还不少。其实，这里的野马也全都是野驴。这是因为野驴产区的人们，一直把野驴叫做野马，而真正的野马仅产于新疆与蒙古国交界的地区，在我国就是新疆乌鲁木齐东北至哈密以北的一片地方。

▼ 蒙古野驴

为了正确区分野驴与野马，谭邦杰先生专门作了一番研究，他提出两者有以下8个区别：一是野马的耳短，野驴的耳长；二是野马的尾毛多而蓬松，颜色都是深的，而野驴的尾上半段细而缺毛，只下半

段长，且中间色深，两侧和内侧色浅；三是野马冬季无背纹，夏季背纹窄而不明显，而野驴的背纹鲜明；四是野马下肢接近黑色，比身体颜色深，而野驴四肢与身体同色；五是野马头部和四肢都显得较粗较重，而野驴则否；六是野马前后肢都有胼胝体，或称附蝉，而野驴仅在前肢有；七是野马的蹄较宽，而野驴的蹄较窄较高；八是野马身上的毛色上下比较协调，而野驴特别是西藏野驴，则有比较明显的对比。

当今世界上有3种野驴。一种产于非洲东部，叫非洲野驴；因为它是家驴的野生祖先，所以又叫“真野驴”。另外两种产在亚洲腹地，一种叫蒙古野驴，另一种叫西藏野驴。在我国，蒙古野驴分布在新疆、青海北部、甘肃、宁夏和内蒙古。西藏野驴的产地在西藏、青海、新疆、四川、甘肃等。这两种野驴的数量都很稀少，均已列为国家一级保护野生动物。

蒙古野驴的身躯比西藏野驴细秀，毛色浅而呈土黄色，耳、尾都比家驴的短，外貌颇似骡子，所以产地有“野骡子”之称。

这种野驴习惯于3～5头小群在一起，常栖居于海拔1 000～1 500米的开阔荒漠草原，以杂草为食，常围绕水源活动，缺水时会啃冰舔雪。它适应环境的能力较强，不怕寒冷和烈日暴晒，又能适应枯草干料和陌生草料，是一种典型的沙漠动物。

通常，蒙古野驴很少鸣叫，雄驴在离群、求偶、争斗时才嚎叫发声。与家驴相比，其声音显得嘶哑而低沉。这种野驴的胸肌比较发达，角质蹄形也比普通驴、马的高，因此它奔跑速度快、距离长，天敌与人都难以接近。

据测定，蒙古野驴奔跑时最高时速可达64千米，而且能够不停地接连跑上40～50千米，这说明它的耐力很好。在正常情况下，狼群是绝对追不上它们的。不过，蒙古野驴特别好胜，喜欢同汽车赛跑，还爱抢先跑在汽车前面，拼命跑个不停，这便给猎人提供了开枪射击的机会。它又十分好奇，不但喜欢追随猎人前后张望，还要跑到帐篷附近窥探不已，常因此而招来杀身之祸。

2000年8月23日，正在乌拉特中旗的边境线巡逻的一名解放军战士发现，在蒙古国境内的荒漠中，一股烟尘从远方向中蒙边境线袭来，一队排列整齐的动物狂奔的身影在烟尘下或隐或现。当它们临近边境线的时候，这名战士已看清这是一支充满野性的蒙古野驴的队伍，其长度有1 000米，数量足有2 000余头。有关部门认为，这次蒙古野驴的大迁移，无疑是关于野生动物的一个世界性大发现。

蒙古野驴涌入中国草原，引起了国家林业部门和中国科学院的高度重视。中国科学院动物研究所的专家认为，蒙古野驴大迁移的原因可能有以下三点：一是乌拉特草原是蒙古野驴的原始分布区，蒙古野驴的涌入是一种自然回归；二是这

▲ 像骡又像马的西藏野驴（Bodlina供图）

些年来蒙古国环境条件合适，蒙古野驴的数量增长很快，超过了环境的容纳量；三是1999年蒙古国降雨量偏少，水资源缺乏，而乌拉特草原降雨相对较多。

西藏野驴又叫“藏野驴”，它的外貌既像骡又像马，体长可达2.3米，肩高1.5米。这种野驴耳朵长，体形略小于马，体毛棕褐色，肩部至尾根有一条显眼的黑褐色纵条，当地人俗称它为“镶有黑边的野马”。西藏野驴的个头稍大于蒙古野驴，两者外形很相似。前者的肩部有白斑，这是与蒙古野驴的主要区别。

西藏野驴在青藏高原分布较广，从海拔2 800米的柴达木盆地，至唐古拉山、喜马拉雅山、阿尔金山、昆仑山，一直扩展到帕米尔高原东部的乔戈里峰一带，都有其活动踪迹，其上限海拔可达5 000米的高寒荒漠草原地带。它比野马更能在干旱荒漠条件下生存，适于粗食生活，一般不远离泉水和河流。

坐落于东昆仑脚下的阿尔金山自然保护区，是我国目前面积最大的国家级自然保护区之一。不久前，动物学工作者在那里考察西藏野驴，发现这种动物脾气“倔犟”，“好胜心”很强。他们为了测定野驴的奔跑速度，让北京牌吉普车开足马力向前驰去，野驴见了自然不甘落后，车开得越快，它们就跑得越猛。十几分钟后，它们一个个精神抖擞，活像百米冲刺的运动员，伴着整齐的蹄声，在吉普车前箭一般横穿而过，这才在车的右侧缓缓停下。这时，它们一个个昂首挺胸，扬蹄摆尾，张望着从后头赶上的汽车，似乎在说："你们落后了！"野驴素以"长跑健将"著称，而西藏野驴在这方面似乎更胜一筹。在坎坷不平的高原盆地上，它的时速竟可达60～70千米，吉普车也只得甘拜下风。

我国产的野驴能否驯化成为家畜呢？北京动物园的有关试验都失败了，外国也有过类似的试验，同样也失败了。不过它们却愿意与家畜杂交，例如昌都色札宗的高寒地区，野驴成群，常与放牧的家马混在一起，杂交后产出红白相间的"斑驳马"。这种马体大、性烈、力强、善于快跑，当地人民用来驮运货物或作乘骑。

沙漠“苦行僧”——野骆驼

野骆驼

（偶蹄目 骆驼科）

野骆驼（拉丁学名：*Camelus ferus*）巨大的有蹄类动物。背上有两个驼峰。头小，颈长且向上弯曲，体色金黄色到深褐色，以大腿部（股部）为最深。在冬季，颈部和驼峰丛生长毛，有双行长长的眼睫毛和耳内毛抵抗沙尘，而缝隙状的鼻孔在发生沙尘暴时能够关闭。能耐饥、耐渴、耐热、耐寒和耐风沙，被称为沙漠中的“苦行僧”。为国家一级保护野生动物。

据记载，1877年初春，俄国探险家普锡华尔斯基为寻找野马、采集野生动物标本第二次进入新疆时，在罗布泊发现了野骆驼，并猎捕了四头制成标本。这是传说野骆驼在世界范围灭绝后的新发现，也是近代史记载中最早的一次野骆驼发现，罗布泊也因此成为野骆驼的模式标本产地。

1901年，瑞典探险家斯文·赫定到罗布泊探险考察时，也发现时常有成群结队的野骆驼出没。在此后的一百多年里，新疆的野骆驼越来越少，很少有人再看到它们。罗布泊的逐渐干涸，使荒漠中野骆驼的饮用水源和食草大为减少；人类的捕猎，也使野骆驼的生存空间越来越小。美国《国家地理》杂志曾以1.5万美元的高价购买野骆驼照片；此后又有一些电视台深入罗布泊荒漠“守拍”，结果都没有获得成功。

1995年以来，国际性的野骆驼考察队曾在中蒙边境、塔克拉玛干沙漠和阿尔金山寻找野骆驼，并六次进入罗布泊荒漠无人区。他们先后目击到52个野骆驼群，共238头个体，基本摸清了它们在中国境内及中蒙边境的分布情况。据专家们介绍，20世纪80年代初，全世界还有2 500～3 000头野骆驼，但21世纪初仅存1 000头左右，比大熊猫的数量还要少。

野骆驼又叫“野驼”“双峰驼”，是一种大型偶蹄兽。它体高可过人肩，颈长弯曲如鹅颈，背部有两个显眼的肉峰（或叫驼峰），四肢细长，足大如盘，尾巴较短，浑身被着淡棕黄色体毛。

在我国，野骆驼分布于新疆、青海、内蒙古、甘肃等省区的荒漠地带。那里生活环境极端艰苦，一片沙漠，植被十分稀少，野骆驼每日辛辛苦苦四处觅食，只能找到一些骆驼刺、梭梭草、红柳之类的低矮植物充饥，在这“不毛之地”得以维持生命。同时，那里干旱缺水，夏天热得像蒸笼，冬天又变得冷若

▲ 沙漠中的“勇士”——野骆驼

冰霜，加上大风不绝，经常飞沙走石，连动物世界中最强悍的狼也招架不住了。可是，野骆驼却与众不同，它不仅能耐饥，还能耐渴、耐热、耐寒和耐风沙，在严酷的环境中顽强地生存着，被人们称之为沙漠中的“苦行僧”。

野骆驼为什么要跑到这么艰苦的地方去自找苦吃呢？只要想一想它那易被发现的巨大躯体，这一问题便可迎刃而解了：生活在无处藏身的荒漠上，野骆驼只能以环境最严酷的戈壁沙漠作为栖居地，以求安全了。

不过，野骆驼长期生活在这样艰难的环境里，已经获得了特殊的生理和形态构造，完全可以应付自如。

野骆驼的体毛，是长毛覆盖短毛，有防寒、隔热的绝缘作用。它在5月换毛时，老毛不立即退掉，而在绒被与皮肤之间形成通风降温的间隙，因此能防止高温辐射热，以便度过炎热干旱的夏季，直到9月新绒长成后，老毛才陆续脱落。

野骆驼的眼睛有双重眼睑，眼外有两排又长又浓的睫毛，两侧眼睑可单独启闭，能够在风沙中识途辨向。它鼻孔斜生，有挡风瓣膜，能开能闭，当风沙袭来时就关闭。耳壳圆小，内有密生耳毛，也可阻挡风沙进入。

野骆驼的四条腿细长，四个蹄子似盘，蹄下有肥厚而宽阔的海绵样胼胝体（也叫肉垫），既能在流沙上行走不会下陷，又不怕烫脚，可耐受沙漠70～80℃高温或冬季−30～−20℃的严寒。它的胸部、前膝肘端和后膝的皮肤增厚，形成7块耐磨、隔热、保暖的角质垫，适于在沙砾温差悬殊的地面上卧息。

野骆驼的牙齿、舌头，尤其是它厚似橡皮的嘴巴，都适于吃生长在沙漠中有刺和干粗的植物，而且能从干硬的粗料中吸收微量水分。它的胃分室，并具有极强的消化能力，据说能将铜钱消化掉，被消化的食物大部分化为脂肪贮存在驼峰里。当它在沙漠里长途跋涉、缺乏食物时，脂肪便可转化为能量，以维持生命活动，使之不会饿死。

野骆驼具有惊人的耐力，能忍饥耐渴地在茫茫大沙漠走上21天，行程长达900千米，不愧为沙漠中的“勇士”。还有人用家骆驼做试验来了解野骆驼的这种耐力。在一次科学试验中，科学家把两头家骆驼放在完全无水无草的沙漠中，它们在7月烈日的暴晒下，竟能滴水不进，活了16天。在同样高温和缺水的情况下，人至多只能坚持2个小时。另据记载：骆驼在气温50℃，失水达体重的30%时，可以20天不饮水；负重200千克的骆驼，可以每天40千米的速度连续走3天；骆驼空载时的时速约为15千米，能持续行走18个小时，奔跑的时速可达60千米。

由野骆驼驯化而成的家骆驼，是沙漠中的一种重要运载工具，故有“沙漠之舟”之称。骆驼能担当这一重任，其中最重要的一点，是它能耐渴：有青饲料吃，可以2～3个月不饮水；如果吃的是干粗饲料，那么半个月不饮水也无所谓；它的耐渴能力是人的10倍，是驴的3倍。

野骆驼和家骆驼在外形上十分相似，至今可能还有人分不清楚。其实，只要我们认真比较一下，它们还是有不少差别的。最突出的区别是，野骆驼的驼峰下圆上尖，呈圆锥状，而且坚实硬挺，从不侧垂，而家骆驼的驼峰又高又大，里面充满脂肪，营养缺乏时便倒向一侧。此外，野骆驼体形瘦而高，四肢细长，体毛较短，且是单一的淡棕黄色，而家骆驼体形肥胖，四肢短粗，体毛松而长，是多种色型。

野骆驼栖息于偏僻的沙漠地区，而且数量稀少，所以被认为是世界上最罕见、最难得的动物之一，我国已列为一级保护野生动物。据报道，1983年5月间，一位外国朋友专程赶到北京动物园。在那里，他几乎用了两个半天的时间，为一峰野骆驼拍摄了两卷彩色片。他深知，这是全世界动物园中唯一的一峰真正的野骆驼。在外国动物园虽也有展出，不过都是冒充的假野骆驼，是人们抛到野外的家骆驼的后代。他从欧洲不远万里来到北京，主要目的就是要亲眼看见真野骆驼的风采。

新中国成立后不久，保护野骆驼的行动就紧锣密鼓地开始了。1986年我国在新疆若羌县建立了1.5万平方千米的阿尔金山野骆驼自然保护区，1992年又在甘肃建立了阿克塞安南坝自然保护区。2001年甘肃省还在野骆驼出没的肃北马鬃山一带划定了保护区。从1995年起长达5年的国际大型考察活动，把野骆驼的研究和保护提升到一个新的高度，保护区的范围也从过去的1.5万平方千米扩大到6.76万平方千米，并更名为“阿尔金山—罗布泊双峰野骆驼保护区”。野骆驼的饲养和繁育工作也有了可喜的进步。甘肃濒危动物研究中心现圈养着18峰野骆驼，这是国内外目前圈养的最大的种群，成功繁育出十几峰小驼，并成功放归2峰野骆驼。为了让野骆驼家族在它们的故里再次繁荣、再铸辉煌，动物学家和科研人员正在努力奋斗。

八

举世瞩目的中国鹿

▲ 麋鹿俗称“四不像”

重返故乡的“四不像”

麋鹿

（偶蹄目 鹿科）

麋鹿（拉丁学名：*Elaphurus davidianus*） 一种特殊的大型鹿类。毛色淡褐，背部较浓，腹部较浅。雄性有特殊的角，主干离开头顶后双分为前后两枝，前枝再两分叉，后枝长而近于直。尾长。一般认为它的角似鹿非鹿，颈似驼非驼，尾似驴非驴，蹄似牛非牛，故俗称“四不像”。性温驯，以植物为食。是中国特有珍贵动物，野生种已绝迹。现建有江苏大丰麋鹿自然保护区、湖北石首麋鹿自然保护区。

读过小说《封神演义》或看过电视连续剧《封神榜》的人，也许都还记得里面描写的一种神奇动物——武王伐纣大军主帅姜子牙的坐骑“四不像”。它“麟头豸尾体如龙”，描写得神乎其神，令人难以忘怀。

“四不像”究竟是什么动物呢？不少人已经知道，它就是我国的特产动物——麋鹿。《封神演义》或《封神榜》中描绘的“四不像”，当然与麋鹿的真实形象相去十万八千里，但也不是纯粹出自想象。从化石资料可知，武王伐纣之时，正值麋鹿最为繁盛的时期，长江南北出土的麋鹿化石，以商末周初最为丰富，以后逐渐稀少，周朝之后急剧减少，到秦汉时代已极少了。有人认为，麋鹿作为一种野生动物，可能在汉朝时就已经消失了。但也有人考证说，直到明朝，甚至清朝初期，在长江以北的苏北地区，还有残余的麋鹿生存，只是数量已微不足道了。

人们俗称麋鹿为“四不像”，据说是因为它的角似鹿非鹿，颈似驼非驼，蹄似牛非牛，尾似驴非驴。其中似鹿非鹿有些似是而非，因为它本身也是一种鹿，其他三点倒还说得差不多。

麋鹿是一种非常特殊的大型鹿类。它体长约2米，肩高可达1.3米。雄鹿较大，体重可达250千克，雌鹿较小。雌鹿无角，雄鹿有角，角枝形态十分特殊，没有眉叉，主干离头部一段距离后，分前后两枝，稍后，前枝再分两叉，后枝长而近于直。一般随年龄的增长，角枝次级的分叉更为复杂些。麋鹿的尾巴比其他鹿类长，可达65厘米，是鹿科动物中最长的，末端生有丛毛。

人工饲养的麋鹿，经常在水域中涉水，甚至连冬天也是如此。夏天常见它们在湖边跋涉或深水处游泳，可见其喜水的习性。麋鹿主要吃草及各种水生植物。雄鹿在六七月间鸣叫，鸣声似驴。发情期的雄鹿凶猛好斗，不但用角互相顶撞，而且常常张口撕咬，造成伤亡，少数还有刺杀雌鹿、幼鹿的坏习气。雌鹿怀孕期近10个月，每胎产一仔，寿命可达20岁以上。

麋鹿有着不平凡的经历。18世纪时，清朝封建统治者在北京城南的南海子（现在叫南苑），曾建有皇家狩猎用的围场，场内曾豢养着一群麋鹿。1865年秋季的一天，法国神父戴维（中国名字谭征德）在苑墙外的土岗子上向内窥视。突然他眼睛一亮，发现了麋鹿，这是动物分类学上前所未有的奇异鹿类。神父又惊又喜，下决心非要把这种动物弄到手不可。他通过种种渠道，结识了猎苑的守卫人员，以20两纹银为代价，弄到了两张鹿皮和两个鹿头，于1866年1月运送到巴黎，经巴黎自然历史博物馆鉴定，果然是一个新属新种。论文发表后，很快便引起欧洲各国动物学界和自然爱好者的极大兴趣。此后十来年间，英、法、德、比等国驻清朝使节和教会人士，通过明索暗购，陆续从南海子猎苑搞到数十头麋鹿，运回自己国家，饲养在动物园里供人们观赏。从此以后，中国的麋鹿就名扬四海了。在我国特产动物中，最闻名于世的虽然是大熊猫，但是麋鹿扬名四海却远在大熊猫之前。

从19世纪70年代到20世纪初的二三十年代，世界上唯一的北京南海子麋鹿种群连遭浩劫。1894年，永定河水泛滥，冲毁了南苑的围墙，逃散的麋鹿成了饥民们的果腹之物。到1900年，八国联军侵入北京，南苑里的麋鹿几乎被全部杀光。据说仅剩下一对，养在一处王府里，以后转送"万牲园"，最后也死掉了。至此，中国特产动物麋鹿，在国内完全灭绝。与此同时，欧洲各家动物园里还剩下18头麋鹿。英国有一名贝福特公爵花了大价钱，把这18头麋鹿全部买回，以半野生的方法，豢养在他的庄园——乌邦寺里，使之成为世界上仅有的麋鹿群。结果，在麋鹿的故乡这一珍兽已销声匿迹了，中国人想要看一眼本国的特产动物，不得不跑到国外去了。可见即使是一种动物，它的命运也同祖国的兴衰荣辱息息相关。

在英国的那群麋鹿，到第一次世界大战爆发之际，已发展到88头。第二次世界大战后的1948年，发展到255头。1956年春，伦敦动物学会决定让阔别祖国半个多世纪的麋鹿回归故土，便选出两对，派人护送来华，送给中国动物学会。北京动物园的鹿园面积并不算小，生活条件也不算差，可惜还不适合它们的特殊要求，所以未能顺利繁殖后代。1973年底，英国朋友又送来两对年轻的麋鹿。到1984年春，国内的麋鹿总数是12头，其中9头在北京动物园，其余3头分别在上海、广州和保定动物园。

截至1983年底，全世界麋鹿总数大约已有1 320多头，它们全部是百余年前从中国弄出去的那几十头的后代，现在几乎已遍及全世界，至少分布于世界五大洲——亚洲、欧洲、北美洲、非洲和大洋洲，所以麋鹿已不能算是最珍稀的动物，也不是濒危种动物，国际自然与自然资源保护同盟已把它从濒危物种的红皮书中划去。

从中国野生麋鹿的地史分布情况来看，这是一种分布广泛的动物。它的足迹，向西可以达到山西的襄汾以及湖南的大庸；向北可以达到东北大平原——辽宁康平；向南可至我国南部大岛——海南岛；向东可以达到沿海和岛屿，如上海以及所属的崇明岛。至于野生麋鹿为什么会灭绝？麋鹿专家曹克清研究员认为，这是由以下综合性的因素造成的：

其一是自然的因素。麋鹿是一种喜爱温暖湿润、沼泽水域的动物。中国近5 000年来，气温逐渐变冷，湿度越来越低，沼泽水域明显减少。这么严酷的自然变迁，不可能不对麋鹿的生存、发展和地理分布产生不利的影响。

其二是人为的因素。先民的经济开发，特别是农业的发展，破坏了麋鹿赖以生存的自然生态环境。我国东部和南部，既是野生麋鹿的最后生存地区，又

▼ **麋鹿重返故乡**

是今天人口最稠密、经济文化最发达、开发最充分的地区之一。不难想象，当年随着人类经济活动的日益扩大，在这些地区麋鹿和人类直接争夺地盘的斗争势必愈演愈烈，直至它们在这片土地上销声匿迹。

其三是动物本身的因素。在偶蹄类中，像人们经常见到的那样，鹿类在进化过程中，躯体有向增大方向发展的强烈趋势。在鹿亚科中，麋鹿的个体也是比较大的，这说明它们已经相当进化，也说明它们已经转化。身材巨大给生活、生育以及躲避敌害，都带来了一定困难。

野生的麋鹿虽然灭绝了，但是通过放养，最终中国重新建立了麋鹿的自然种群。1985年8月在乌邦寺庄园主的热情支持下，22头年轻的麋鹿（其中2头按协议转送上海动物园）运抵北京，回到了它最后消失的地方——南海子鹿苑。接着在1986年8月，由世界野生生物基金会（现名：世界自然基金会）出面，英国7家动物园无偿提供了39头麋鹿，放养在江苏大丰麋鹿自然保护区。这是世界麋鹿再驯化、恢复其野生种群的首次尝试。现在大丰保护区的面积已从原来的1 000平方千米，增加到2000年的7.8万平方千米。重返故土的麋鹿已在保护区内渡过了10多个春秋，总数也由最初的39头发展到1996年的268头。1994年在北京南海子鹿苑饲养的麋鹿，也已发展到260头，并从1993年开始陆续将一部分麋鹿输送到湖北省石首市天鹅洲自然保护区，使它们走出园林，回到大自然的怀抱。至2013年这个自然保护区所放养的麋鹿，已发展成浩浩荡荡1 016头左右的大种群。至今，这三处的麋鹿都生长良好，并且繁殖了后代。为此，我国重新把麋鹿列为一级保护野生动物。

最大和最小的鹿

驼鹿

（偶蹄目 鹿科）

驼鹿（拉丁学名:*Alces alces*） 体长2米余,最大型的鹿。尾短;头很大,雄的有角，角横生成板状，分叉很多。脸部特别长。颈下面有鬃。雌雄喉下皆生有一颌囊。以多汁的树叶为食。被人称为“水陆皆能”的动物。分布于中国大兴安岭、小兴安岭，完达山区和新疆；亦广布于欧亚和北美大陆的北部。为国家一级保护野生动物。鼷鹿与驼鹿分属不同科。它不仅是最小的鹿，还是中国最小的偶蹄兽。

驼鹿是世界上最大的鹿，我国仅分布于大兴安岭和小兴安岭的北部，数量不多，已列为国家二级保护野生动物。

在较早的动物学专著里，常把驼鹿称为“麋”；在大兴安岭，有人还称它为“四不像”，这样就容易与前文所说的麋鹿混淆起来。现在叫它驼鹿比较适宜，因为它是一种鹿，而身体高大像骆驼，四条长腿也有点似骆驼，肩部特别

▼ 驼鹿的大角扁平宽阔

高耸，与驼峰有些相似。

由于分布地区不同，驼鹿的大小也有差异。我国大兴安岭及小兴安岭北部猎获的驼鹿，最大的体长有2米多，肩高2米，体重接近500千克；而产于北美洲阿拉斯加的驼鹿，体长近3米，肩高可超过2米，体重能达到650千克。据国外报道，科学家在美国缅因州北部考察时，发现一头公驼鹿足有1吨重，堪称世界之最。

驼鹿的头很大，脸部特别长，颈脖却很短，鼻子肥大并有点下垂，喉部下面有肉柱，上面长有不少垂毛，躯体短而粗，看上去与四条细长的腿不成比例。它的角在鹿类中也是最大的，而且角形与其他鹿不同，不是枝叉形，而是呈扁平的铲子状，中间宽阔像仙人掌，四周生出许多尖叉，最多可达30～40个。每个角的长度可超过1米，最长的可达1.8米，宽度能达40厘米。称一下，两只角的重量就有30～40千克！

驼鹿被人称为“水陆皆能”的动物，别看它躯体巨大，每年5月开始就在池塘、湖沼中跋涉、游泳、潜水、觅食，行动轻快敏捷，一次可以不疲倦地游20千米，并能潜入5.5米深的水底觅食水生植物，然后升出水面呼吸和咀嚼。驼鹿在陆地上跟在水里一样行动自如，既能伸展颈部，甚至跃起前身，吃树上的嫩枝、嫩叶和树皮，又能快速奔跑，时速可达55千米以上，相当于汽车的行驶速度。

公驼鹿平时是孤独者，不与其他驼鹿合伙；而母驼鹿却喜欢群居，多半与幼驼鹿一起活动，偶尔也有单独活动的。每当交配期间，一般是8～9月，公驼鹿开始寻觅和追逐母驼鹿了。此时，公驼鹿显得特别兴奋、活跃，嗅觉也格外灵敏，能够在3千米外根据气味得知母驼鹿的存在。公驼鹿心急火燎地赶来了，它挥舞头角，发出阵阵“哼哼”鼻声，在黎明时人们常可听见这种求爱声。当一头公驼鹿向母驼鹿靠拢时，其他公驼鹿会立即以自己巨大的角去拦阻，并大声咆哮，于是一场激烈的格斗便开始了。两头公驼鹿虎视眈眈，双方以角猛烈地拼击情敌，发出“噼啪噼啪”的击角声，人们在远处一听到这种声音，就知道驼鹿又在格斗了。在一般情况下，两雄格斗，至多偶尔一雄受伤。可有时候，角击久久不息，双方的角像绞链一样扭在一起无法脱离了，时间一长，它们就会因饥饿和疲劳而同归于尽。

母驼鹿选择取胜的公驼鹿结缘交配，经过8～9个月的怀孕期后，几乎所有的“产妇”都在春天的同一时间里到传统的产仔地产仔。每胎产下1～2个仔，经常会出现双胞胎，初生的幼仔体色棕黄，与父母的黑棕色相比要浅得多。有趣的是，母驼鹿偶尔会产下一头全身白毛的驼鹿，人们称它为“白驼鹿”或“白化驼鹿”，这是十分珍稀的，因为在大约1万头驼鹿中只有1头。刚生下的仔驼鹿，体重10千克左右，躺了10～14天之后才开始跟随母驼鹿一起活动，哺乳期约3个半月。1个月大的幼驼鹿开始吃草和树叶。母仔之间眷恋性很重，母驼鹿常以自己的生命去保护子女。例如，在缅因州北部，有人目击一辆汽车由于疏忽突然停在母驼鹿与它的仔驼鹿之间。母鹿一见这巨大“来犯者”，立即用足猛踢汽车，把车皮踢了几个凹处，最后脚蹄折断，跌倒受了重伤。1岁的驼鹿就能独立生活，雄性即离群独居，2.5岁可开始交配。

▲ 鬣鹿

熊、虎、狼虽然是驼鹿的敌害，但是被害的多半是一些年老、患病、体弱的驼鹿。一头健壮的成年雄驼鹿十分有力，有时甚至能打败一头大型食肉兽。但是在雪地里，即使是健壮的雄驼鹿也成了孤单无助的动物，因为积雪妨碍了它的行动，这时容易被群狼所围杀。在仔驼鹿出生的1～2个月内，母驼鹿的身体十分虚弱，缺乏强有力的保护能力，因而大约有五分之一的仔驼鹿，会淹死、病死或被食肉兽咬死。例如狡猾而凶恶的狼，常常在母驼鹿产仔的时候，捕食刚产下的仔鹿，而虚弱的母鹿又无能力抵抗，只能任其残杀儿女，而且自身生命也难保。

有一次，一群驼鹿被赶上悬崖，悬崖下面是深涧。猎人们在四周持枪呐喊，想把它们赶下悬崖摔死，以便获取珍贵的毛皮。驼鹿群身陷绝境，先是一阵慌乱，然后渐渐安静下来。它们马上分成两队，一支由青壮年公鹿组成，另一支则是母鹿和幼鹿。当一头青壮年公鹿纵身跃向对面悬崖，尚在半空中时，一头幼鹿或母鹿紧接着飞身跃起，踩在它的背上，跳到了对面的悬崖上。结果，那头勇敢的公鹿无疑摔死在涧底。面对两道悬崖之间驼鹿个体无法跨越的距离，这个鹿群以超常的智谋、胆略和大无畏的牺牲精神，保存了族群的生存延续。猎人们被驼鹿的壮举惊呆了。

驼鹿的经济价值较大。肉可食，皮能制革，鹿鞭、鹿筋、鹿茸和鹿胎等可作药用，巨大的驼鹿角可做纪念品。据说，古代著名美味“八珍”之一的“猩唇”，就是驼鹿那肥大下垂的鼻唇。驼鹿的鼻，又叫“犴鼻”，是大兴安岭三大珍品之一。活驼鹿是动物园里的重要观赏动物。由于上述种种原因，人们曾经大量捕杀驼鹿，加上它们的栖息地受毁，致使这种动物在一些地区濒于灭绝，其中缅因州就是一例。该州政府自1930年起，颁布了绝对禁止捕杀驼鹿的法令。到1950年，该州的驼鹿数量上升到2 000头，1966年增至7 000头，1971年又增加到13 000头。现在缅因州已拥有20 000头驼鹿，比1950年增加了10倍。

由于驼鹿种群数量的日益增加，狩猎者便纷纷向缅因州政府提出要求：应该利用驼鹿资源，恢复狩猎事业。为了妥善解决这一问题，缅因州政府会同州野生动物管理机构、生物学家共商此事。最后决定，在人工控制驼鹿栖息地的生态平衡——驼鹿的自然增加数、实际能捕驼鹿数、自然可提供驼鹿的食量三者协调的情况下，实行保护与利用相结合。因为一头成年的驼鹿，每天要吃23～27千克植物，一旦驼鹿的数量超过自然食物的提供量时，势必出现大批驼鹿饥饿以致死亡，造成资源浪费。所以要合理捕猎，既保证驼鹿有一个相对稳定的种群数量，又可以发展狩猎事业，做到一举两得。自1980年恢复捕猎驼鹿以来，因为强调合理利用，所以缅因州的驼鹿数量始终保持在20 000头上下。

我国野生驼鹿的数量虽无一个确切统计数目，但可以肯定还没有达到缅因州那样能保护与利用相结合的程度，当前的目标是保护，到种群数量足够多时或许也可以考虑开发利用。

与驼鹿同属于偶蹄目的鼷鹿，虽不是驼鹿所属的鹿科动物成员，在分类学上是介于骆驼科与鹿科中间的一个类型——鼷鹿科。鼷鹿的个头确实很小，肩高不足33厘米，体重只有2.5～4.5千克，与一只兔子差不多大小。它不仅是最小的鹿，还是我国最小的偶蹄兽，人们经常将它与最大的鹿——驼鹿加以对比。鼷鹿背部的毛棕褐色，上有浅色斑纹，腹部白色，有时可延伸到下额部。从外貌上看，它很像一头没有长角的小鹿仔。然而，在草丛中奔跑时，又容易被人误认为是一只兔子。雌雄鼷鹿都没有角，雄兽长有较发达的外露犬牙，这是它的一种决斗武器，也是区别这种动物性别的一个明显特征。

鼷鹿是一种夜行性动物，昼伏夜出，动作敏捷机警，却很怕水。一旦被迫下水后再上岸，它就卧地不起，很长时间后才能活动。过去，当地猎人就利用鼷鹿的这个致命弱点来加以捕捉。如果发现鼷鹿，几个人就立即合围，然后缩小包围圈，将它往小溪处或有水的地方驱赶。无路可走时，它只得下水逃命。但事与愿违，小溪是过去了，可是再想跑已力不从心，只好卧在地上乖乖地束手就擒。

在我国，鼷鹿仅产于云南西南部的丛林深草中，多孤独生活，也有成对活动的，以嫩叶、花，果实为食，有时也啃食草根，是真正的林栖动物。由于敌害较多，加上人类捕杀，所以数量很少，我国已列为一级保护野生动物。过去人们认为，这种动物稀少，还因为它的繁殖力较低。据新近研究发现，鼷鹿的繁殖力并不算低，它可以全年繁殖，每胎1仔，而且雌兽产仔后便发情，能一边哺乳一边怀孕，怀孕期4个月，所以一年内几乎能生育3次。

▲ 林中的马鹿

戴“项圈”的马鹿

马鹿

（偶蹄目 鹿科）

马鹿（拉丁学名：*Cervus canadensis*）仅次于驼鹿的大型鹿科动物。雌鹿较小。雄鹿有角，最多的有八叉，第一、第二叉很接近。夏毛赤褐色，故有“赤鹿”之称。有迁徙现象，夏季上山，冬季下山至平原密林中。常群居。中国分布于东北、宁夏、四川、甘肃、新疆、青海、西藏。为国家二级保护野生动物。

马鹿是个头仅次于驼鹿的大型鹿科动物。它一般体长可达1.8米，肩高约1.5米，体重在230～250千克之间。由于产地不同，马鹿的外貌也略有差异，所以动物分类学家把这个种又分为好多个亚种。据报道，北美洲产的马鹿亚种个体最大，有的体重可超过400千克。在我国产的马鹿中，要数天山产的马鹿亚种最大，已知最大者体重可达380千克，仅次于北美洲产的马鹿。

马鹿不但体重大，角也很大。我国的天山马鹿，有一对庞大的角，左枝10叉，右枝9叉，主枝的长度可达到152.4厘米，粗度达21.6厘米，两角之间的最大宽距为177.8厘米。这种雄伟壮观的马鹿角，曾吸引了许多外国人，所以天山马鹿在19世纪到20世纪二三十年代，始终都是国际上最受重视的大猎兽之一。同时，几乎所有的马鹿亚种都被认为是重要的狩猎对象。

马鹿在世界上分布很广，欧洲、亚洲、北美洲和非洲都有。多数学者认为，全球的马鹿共有22个亚种。在我国，马鹿产于黑龙江、辽宁、吉林、内蒙古、山西、甘肃、西藏和四川等地，已记录到8个亚种，是世界上亚种最多的国家。它们夏毛较短，没有绒毛，一般为赤褐色，故有“赤鹿”之称；冬毛厚密，有绒毛，毛色灰棕。其中产于四川西部和西藏的马鹿，因为臀部白斑较大，所以又名“白臀鹿”，是马鹿的一个亚种，和马鹿的新疆特有亚种塔里木马鹿一起，为国家一级保护野生动物。

有些学者曾经认为，马鹿角的大小犹如军人的军阶，无须考虑对象，就得予以尊重。德国动物学家艾斯马尔克博士做过这样一个实验：他从由12头马鹿组成的群体中挑选了一头鹿角发育最差、地位最低的鹿，在它的头上装上一副从狩猎俱乐部弄来的极威猛、漂亮的大鹿角。这么一来，最弱小者摇身一变，成了这一带的“最雄壮者”。然而同群的马鹿由于对它的底细一清二楚，并没有给它以应有的尊重，而是照常欺负、凌辱它。群鹿只承认和尊重它们现有的首领。由此看来，并不是鹿角的大小决定某头马鹿在群体中的地位，正相反，有资格当首领者才能长出最强大的鹿角。

2008年10月，我国科学家在内蒙古赤峰市赛罕乌拉国家级自然保护区，给马鹿戴上了“项圈”——无线电发射器，然后放养于自然栖息地内，再通过

▲ 白臀鹿是马鹿的川西亚种

接收器接收马鹿活动方位的信息，以此追踪马鹿的活动。无线电遥测定位揭示，在赛罕乌拉保护区，马鹿主要栖息在云杉和白桦混交林、白桦和黑桦混交林、杨桦混交林、林间草地和沟谷沿岸的草地。冬季马鹿多卧息于阳坡食物丰富的区域。

研究表明，马鹿是季节性繁殖的动物，遵循“一夫多妻”的婚配制度。在交配期间，雄性马鹿为争夺配偶而发生的争斗在所难免，有时甚至是致命的。雄鹿争斗时，雌鹿会在一旁观望。当失败的一方落荒而逃时，获胜者便昂首阔步走近雌鹿，向对方“求婚”，雌鹿则会欣然接受。

在自然界里，马鹿有不少敌害，如虎、熊、豹、豺、狼等。不过，马鹿性机警，奔跑迅速，听觉和嗅觉灵敏，体大力强，又有巨角作为武器，遇到熊、豹、豺常能对付过去。如果遇上猛虎，它就黔驴技穷，只能赶快溜之大吉了。生性恶毒残忍的狼，常集群攻击马鹿，此时马鹿多半会身受其害。其实，对野生马鹿的最大威胁，还是人类的滥捕滥猎。

1982年8月，《人民日报》上刊载一封读者来信，揭露天山马鹿的危机。信中说：“目前的野生天山马鹿每年正以3 000头左右的速度锐减。照这样下去，不用多少年，野生马鹿将有绝迹于伊犁河谷的危险。”这说明，马鹿虽已列为我国的二级保护野生动物，但是偷猎的现象还相当严重。分析其原因，这是由于马鹿的经济价值很大，几乎与梅花鹿不相上下，因而一些见利忘义的人便把枪口对准了这种动物。

下唇纯白的白唇鹿

白唇鹿

（偶蹄目 鹿科）

白唇鹿（拉丁学名：*Przewalskium albirostris*）体形高大。因下唇纯白色，故名“白唇鹿”；又因白色延续到喉上部和吻的两侧，所以又称“白吻鹿”。蹄子宽大，适于爬山，有时也攀登裸岩峭壁。通常三五成群，有时数十头结成大群。主要以草为食，也吃树芽、嫩枝和树皮。为中国特有。国家一级保护野生动物。

1981年8月，时任四川省甘孜藏族自治州林业局副局长的彭基泰带着两名藏族同事，到白玉县麻茸乡境内的原始森林考察森林植被恢复情况。他们突然发现青松多河谷有几十头似鹿非鹿的动物。这种动物比马鹿略小，体长约2米，肩高约1.3米。耳长而尖。尾巴极短，长不及14厘米。它的体毛暗褐色，带有淡色的小斑点，夏毛近黄褐色。它的毛质与鹿属其他动物不同，长而粗硬，保暖性能好，使之能在青藏高原海拔3 500 ～ 5 000米的高山林带严寒环境里自由生活。它最主要的特征是，有一个纯白色的下唇，故名“白唇鹿”；又因白色延续到喉上部和吻的两侧，所以亦称“白吻鹿”。

▼ 白唇鹿

通过查阅大量资料，彭基泰确信，这就是俄国探险家普锡华尔斯基1883年夏天在甘肃祁连山采集到标本，后又证实已在世界上绝迹的白唇鹿。就这样，彭基泰成了世界上发现白唇鹿第一人。

白唇鹿是很珍贵的，它是我国特产大型动物，仅分布于我国四川西部和北部、西藏东部、青海祁连山地区以及甘肃中部和东南部，其他任何国家都不曾发现。这种珍贵鹿种，新中国成立后才在国内动物园展出，至于国外，除20世纪70年代初我国送给斯里兰卡一对（现存一头），以及80年代初送给尼泊尔一对外，其他国家都没有见过这种中国特产的鹿。我国已将它列为一级保护野生动物。

白唇鹿与马鹿在产地上互相重叠，例如四川的西北部和甘肃祁连山北麓，都曾发现过白唇鹿与马鹿自然杂交，并产生杂交后代的情况。当地人常误认为它们是同一种鹿，其实从它们的角形就可加以区别：马鹿角的眉叉与次叉相距很近，而白唇鹿则相距较远，且次叉特别长，主枝略呈侧扁。

白唇鹿喜欢在林间空地和林缘活动。它的蹄子宽大，适于爬山，有时也攀登裸岩峭壁。它们过群居生活，通常三五成群，有时数十头在一起结成大群。如果高山大雪纷飞，它们常垂直往下迁移，有时也可作长距离的水平迁移。这种鹿主要以草为食，也吃树芽、嫩枝和树皮。

每年10～11月是白唇鹿的发情期。此时雄鹿常高声嘶鸣，发出“mou——mou”的叫声，粗壮而低沉，昼夜不停。发情的雄鹿没有固定的栖息地点，四处奔走，寻找发情的异性伴侣。一般一头雄鹿占有几头雌鹿。如果其他雄鹿前来，则雄鹿之间就会发生逐偶格斗，剧烈时可撞断鹿角。雄鹿在发情期间，食欲不振，几乎不食不饮，颈部肿胀而变粗，性情凶猛，完全处于兴奋状态。所以在交配期前后，雄鹿变得十分瘦削。母鹿怀孕8个月，到第二年5～7月产仔，每胎1仔，偶产2仔。刚出世的仔鹿，全身具有斑点，之后斑点逐渐消失。幼鹿3岁后达到性成熟。

每年4月上旬，雄性白唇鹿开始生出带茸的新角。茸角分叉的多少，取决于鹿的健康状况及年龄大小。产茸最多的时期是在8～10岁。到14岁以后所产的鹿茸，质量和数量都开始下降。一头雄鹿，年产鹿茸可达5千克，最高纪录竟达11.8千克。白唇鹿的鹿茸，在品质上虽次于梅花鹿和马鹿所产的鹿茸，但也是名贵的中药。此外，其鹿血、鹿胎、鹿鞭、鹿筋、鹿骨等都可药用。活的白唇鹿还是动物园里稀有的展览动物。

由于白唇鹿栖居于青藏高原，因而较难得到。近年来，在青海、甘肃、四川，已有几处养鹿场开始驯养白唇鹿，其中青海玉树藏族自治州治多县养鹿场养得最多，达到几百头。据报道，现已能实行放牧饲养，这不仅可以减少饲养费用，节约劳动力，而且也有助于改变动物的野生习性，提高繁殖率。

昼伏夜出的水鹿

水鹿

（偶蹄目 鹿科）

水鹿（拉丁学名：*Cervus equinus*） 体长约2米，尾长25 ~ 30厘米，尾毛蓬松。雄鹿有粗大的角，分三叉。生活在森林、山地、草坡中，平时多单独或成对活动，昼伏夜出。以青草、树叶、嫩芽为食。分布于中国青海、湖南、江西、台湾、海南和西南各地。为国家二级保护野生动物。

水鹿在我国分布较广，不同的产地常有不同的别名。例如四川人叫做“黑鹿”，云南人叫它“马鹿”，海南人叫它“水牛鹿”，湖南人叫它“四不像”。这种鹿体大粗壮，体长约2米，肩高可达1.25 ～ 1.30米，体重可达两百多千克，甚至300千克。雌鹿个头较小，体重只有130 ～ 140千克。雄鹿体毛呈黑褐或

▼ 水鹿在夜间活动

深棕色，雌鹿体毛色较浅而略带红色。尾长25～30厘米，密生蓬松的毫毛，看上去似乎尾巴又粗又长。

只有雄水鹿长角，角从额部的后外侧生出，稍向外倾斜，相对的角叉形成“U”字形。角形简单，主干只有一次分歧，整个角形成三尖。眉叉短、尖向上，与主干之间成一锐角。水鹿角在鹿类中算是较长的，一般长达70～80厘米、粗达17～18厘米，最高纪录是125厘米。

水鹿栖息于阔叶林、季雨林、稀树草原、高草地等多种环境里，活动范围较大，没有固定的窝。在它们休息的地方，草被压倒，足迹、粪便特别多。它们昼伏夜出，白天在树林或隐蔽的地方休息，黄昏时分开始觅食、饮水等活动，到天将亮时才结束。月色明朗的夜晚，它们很少活动，一般在月落后才开始活动，以青草、树叶、嫩芽等为食。若在林中有青草一片，常可发现水鹿觅食的痕迹。它们也嗜食盐碱土和盐碱水或烧山后的草灰。曾发现一盐水池，该鹿通往水池的足迹十分明显，竟如马帮所走的路那样。

平时，水鹿多单独或成对活动，在交配期才合群，每群数量不一，有几头或十多头，群中只有1头或2头雄水鹿。有争雌格斗现象，曾有猎人在此期间捕到颈部被挫伤的雄鹿。母鹿怀孕约6个月便生产，每胎1仔。母鹿有带仔习性，但白天不与仔鹿在一起，活动时一齐参加。会鸣叫，叫声“吼吼”，声短促而音调高，若为仔鹿叫时，母鹿会闻声而趋近。

水鹿性机警、谨慎，嗅觉灵敏。据猎人说，它一闻虎、豹味便避去，而且在树林、草丛中奔跑自如。如果遇上人们围猎、猛兽侵犯或季节变化等因素，水鹿会转移其活动地点。尽管如此，水鹿也不能完全逃脱虎、豹、豺等猛兽的危害。

水鹿的经济价值很高。它的茸角，虽然不如梅花鹿和马鹿的鹿茸品质高，但却优于驼鹿、驯鹿，不失为一种贵重的动物性药材，过去为我国西南各省的主要土特产，每年收购数量很大。它的肉可食，且味鲜美、脂肪少，尤以幼鹿的肉更为细嫩可口，其他如鹿筋、鹿尾等更是丰美的食品之一。当地人还喜爱把水鹿肉晾干，称为“马鹿干巴”，更是脍炙人口。过去，凡是到水鹿产地作客、旅游或出差的人们，都希望尝一下和带一点由水鹿制成的当地土特食品。此外，还有鹿角、鹿鞭、鹿筋、鹿心、鹿血，也是名贵的补药。正因为如此，过去猎人多喜欢捕猎水鹿，使水鹿数量大为减少，有些产地甚至已濒临灭绝。目前，我国已将水鹿列为二级保护野生动物，绝不允许任意捕杀。

▲ 热带雨林中的坡鹿

海南珍兽——坡鹿

坡鹿

（偶蹄目 鹿科）

坡鹿（拉丁学名：*Cervus eldii*）亦称“泽鹿”。是一种中型鹿，外形似梅花鹿，比梅花鹿稍小。栖息灌木林和草坡，群居。多在早晚觅食，雨过天晴时活动更频繁。主食青草和嫩枝叶，也吃沼泽边水草。中国特有种，分布于海南。为国家一级保护野生动物。

我国的海上明珠——海南岛上，栖息着许多珍禽异兽。我国特有的热带地区的珍稀鹿种——坡鹿，就是其中之一。

坡鹿是一种中型鹿，外形似梅花鹿，但比梅花鹿稍小。体长约1.8米，肩高在105～110厘米之间，体重在65～100千克之间。体形狭长，颈与四肢也较细长。尾长约20厘米。通体棕褐色，腹部白色或淡褐色。成鹿的体表与梅花鹿一样，也有白色斑点，背部也有黑褐色脊带。仅雄鹿有角，角形特殊，与梅花鹿等其他各种鹿不同：眉叉长，并与主干形成一个连续性的向上弯曲，主干下面不分叉，上端生有3～6个长短不一的小尖。

坡鹿主要栖息于海南岛西部和西南部海拔200米左右的丘陵平地和沼泽草地。性喜群栖，常成对或3～5头集群活动。在发情配偶期间，集群更为常见。此时，雄鹿间常发生争偶格斗，有时争斗剧烈，会造成遍体鳞伤。胜者独占雌鹿，至发情结束。孕鹿于10月前后产仔，一般每胎一仔。

坡鹿多在早晚觅食，雨过天晴时活动更为频繁。主食青草和嫩枝叶，也爱吃沼泽边的水草，有时还到收割后的稻田啃食再生稻苗，还喜欢舔食盐碱土。坡鹿觅食时十分机警，每吃两三口便抬头张望一下，吃草速度极快，一旦发现敌害，立即撒蹄逃跑，遇二三米宽的河沟也能一跃而过。

对于坡鹿的珍贵，不同的人有不同的理解。科学工作者认为，坡鹿是泽鹿的一个亚种，泽鹿分布于越南、泰国、缅甸和印度的部分地区，而坡鹿仅分布于我国海南岛，产地如此狭窄，数量如此少，想方设法保留这一濒危物种，对开展科学研究和将来发展经济、文化、教育、医药等事业，都有重大的意义。而在当地一些群众的眼里，坡鹿则是神丹仙药：吃了坡鹿的肉，能祛百病，强身健骨，下海不怕冷，不孕的可以怀孕；而且药性持久，可以福及父、子、孙三代。这些说法自然是不科学的，可是这么一来，鹿茸、鹿胎、鹿骨、鹿血、鹿鞭、鹿心、鹿筋、鹿皮、鹿尾全都成了稀世之珍。所求者越来越多，而坡鹿数越来越少。所以一对鹿茸由几百元卖到几千元，一头坡鹿由一千多元卖到一万多元。越贵越打，越打越少，坡鹿就陷入了濒临灭绝的境地。

新中国成立前，坡鹿在海南岛上的分布较广，似乎除了北部以外，岛上至少有8～9个县的低丘平地灌丛地带，有相当多的坡鹿生存。据估计，在新中国成立初期还有300多头。后来，由于人们的大量捕杀和栖息环境的急剧破坏，坡鹿就由成片分布逐渐缩小到东方县的大田和白沙县的邦溪两个点，坡鹿总数也就是50～60头。因此，1975年广东省分别建立了这两个坡鹿保护站。

原来邦溪保护区的坡鹿比大田保护区多，自然条件也比较好，但由于对自然保护的态度不同和管理上的差距，邦溪的坡鹿越来越少，最后一头也没有了；而大田的坡鹿却由原来的20多头发展到800多头。据原《大自然》主编唐锡阳先生的实地考察，发现邦溪保护区坡鹿的覆灭有两方面的原因：一是栖息地被鲸吞；二是遭到骇人听闻的猎杀。这一沉痛的教训，应该引起各自然保护区以及管理部门的重视，并引以为戒。

在1986年11月全国林业系统自然保护区会议上，得悉大田自然保护区欣欣向荣，坡鹿已增加到135～150头。究其原因，他们主要是抓了四个问题：一是落实领导班子，做了大量实际工作；二是解决土地纠纷，落实了保护区的地界权限；三是加强宣传教育与法制；四是保护与科研同步进行。

尽管坡鹿数量已有所上升，世界自然保护联盟仍将它划为濒危动物。作为坡鹿唯一产地的中国，已将它列为一级保护野生动物，希望给予最严格的保护。

▲ 梅花鹿夏季的皮毛上有美丽的“梅花斑”

梅花鹿和豚鹿

梅花鹿

（偶蹄目 鹿科）

梅花鹿（拉丁学名：*Cervus nippon*） 亦称“花鹿”。一种中型鹿。毛色夏季栗红色，有许多白斑，状似梅花，故名；冬季烟褐色，白斑较不显著。颈部有长鬣毛。雄性第二年起生角，角每年增加一叉，5岁后共分四叉而止。听觉、嗅觉发达，栖息森林的丘陵山地。野生种日趋减少，为国家一级保护野生动物。已进行人工驯养、繁殖。同科的豚鹿臀部钝圆且较低，外形矮胖像猪，故名“豚鹿”。均为国家一级保护野生动物。

梅花鹿与豚鹿，虽然不是中国的特产动物，但由于它们的野生数量实在太少了，因而我国已把它们列为一级保护野生动物。

梅花鹿又叫“花鹿”。此名的由来，是因为它全身红棕色的夏毛中，杂有显著的白色斑点，形似梅花或其他花。不过到了冬天，它的皮毛上就没有白色斑点，原来的红棕色体毛也变成栗棕色，而且比夏毛厚密，还长有绒毛，以抵御寒冷。

过去，梅花鹿在我国分布十分广泛，东北、华北、华东、华南地区都有它的足迹。由于梅花鹿具有很大的经济价值，人们长期滥猎的结果导致目前野生的梅花鹿已为数极少。据报道：生活在华北和山西的梅花鹿早已灭绝多年；从前分布最广、数量最多的华南梅花鹿，以及过去数量也很多的东北梅花鹿，今天也都所剩无几，岌岌可危；产于台湾的梅花鹿，恐怕只有动物园还能找到一些，野生的可能已经没有了。目前，国内可能只有三处还残存着一定数量的野生梅花鹿：在四川最北部的若尔盖和甘肃南部靠近四川边界的迭部，数量估计有100～200头，这是20世纪60年代末期和70年代初期发现的，是梅花鹿的一个新亚种，在世界上任何动物园都未展出过，可算是最稀有的动物之一。第三处是江西彭泽县桃红岭，它是江西省唯一产梅花鹿的地方，估计还残留100头上下，现在这里已被划为梅花鹿自然保护区。在朝鲜北部、日本和俄罗斯太平洋沿岸地区，也可见到野生梅花鹿的踪迹。

梅花鹿是一种中型鹿，体长约1.5米，体重在100千克左右。它全身是宝，经济价值高于其他鹿类。其中所产的鹿茸，为各类鹿茸中之最上品，价值最贵。梅花鹿是中国最早利用鹿茸制药和驯养的野生动物之一。据记载，我国在清代就开始饲养梅花鹿，新中国成立后又有很大发展，全国有许多地区建立起养鹿场，对梅花鹿进行开发利用。此外，国内不少公园、动物园都饲养梅花鹿作为观赏动物对外展出。所以从饲养的数量这点来说，它还算不上稀有珍奇动物。

豚鹿是一种小型鹿，体粗壮，四肢较短，显得矮胖，而且喜欢低头行动，跑得不快，因而被称为“豚鹿”。它体长约100厘米，肩高60～70厘米，体重

▲ 豚鹿

约50千克，只有梅花鹿的一半大。仅雄鹿有角，角形呈细长的三叉状。毛褐红色，并有白色斑纹，背部白斑较体侧更为明显。平时栖身于深草密丛之中，傍晚才出来觅食，白天不易见到。主要吃青草、嫩枝、嫩叶和落地的花、果，还喜刨食植物的根。性喜单独活动，很少两三头在一起，从不结成大群。全年可繁殖，孕期为220～235天。北京动物园饲养的一小群豚鹿，幼仔都产在4～5月间，每胎1仔，偶产2仔。

豚鹿是一种热带小鹿，过去只知道产在印度、缅甸、泰国等地，直到1959～1960年，才查明我国也有少量豚鹿，生存在云南西部靠近缅甸边境的耿马和西盟两县，据说近几年数量已减少到难以发现的程度，所以更应严加保护。

黑麂和河麂

黑麂

（偶蹄目 鹿科）

黑麂（拉丁学名：*Muntiacus crinifrons*） 是麂类中体形较大的种类。全身棕黑色，故名。中国特产，分布于安徽、江西、福建等地。为国家一级保护野生动物。同科的河麂是一种小型鹿。被认为是最原始的鹿科动物。为国家二级保护野生动物。

我国共有5种麂，列入国家重点保护野生动物名录的有2种；黑麂为一级保护野生动物，河麂为二级保护野生动物。

黑麂又叫“毛额黄麂”“蓬头麂”。这种麂全身棕黑色，眼后的额顶部有簇呈鲜棕、浅褐或淡黄色的长毛，有时能把两只短角遮得看不出来，这就是这些名称的由来。仅雄黑麂有角，角只有45～65毫米长，角柄长于角冠。尾长约20厘米，尾背黑色，尾下白色。它在麂属中个头较大，体长约120厘米，肩高50～62厘米，体重可达25千克。

黑麂仅产于我国，而且数量稀少，是中国著名的珍稀特产动物。新中国成立前，动物学界只知道它仅产于浙江的桐庐、宁波一带。新中国成立后，经过多次调查，发现安徽、江西、福建等省也有黑麂，数量也比原来想象的要多一些。据记载，外国只得到过4具黑麂标本，至于活的黑麂，迄今不但未曾在任何外国动物园展出过，即使我国的动物园，似乎也只有1～2处展出过1～2头。因此国际上公认它是最稀罕的一种鹿。

▼ 黑麂（Shizhao供图）

平时，黑麂隐匿于海拔1 000米左右的山地密林中，以树枝、嫩叶、果实等为食，很少到山坡活动。它胆小机警，活动隐

蔽，加上分布区比较狭窄、数量又稀少，因而人们对它的了解不多。

河麂又叫“獐”“牙獐”，也是一种小型鹿，个头比黑麂略小，体长近100厘米，一般体重在15～20千克之间。至于它的形态、生态和经济价值，早在《本草纲目》中就有这样一段很好的描述：“獐秋冬居山，春夏居泽，浅草中多有之。似鹿而小，无角，黄黑色，大者不过二三十斤。雄有牙出口外，其皮细软胜于鹿皮。”这说明古人对河麂已有仔细的观察和研究。

在鹿类动物中，只有河麂与麝不生角。不过雄兽上犬齿发达，向下伸延，曲成獠牙，突出口外，作为争斗的武器。毛粗而长，背部和侧面颜色一致，为棕黄色，每一长毛基部为苍灰色，中段为暗褐色，毛尖淡黄而带有黄褐色。刚生下的幼兽，身上有白色斑点，以后逐渐消失。尾巴特别短，几乎被臀部的毛发所遮盖，不知内情者常误认为这是一种没有尾巴的鹿。

河麂主要分布于我国长江流域和南方诸省乃至舟山和台湾，也见于朝鲜。自1900年前后引种于英国后，已在那里建立自然种群。这种动物，多栖居于江、河两岸的山坡灌丛、草地和苇丛，主要以青草为食。性喜水，能游泳，且能游一段较长的距离。独栖或成对活动，行动轻快，奔跑起来一窜一跳，两耳直立，十分像野兔。性情温和，感觉灵敏。

自古以来，河麂一直是人们狩猎的野生动物之一。因为它数量多，肉可食且味美，皮能制革。如果近年来不是滥捕滥猎，可能河麂仍能在江南一带占据优势种的地位。据动物学工作者研究，河麂之所以能久居人烟稠密之乡而不绝，靠的是两条：一是它生性机警，行动敏捷，善于隐蔽，凡有芦苇、草丛的地方都是它的藏身之所；二是在鹿类中这是繁殖率最高的一种，半岁多就已性成熟，每胎生4～6仔，最多可达7仔。

▲ 河麂常被误认为是没有尾巴的鹿

▲ 雄性原麝犬齿发达，露出唇外

因麝香闻名的麝科动物

麝科
（偶蹄目）

麝科（拉丁学名：Moschidae）是现存最原始的鹿类动物。麝又称“香河鹿”，因雄性脐部和生殖器之间有麝香囊，可以分泌和贮存麝香而著称。中国产的麝共有6种：原麝、林麝、马麝、黑麝、安徽麝和喜马拉雅麝，均为国家一级保护野生动物。

按原来的分类系统，麝是归入鹿科动物的，后来把麝单独立科——麝科，介于鼷鹿科与鹿科之间。麝的个头较鼷鹿大，而较鹿科动物小，体重约10千克。它的形态特征要比鹿科动物原始，过去认为它是最原始的鹿，这是因为麝有胆囊，两性都没有角，雄兽上犬齿獠牙状，有脐下腺（俗称“麝香囊”），其分泌物即麝香。另外，过去还认为麝只有一种，包括几个亚种。在1962年出版的《中国经济动物志（兽类）》中，就只描述了一个种，即麝。近年来，根据我国动物学工作者的考察与研究，认为我国产的麝共有6种：原麝、林麝、马麝、黑麝、安徽麝和喜马拉雅麝。它们都是因麝香闻名的麝科动物，均已列为国家一级保护野生动物。

原麝，体长80～95厘米，肩高56～61厘米，体重8～13千克。背部毛色暗褐，且具土黄色斑点，吻短，有颈纹。性孤独，不合群，夜行性。主食地衣、苔藓、杂草和嫩树枝。分布于黑龙江、吉林、河北、山西、内蒙古、新疆、安徽等省区。

林麝，个头最小，体长70～80厘米，肩高45～50厘米，体重6～9千克。背部毛色暗棕，无斑点，吻短。为典型林栖动物，常栖于海拔2 400～3 800米的林中。体小善跳，能登上倾斜树干，站立于树枝上。喜食松萝，兼食树叶、杂草。每天从凌晨四五时起身活动，到早晨结束，中午安静休息，黄昏再次活动到夜晚10时左右。雌雄兽都有发达的尾脂腺。在熟悉的小路上行进时，往往主动摩擦臀尾部，将自身腺体的分泌物涂擦在路旁固定的树干、木桩或岩石突出处。它们还在固定的场所排便，形成粪堆。分布于四川、湖南、湖北、青海、陕西、广西、贵州、西藏等省区。

马麝的个头与原麝相仿，体长75～90厘米，肩高50～60厘米，体重8～15千克。成兽背部毛色浅黄褐，全身没有斑纹，或者仅在颈部稍保留块斑，而幼兽身上有斑纹。吻部较长，有颈纹。主要栖息在海拔2 000米以上的高山草甸、灌丛或林缘裸岩山地，主食杂草。它的活动路线不会轻易改变。冬季，如果原有过道冰封，它便绕道而行；若雨后过道受溪水阻碍，也不找狭处跳跃，而是循熟道涉水而过。分布于甘肃、青海、四川、云南、西藏等省区。

黑麝又叫“褐麝”“黑河麂子”“河麂子”，头形和个体大小与林麝相似，体重7.5千克左右，体长70～80厘米，但耳朵的上半部、耳尖比林麝宽圆，四肢也比林麝明显粗壮。身上被粗硬、疏松的体毛，毛长可达2厘米左右。除体背中央沾有一些不规则的微黄色外，通体色调为单纯的黑褐色或深褐色，头后的颈背处有一稍宽而模糊的淡黄色半圆环。黑麝是我国发现最晚的新麝种，仅分布于西藏和云南的一些地区。

据西藏墨脱县调查，这种麝栖息于海拔3 800～4 200米上下，见于气候寒冷而潮湿的针叶林线附近。1977年7月中旬有人见2头黑麝在冰雪覆盖的山坡上活动。晨昏时候，有的也在林线以上的高山草甸（裸岩下）生境中摄食，以各种苔草、杜鹃、高山柳等植物为食。

▼ 黑麝（Daderot供图）

麝是很有经济价值的兽类。雄麝的鼠蹊部有麝香腺，呈囊状，所以又叫“麝香囊”。囊内分泌的麝香，有浓厚的香味，它既是珍贵的药材，又是高级化妆品的原料。麝的肉能食，且细腻鲜美，四川阿坝藏族自治州人民常以“香麝腿”作为馈赠亲友的礼品，称作“菜根子”。在昔日国际市场上，我国是麝香原料的主要输出国，麝香的品质和产量都居世界第一位，这当然是件好事。可是，人们为了经济利益，大肆捕杀麝，结果就使麝的资源遭到破坏，数量越来越少。因为要获取50克麝香，平均要捕杀两头雄麝，而且还会误伤或误杀雌麝及幼麝。于是，国家不得不对各种野生麝都进行保护。

随着国民经济的发展，人们对麝香的需求日益增长，为此我国从1958年开始，在四川、陕西、安徽等省先后办起了养麝场，通过驯养，实现了以人工采麝香取代宰麝割囊，为保护种源、减少消耗开辟了新的道路。今天，我国的其他省市也相继建立了养麝场。

九

不容小觑的 6 种小兽

▲ 穿山甲外貌与习性十分特殊

挖穴而居的穿山甲

穿山甲

（鳞甲目 鲮鲤科）

穿山甲（拉丁学名：*Manis pentadactyla*） 亦称“鲮鲤”。体和尾被角质鳞。尾扁而粗；头小，吻尖，口、耳和眼都小，无齿，舌细长，能从口伸出舔取食物。四肢短；爪强壮锐利。是一种地栖动物，爱在山麓、丘陵或原野潮湿的杂树林地带挖穴而居。主食蚂蚁和白蚁。分布于中国长江以南地区至海南、台湾；越南、缅甸、尼泊尔、印度等地亦有分布。为国家一级保护野生动物。

穿山甲又叫“鲮鲤”，它的外貌与习性十分特殊，和上文所述的兽类有很大的不同。

同样是成年的穿山甲，小者只有50厘米长，大者却有100厘米长，两者可相差一倍。它的头很小，而且光滑得像一个圆锥形的鸭蛋。穿山甲的嘴、耳朵和眼睛都很小，看上去与体躯不成比例。它没有牙齿，舌头细长。更为奇特的是，极大多数的兽类全身长毛，而穿山甲却是身披覆瓦状的鳞甲（也叫角质鳞），仅在鳞片间和腹面有一些稀毛。

穿山甲分布于我国长江下游以南各省，是一种地栖动物，喜欢在山麓、丘陵或原野潮湿的杂树林地带挖穴而居。它的洞穴有两种：一种是夏天住的，叫夏洞，洞内通道长度只有0.3米左右，里面很简单；另一种是冬天住的，叫冬洞，洞内通道弯曲，长度可达10余米，洞径20～30厘米，里面可经过2～3个白蚁巢，这是它越冬的“粮库”。冬洞距地面的垂直深度有2～4米，洞底是一个很大的窝，窝内铺垫着柔软的枯草，用来保暖，是它越冬的“卧室”或“育婴室”。

穿山甲的穿山深度与速度，确实惊人。有两人曾在闽东北放养跟踪过一只穿山甲。它选择了一个蚁巢附近的山坡，开始掘进5分钟后，他们就跟踪挖土。起初，他们在它的后面用铁锹挖，但一直没有追上它。后来，这两位跟踪者改变策略，从它的前面挖，想截住它。可是当他们从上面挖到它的通道时，它早已向前掘进，不见踪影了。他们两人用一把铁锹轮流挖，中午也没顾得上吃饭，到快日落时，早已汗流浃背，筋疲力尽，只好躺在穿山甲的凉爽洞穴中喘气。这时，有6名猎人走了过来，6人一起挖，才把这只穿山甲挖了出来。回头一看，这条洞已有10米多长，5米多深了。难怪传说穿山甲能够“地遁”，果真一点也不假。

白天，穿山甲用泥土堵塞洞口，雌雄成对蜷缩着身体在洞窝里酣睡。待到夜幕降临时，它们揉揉眼睛，打开家门，便从洞穴里爬出来活动和觅食。

平时，穿山甲动作迟缓，走起路来头部左右摇晃。它在步行时，用前足脚背着地，用爪背走路，后足则为跖行。挖洞时它用粗大有力的尾巴顶住后方的地面，前爪从身下向后推土，后爪配合再继续向后方推土。遇到危险时，穿山甲也能快速行走。有时还能用后肢和尾支撑地面，前肢离地站立起来行走，并四处观望。穿山甲还会游泳。它全身皮下有1厘米厚的脂肪层，覆瓦状排列的鳞甲空隙可贮存空气，所以它在游泳时，头部和背部都可露出水面。由于穿山甲长期生活在氧气不充足的洞穴中，所以它的耗氧量比一般陆生兽类要低。有人曾做过试验，把一只穿山甲按入水中达一小时之久，它才窒息而死。此外，

▲ 穿山甲幼崽

穿山甲的爬树本领也很高强，上树时它用锐利的四肢钩住树干，再用强大的尾抵住或卷住树干。

穿山甲最爱吃白蚁，是一种有益动物。它有一套捕捉白蚁的绝妙办法。它的嗅觉极为灵敏，能在半径150米的区域内，闻到地底下的蚁巢气味，很快地找到蚁路的出口处。穿山甲把那儿挖大，用尖嘴堵住，然后用力向洞里喷气。这是干什么呢？科学家发现，它是用喷气来判断蚁巢的远近。如果喷气以后它继续向地下挖掘，说明蚁巢离洞口不远，一般只有一两米；要是穿山甲弃洞而走，蚁巢必定离洞口很远，起码在四五米甚至20米以上，“工作量”太大，只能忍痛割爱了。穿山甲一找到白蚁的安乐窝后，就用前足的长爪，小心地在蚁巢上挖个小洞，然后将尖吻插入巢洞，伸出带黏性的长舌，快速地黏食蚁群。它的食量很大，一只成年穿山甲的胃，可容纳0.5千克白蚁，因而有人把穿山甲称为“消灭白蚁的冠军”。穿山甲除了吃白蚁之外，还食蚂蚁、蚁的幼虫、蜜蜂、胡蜂或其他昆虫的幼虫。穿山甲虽然没有牙齿，不能咀嚼食物，但是胃里存留几块从嘴巴里吞进去的小石子，可以代替牙齿研磨食物。

默默无闻的穿山甲，一旦遇到敌害或受惊时，会立即发出“嘶嘶”的怪叫声，并把身子蜷缩成一团。这样一来，无论是狡猾的狐还是凶猛的虎、豹，见了这团浑身鳞甲的“怪物”，也只好退避三舍，扫兴而去了。等到敌害离开，穿山甲便恢复常态，向自己的家门走去。

穿山甲是在四五月间发情交配的。到了冬天，它们便躲在洞穴深处繁衍后代，生下1～2个幼仔。母兽爱仔如命，外出时让小兽骑在自己的背上，带着它们到处游玩。

自古至今，穿山甲的鳞片一直是人们惯用的重要药材，其功能在《本草纲目》中就有记载：“鳞可治恶疮、疯疟、通经、利乳。”现在医学界认为其用途是通经络、下乳汁、消肿排脓。由于这一原因，长期来穿山甲被人们大量捕杀，以致今天数量锐减，加之这种动物能消除白蚁，所以我国已将它列为一级保护野生动物。

受保护的啮齿动物

河狸

（啮齿目 河狸科）

河狸（拉丁学名：*Castor fiber*）是大型啮齿动物，又是珍贵的毛皮兽。躯体肥大，雌、雄无明显差异。头圆，颈短，尾扁平，毛长而密，四肢短宽，前肢短，足小、具强爪，后肢粗壮有力。善游泳，以树皮和草本植物为食。分布于中国新疆的阿尔泰地区，为国家一级保护野生动物。

啮齿动物的种类和数量，在兽类中是首屈一指的。不过，其中受国家保护的只有两种：一种是河狸，已列为一级保护野生动物；另一种是巨松鼠，被列为二级保护野生动物。

在我国新疆阿尔泰地区的小河边，有时人们会发现，一条由树枝、泥土堆砌而成的土堤，把小河两边隔开，使上游的水位明显高于另一边。这是人工建造的堤坝吗？不，这些土堤树枝上尖牙啃咬的痕迹，会明白无误地告诉你：这是动物世界著名的“土木建筑师”——河狸的杰作。通常，这类堤坝长二三十米。可是在美洲阿拉斯加，有人看到过河狸建造的270米长的土坝。在美国蒙大拿州，人们还发现了这名动物建筑师更加宏伟的工程：一条630米长的大坝。

▼ 河狸（Grossbildjaeger供图）

河狸又叫“海狸”，是一种大型啮齿动物，又是珍贵的毛皮兽。它身体肥胖，像只大老鼠，体长超过70厘米，体重为10～32千克。这种动物头圆，颈短，尾扁平，毛长而密。用它的毛皮制成的皮袭，暖和舒适，因而有很高的经济价值。全世界只有两种河狸：一种叫美洲河狸，分布于美国、加拿大和阿拉斯加；另一种叫河狸，分布于欧洲和亚洲北部，我国仅产于新疆北部阿尔泰地区的青河县和福海县境内的布尔根河、青格里河和乌伦古河流域。由于人们的大肆捕猎，河狸的数量已急剧下降。如今，它已被许多国家列为保护动物，大规模地进行人工繁殖。

河狸为什么要建造堤坝呢？原来，这是为了防御外敌入侵。它常在堤内筑巢，巢有两个出口：一个通地面，另一个由一条隧道通水下。万一河狸在陆上被猛兽发现了，它只要纵身一跳，便能万无一失地潜回水中的巢穴。

河狸既没有锯和凿子，又没有牵引车和装卸车，它是靠什么来筑坝的呢？要知道，这种动物是砍伐树木的能手。它的牙齿像钢锯一样，能在15分钟内咬断一棵直径10厘米的树木。有趣的是，河狸会选择方向，让咬断的树木倒向河里，聚集了许多树干以后，它便利用水流把这些建筑材料运到围堤的地方。河狸把树干垂直地插进土里，当作木桩，然后用树枝、石子和淤泥堆成堤坝。

大功告成后，河狸就在堤内的浅滩建造自己的“安乐窝”——一个炭窑似的圆顶房子。这个窝造得十分巧妙。圆顶房屋的直径为2～3米，坚厚的墙壁外面涂着黏土。每个窝分上下两层：上层比较干燥，是舒适的住房；下层在水面下，是食物的“仓库”。

河狸不光是优秀的建筑师，还是出色的游泳和潜水运动员呢。河狸潜入水下的时候，它的鼻子和耳朵的瓣膜会自动关闭。透明的眼睑既能防止树枝和杂物伤害眼睛，又能使它在水中看得一清二楚。它的嘴巴两边各有一个皮肤皱褶，所以水也不会流进去。

河狸几乎有一半时间生活在水里，每次在水中大约呆3分钟。有一名动物学家曾经长年累月跟踪观察河狸，他发现这种动物在水下呆的最长时间是8分44秒。但另一名动物学家却记录到，河狸在水中一口气竟待了15分钟。为什么它能在水中待这么久呢？这是因为它的肺和肝都很大，能储存较多的空气和含氧量丰富的血液。

在游泳的时候，河狸的尾像舵和潜水板。可是，当它端坐在地上啃树枝时，尾又成了一条腿，能起支撑作用。河狸的尾还是天然的报警器呢。一旦在水中发现敌情，它就用尾使劲地击水，发出噼噼啪啪的声响。这是一种紧急信号。浅水中的河狸听到击水声后，会马上潜入深处；呆在陆地上的会飞快地跳入水中。在大敌当前的时候，河狸的这种击水动作，还能把对方吓跑。

为了挽救河狸，我国已在新疆青河县境内的布尔根河流域建立了河狸保护区。目前，在当地军民的协助下，破坏生境、偷猎河狸的现象已被制止。由于那里环境适宜、食物充足，河狸的数量已开始上升，河狸家族数量已经增加到200个左右。

巨松鼠又叫“树狗”“大黑松鼠”，体长达38～43厘米，是体形最大的一种松鼠。它头小，耳壳显著并有簇毛，尾毛蓬松而圆。体毛乌黑色，且有光泽，在阳光照射下闪闪发光。巨松鼠的颈、腹及四肢内侧为橙黄色，颊部有淡黄色白斑，下唇有2块小黑斑。

巨松鼠栖息于热带、亚热带密林的高树上，尤喜河谷两旁陡坡的高树。它以小树枝筑巢，巢接近树顶，形似鸟巢，但是较大，略呈椭圆形。

巨松鼠约早晨8时开始活动，10时后较活跃，直到下午15～16时也可以发现，黄昏时则少见。它的活动范围较大，周径有2～3千米，活动时有一定路线，不会盲目乱行。它行动敏捷，跳跃能力很强。在跳跃时，它会伸直又圆又长的尾巴，以维持身体平衡。在休息或隐藏时，它把身体伏在树上，一条长尾巴垂下来。这种动物会发出“嘎嘎”叫声，声音短而粗。

在我国，巨松鼠分布于云南、广西、海南等省区，由于它个体大、毛长而密、绒厚，是良好的毛皮兽，过去捕杀过多，目前数量较少，已列为国家二级保护野生动物。

▲ 喜欢独栖的巨松鼠

▲ 夏季被毛的雪兔

会变色的雪兔

雪兔

（兔形目 兔科）

雪兔（拉丁学名：*Lepus timidus*） 尾极短。冬毛密而长，除耳尖和眼周为黑色外，其余一般为雪白色；夏毛背上为棕褐色或棕黄色。栖息森林、林缘和丛林地带，以树皮、嫩枝和草本植物为食。分布于亚欧大陆和北美洲北部。为国家二级保护野生动物。

雪兔又叫“白兔”，个头较大，体长可达48～54厘米。它的前肢明显短于后肢，尾巴很短。

雪兔的外貌与其他野兔差不多，但不同的是，它的体色能随环境变化而变化，所以有人称它为“会变色的兔子”。

夏天，雪兔的体毛是茶叶色的，在树丛里和草地上跑来跑去，同周围环境的颜色十分相似，不容易被凶猛的狼和狡猾的狐发觉，起到了保护自己的作用。一到冬天，山、树、田野都盖上了一层厚厚的积雪，这时雪兔便急急忙忙换上白色的“厚毛衣”，这样，既能保暖抗寒，又可避免被狼和狐发现。

有趣的是，雪兔虽会变色，但是相互之间却从来不会认错，这可能是因为冬天换上了白色的毛，但在耳尖上留下了一撮黑褐色的毛；夏天换上了茶叶色的毛，而在尾巴下面留着一些白色的毛。这样，雪兔相互之间有了“联络暗号”，就便于相互辨认了。

不过，雪兔的变色也不是绝对的。有时候，天气冷得特别早，提前下起了鹅毛大雪，而雪兔的毛却来不及变颜色，这样，雪兔一下子就成了显眼的目标，很容易遭到敌兽和猎人的袭击。

雪兔栖息于亚欧大陆和北美洲北部；在我国主要分布于黑龙江、内蒙古及新疆北部，生活在森林边缘及丛林地区，白天休息，夜间外出活动。冬季它把窝筑在1米以下的积雪深处，有保暖抗寒作用。雪兔冬天以树苗、嫩枝叶、树皮为食，其他季节主要吃青草。春季繁殖，每胎3～5只。由于数量不多，我国已将它列为二级保护野生动物。

▲ 海南兔（John Gerrard Keulemans供图）

海南兔和塔里木兔

海南兔

（兔形目 兔科）

海南兔（拉丁学名：*Lepus hainanus Swinhoe*） 中国特有种，是中国野兔中体形最小、毛色最艳丽的一种。其外部形态特征与草兔大体相似，尾毛上黑下白；颊、腹和四肢后面的毛均为白色。黄昏后外出活动和觅食，午夜前最活跃。仅分布于中国海南岛。同科的塔里木兔又名“南疆兔”。与海南兔同为国家二级保护野生动物。

海南兔的个头比雪兔小，体长仅38厘米左右，体重平均1.5千克。它头小而圆，尾色似长江流域以外产的草兔，尾背面中央有一块大黑斑，斑的周围及尾巴腹面毛色纯白。黄昏后它开始外出活动和觅食，午夜前最为活跃。仅分布于我国海南岛，主要栖息于滨海的丘陵地区，白天隐藏在灌丛及芭草丛中。由于产地狭小，数量较少，已列为国家二级保护野生动物。

塔里木兔个头与海南兔差不多，体长35～43厘米，体重不到2千克。它耳朵较长。毛色浅淡，头部和体背沙褐色，杂有暗褐色细纹，体侧毛色沙黄，腹毛白色。仅分布于我国新疆塔里木盆地及罗布泊低地，栖息于平原荒漠，数量最多处为塔里木河沿岸的胡杨林、红柳沙丘和芦苇沙地。白天外出活动和觅食，在灌木丛下挖洞栖息，以多种灌木的细枝和表皮为食，也吃芦苇嫩茎。早晨和黄昏常到水边饮水。每年至少繁殖2窝，每胎3～5只。也由于产地狭小，数量不多，已列为国家二级保护野生动物。

▲ 塔里木兔

十

闻名遐迩的中国鹤

▲ 丹顶鹤生活在近水浅滩

鸟中寿星——丹顶鹤

丹顶鹤

（鸨形目 鹤科）

丹顶鹤（拉丁学名：*Grus japonensis*） 亦称“仙鹤”。体长在1.2米以上。体羽主要为白色。喉、颊和颈部暗褐色。头顶皮肤裸露，呈朱红色（幼时头顶不红），故得名“丹顶鹤”。两翼折叠时，覆于整个白色短尾上面，每被误认为尾羽。鸣声响亮，飞翔力强。常涉于近水浅滩，取食鱼、虫、甲壳类以及蛙等，兼食水草和谷类。为国家一级保护野生动物。

在人们的心目中，鹤是各种美好事物的象征。目前全世界已知的鹤类共有15种，我国产的有9种，几乎占世界鹤类的三分之二。在这9种鹤类中，人们印象最深的要数丹顶鹤了。我国古时候对鹤类的习性及关于鹤类的传说，指的就是丹顶鹤，它是鹤类的代表。

丹顶鹤的寿命可长达50～60年，所以自古以来，人们一直把它与龟一起，称之为长寿动物。在植物方面，松也是长寿的象征，因而在许多中国画里，画家们总是把丹顶鹤与松树绘在一起，叫做《松鹤图》，作为长寿的象征。实际上，把丹顶鹤与松树绘在一起是个笑话，因为丹顶鹤是栖息在沼泽地的鸟，那里根本没有松树可栖；但是从艺术家、美学家的角度来看，"松鹤延年"乃是千百年来画家的一种艺术创造，即使缺乏科学根据，却富有艺术想象力，给人一种美的享受。

丹顶鹤体态秀逸，雍容华贵，性情幽娴，经常昂首阔步，显出一副既骄矜又潇洒的神气，又宛如潇洒出尘、放浪形骸的人，所以它在我国历史上被视为仙禽。在许多神话传说或诗画中，仙人隐士常以鹤为伴，作为仙道的象征，所以丹顶鹤又称"仙鹤"。时至今日，不少动物学著作中，仍给它注上"仙鹤"一名。

丹顶鹤个头很大，体长在1.2米以上。它站在那里，身高腿长。体羽主要为白色，喉、颊和颈部暗褐色。头顶皮肤裸露，戴着鲜红色肉冠（幼鹤头顶不红），故得名"丹顶鹤"。它的两只翅膀折叠时，覆盖于整个白色短尾上面，常被人误认为是尾羽。

丹顶鹤栖息于沼泽地或沿海浅滩地带，涉游于近水的浅滩，用长嘴索取鱼、虫、虾、蟹等，有时还吃嫩草、谷物等。它在水中通常兀立很久，伸颈张望，所以人们常有"鹤立""鹤望"的借喻。

丹顶鹤的脖子很长，它的气管更长，而且还盘曲于胸骨间，好像喇叭一样，因此，它的鸣声格外洪亮。《诗经》上说："鹤鸣于九霄，声闻于天。"此话虽然有点夸张，但是鹤类所发出的声音，确实较其他鸟洪亮得多。它在空中飞翔时，往往未见其身形，早已听到它的叫声了。据研究，平时丹顶鹤会发出"ko-lolon——"的鸣声，受惊时发出"ko-lo-lo——"的叫声，受到威胁时声似

“kü-lo-lo——”，雏鸟的鸣声似“shi-shic”。在繁殖期间，首先是雄鹤发出呼唤：“koo-koo-koo-”，随后雌鹤便用“koo koo——”的声音回答。雄鹤和雌鹤的声音此起彼落，常可传到1～1.5千米之外。

丹顶鹤不愧为出色的舞蹈家，它们的舞姿是十分迷人的。黎明后或黄昏时，许多雌鹤和雄鹤常在空地上围成圆圈，有时站成两三排，圆圈的中央是表演场地。不一会儿，几只丹顶鹤跑了进去，一蹲一跳，忽而展翅，忽而合上。它们伸长脖子，鼓起嗉囊，自己用响亮的鸣声进行伴奏。那几只丹顶鹤跳了一阵后，回到了原来的圈子里，换上另外几只又登场翩翩起舞了。

除了“集体舞”，它们常在1～3月间，成双成对地起舞。在捕食的时候，一对对丹顶鹤在那里转动着美丽的身躯。一会儿，其中的一只停了下来，不停地点着头，并把脖子伸向伴侣，微微摆动着。接着，两只丹顶鹤面对面，拍打着翅膀，向上跳跃；跳跃时左腿通常比右腿抬得高，用力往上踢，仿佛在空中飞舞。最后，它们纵身一跳，肩并肩地向远处飞去。

如果一只丹顶鹤向另一只频频点头，那是在邀请对方跳舞。被邀请的显得落落大方，随即便婆娑起舞了。有趣的是，在沼泽地里觅食的其他丹顶鹤，见到这一情景就会不约而同地跑来，把它们团团围住。渐渐地，大家也随着载歌载舞了。

近年来，由于环境变迁和人为干扰等因素影响，野生丹顶鹤种群数量仅存2 000多只。丹顶鹤是一种珍稀鸟类，我国已列为国家一级保护野生动物，已被世界自然保护联盟（IUCN）列为濒危物种。

世界现存15种鹤类中我国拥有9种，集中分布在东北—内蒙古的湿地区、青藏高原的繁殖区、长江中下游的平原区、川贵滇高原山地的越冬区。中国已在丹顶鹤等鹤类的繁殖区和越冬区建立了扎龙、向海、盐城等一批自然保护区。

今天，黑龙江扎龙自然保护区不仅千方百计地保护这种珍贵鸟类，而且还对幼鹤进行人工驯化，设法变野生禽为家养禽，变候鸟为留鸟。工作人员把出壳后3～4天的雏鹤取来人工饲养，并由人带领放牧，饲养50天左右丹顶鹤即可自行觅食。这时可到自然水域放养，饲养85～90天后丹顶鹤开始起飞。即使飞出很远，只要饲养人员一发出信号，它们就会飞回饲养基地。有时，它们还能把野鹤一起带回基地。几年来那里已驯养数十只丹顶鹤，一部分已送给国内外的公园、动物园。现在保护区打算开展人工孵化，建立较大型的人工鹤群，以供科研、教学和观赏等用。

▲ 丹顶鹤

手足相残的白鹤

白鹤

（鹤形目 鹤科）

白鹤（拉丁学名：*Grus leucogeranus*）大型涉禽。站立时通体白色，胸和前额鲜红色，嘴和脚暗红色；飞翔时，翅尖黑色，其余羽毛白色。栖息于开阔浅水的泥滩、沙滩地带。啄食河蚌、螺等软体动物，小虾等甲壳动物，小鱼，以及水生植物。为国家一级保护野生动物。

《扬州府志》曾记载了一段白鹤与人和谐相处、情真意切的佳话：卢守常在陈州任职期间，驯养了两只白鹤。几年以后，一只白鹤因受伤而死，另一只终日哀鸣，不吃不喝。卢守常悉心照料，白鹤才开始进食。一天，白鹤在卢守常的身边不停地鸣叫。卢对鹤说："你如果想离开这儿，有天可飞，有林可栖，我决不羁绊你。"白鹤振翅腾空而起，飞绕几周后才慢慢远去。

卢守常晚年多病又无儿女，一个深秋，独自一人在丛林拄杖踽踽而行。突然发现，一只白鹤在空中飞旋，鸣声凄楚。卢守常仰天叹道："莫非你是我在陈州养过的那只鹤？假如果真如此，你就下来吧。"白鹤从天而降，投入卢的怀抱，以喙牵动他的衣衫，久久不肯离去。卢守常轻抚白鹤悲泣地说："我老而无嗣，幸有你和我作伴，我当与你共度残年。"白鹤和卢老朝夕相伴，情胜骨肉。后来，卢守常病故，白鹤悲鸣绝食而死，家人把卢守常和白鹤合葬在一起。

白鹤又叫"黑袖鹤""亚洲白鹤""西伯利亚鹤"和"辽鹤"，个头稍大于丹顶鹤，身长约1.33米，体重约6.5千克。

白鹤全身羽色洁白，只有初级飞羽是黑色的，眼周、眼先和头顶呈砖红色，看上去显得十分高雅。据鄱阳湖白鹤越冬地观察，白鹤的飞舞姿势也非常高雅。这种鹤不仅会跳热情奔放的求偶舞，越冬时也会翩翩起舞。特别是风和日丽的天气，中午和下午15～16时，这些天生的舞蹈家在饱食之余常会大显身手：幼鸟多喜欢鼓翅急奔，练习飞舞；成鸟则在原地迎风展翅，频频跳跃，或在空地来回奔飞，或独自衔物（草根、贝壳等），先抛后接；也有的成双成对，相互追逐，鼓翼跳跃，你上我下，我上你下，显得欢快而热闹。

白鹤栖息于开阔浅水的泥滩、沙滩地带，尤其喜欢有水生植物的浅水沼泽。多集群活动，一般每群50只左右，也有数百只结成大群的，还有两三只与

▲ 白鹤

大群分开活动的。每天日出后到上午10时，下午14时以后到傍晚，是白鹤的主要觅食时间。在这段时间里，它们不停地漫步啄食，食物包括河蚌、螺等软体动物，小虾等甲壳动物，小鱼，以及水生植物。有时，它们会停止觅食，引颈昂首，瞭望片刻。中午，通常是白鹤的休息时间，此时有的整理羽毛，有的将头伸进背羽，有的则互相追逐或在群体上方低飞。

白鹤在起飞前，需迎风助跑4～6步；一个家族起飞，往往雄鸟率先，幼鸟居中。它们在鄱阳湖上空作短距离飞行时，一般高度在40～100米上下，飞行时黑色初级飞羽展现出来，边飞边鸣，甚为美妙。降落前，两翅平伸盘旋数圈，脚落地后两翅张一下，接着收拢，常伴有鸣叫声。

白鹤幼鸟的鸣声尖细，时时发出“ji——ji——”的求食之声。成鸟在飞行中的鸣声似“mi——mi——”的柔和声响，在受惊、呼应时会发出“ga、gu、ga、gu”的短声。亚成鸟能发出白枕鹤的颤音。白鹤发怒时的鸣声更为有趣，怒鸣前先是低头在地上随便啄动，怒目相视，突然随着一声“咕”叫，猛抬前胸，勾着的颈忽然向上抬，喙从下腹划经胸部提起，又迅速反插于背羽中，朝着对手一侧的一只翅膀垂下（雌鸟不抬双翼，只微张双翼飞羽下垂），高仰颈项，以头下颈端为轴心，头作前后俯仰运动，同时发出“gi——gi——”的短鸣。每3秒钟约六七声，一般鸣叫十几声即平息下来，较少发生争斗。

每年10月末至翌年3月，白鹤会飞到南方越冬。在越冬地，它们以家族为单位集大群生活。在江西鄱阳湖，越冬的白鹤群可达2 000只。在越冬地，白头鹤、白枕鹤的家庭往往有两个子女，而在白鹤，“三口之家”却更为常见。这是为什么呢？其中很重要的一个原因是，白鹤幼鸟间会手足相残。在西伯利亚繁殖地，冰冻期来得早、去得迟，夏季也短，加上食物短缺，所以为了争夺亲鸟带回来的食物，两只雏鸟会在窝里打斗——用喙啄对方。争斗的结果，往往是后出世一两天的雏鸟受伤，最终因争不到食物而病死或饿死。

鹤类的寿命较长，据世界动物园年鉴记载，在饲养的6种鹤类中，数白鹤的寿命最长，为61年，灰鹤是42年，白枕鹤是28年，蓑羽鹤是27.5年，丹顶鹤是25.5年，白头鹤是19年。

过去有的书里说，白鹤在内蒙古呼伦贝尔盟及黑龙江省中部繁殖；但近

▲ 白鹤黑色的初级飞羽

年来的调查表明，并未发现白鹤在我国境内繁殖的确实记录。就目前所知，白鹤的繁殖地主要在俄罗斯的西伯利亚。秋季迁徙时，沿着不同的路线迁往里海地区、印度北部和我国长江下游越冬，在我国江西省的鄱阳湖有较大的越冬群体，多者可达4 000只。

关于白鹤的数量，过去认为极少，但我国政府经过十多年来的保护，数量已大为增加。以主要越冬地鄱阳湖为例，白鹤的数量比以前增加十多倍。尽管如此，我国仍把它列为一级保护野生动物。

最大和最小的鹤

赤颈鹤

（鸨形目 鹤科）

赤颈鹤（拉丁学名：*Grus antigone*） 世界上最大的鹤。体长约1.5米。体羽浅灰色。头、喉及上颈裸出部分为红色，故名“赤颈鹤”。栖息于多草的平原、水田、沼泽湿地及森林边缘。啄食植物的种子、水生昆虫和软体动物，也吃鱼、虾。分布于东南亚和中国云南西双版纳地区。数量极少，为国家一级保护野生动物。同科的蓑羽鹤是鹤类中个体最小者。为国家二级保护野生动物。

全世界最大的鹤是赤颈鹤，体长达150厘米以上；最小的鹤是蓑羽鹤，体长只有76厘米，只有前者的二分之一。这两种鹤我国都产，赤颈鹤是我国一级保护野生动物，蓑羽鹤已列为二级保护野生动物。

赤颈鹤是世界15种鹤类中个头最大、身体最强壮的一种。它的主要特征是，头、喉部和颈上部裸露无羽毛，皮肤为粗糙颗粒状，呈橘红色，在繁殖期红色更为明显，故得名。

在我国，赤颈鹤是一种非迁徙性鸟类，栖息于沼泽、河滩和水田中，啄食植物的种子、水生昆虫和软体动物，也吃鱼虾。它筑的巢较大，主要用水生植物的茎和叶为材料。每巢产卵两枚，卵壳淡绿色或粉白色，带有紫红色斑点。由雌雄鹤共同负责孵卵：雄鹤主要负责白天，雌鹤多在夜间“抱蛋”。

赤颈鹤在我国的分布地区十分狭窄，仅见于云南省的西部和南部。据记载，1868年和1875年在云南西部中缅边境见到过600多只，以后一直至1959年在西双版纳见到一只，1960年在上述地区见到五六只，1973年在高黎贡山见到一只，以后再也没有报道提及。所以有人怀疑，赤颈鹤在我国可能已经灭绝了。不过，这种鹤还见于缅甸以南自泰国、马来西亚至印度尼西亚南部，以及澳大利亚北部。

赤颈鹤体表橘红色的部分没有羽毛 ►

▲ **蓑羽鹤**

据我国鸟类学家分析，赤颈鹤濒临灭绝的原因，主要是由于大量沼泽湿地被开垦，农田中普遍施用化学肥料和农药，致使鹤类缺乏食物、栖息地受到破坏。目前我国动物园饲养的赤颈鹤也很少，所以显得特别珍贵。1985年6月，黑龙江扎龙自然保护区通过国家林业部从美国国际鹤类基金会（ICF），引进了一对赤颈鹤，这个保护区对其作了大量的观察、驯化及研究工作，使它较快适应了高纬度地区的生活条件，并于1985年7月繁殖成功。

蓑羽鹤又叫“闺秀鹤”，是形容它娇若闺中少女。它的主要特征是，头顶被毛，其他鹤类头顶都裸出；体羽灰色，眼后有一簇白色延长的羽毛，故得名。

与其他鹤类相比，蓑羽鹤对生活环境的要求并不严格，沼泽、草甸、农田都是它们的活动场所。它的食性也很杂，动物性食物有鱼类、蛙类、蜥蜴、软体动物、昆虫及其他小型无脊椎动物，植物性食物有玉米、小麦、芦苇、糜子、谷子、杂草种子、杏菜、菱角及其他植物种子、根茎、叶等。

每年3月中旬起，蓑羽鹤陆续迁至北方繁殖区。刚迁到时多成小群活动，然后双双成对活动。它们的巢较简单，卵直接产在干燥而稍凹陷的盐碱地上，周围是一片光秃的裸地，再向外去是稀疏的羊草和芦苇。巢位选定后，它们一般在巢附近进行交配。交配时雌雄鹤双双起舞，雌鹤以跗跖着地，成半蹲状，两翅展平与上背成一平面；雄鹤跳到雌鹤的背上，喙紧靠雌鹤脖颈成一平行线。交配4～6秒钟，然后雄鹤从雌鹤背上跳下，雌鹤站起，双方都抖擞羽毛，再度翩翩起舞。雌鹤5月上旬开始产卵，每窝1～3枚，一般2枚，卵为阔卵圆形。产第一枚卵时即开始孵卵。此鹤在孵化前期警惕性较高，离巢区200～300米处有人出现时，它们便悄悄离去。一旦有人进入巢区，两只亲鸟便时飞时落，并惊叫不已，装出一副受伤的模样，把闯入者引开。当人被引走后，亲鸟即回巢区，继续孵化。蓑羽鹤是雌雄轮流进行孵化的：一只鹤前来接班了，正在孵卵的鹤见了，马上站起来离巢而去，接班者先用嘴把卵翻动一下，然后小心翼翼地趴下孵化。在孵化期两只亲鸟轮换觅食，配合默契，不会出现争孵现象。此外，常有一只亲鸟担任警戒任务。雏鸟刚出壳时，亲鸟不外出觅食，仅在附近寻食草籽等食物。幼鸟出壳3小时后绒羽渐干，能发出“ji——ji——ji”的鸣叫声；4～8小时后会用嘴触地，两翅上下支撑挣扎着离开鸟巢；1～2日龄后，幼鸟跗跖的水肿消除了，能跟随亲鸟奔走觅食；大约150天时，幼鸟已羽翼丰满；练飞一段时间后，约在11月中下旬开始长途跋涉，随亲鸟飞往越冬地。

蓑羽鹤的分布较其他鹤类广泛，在我国繁殖于内蒙古东部和东北部、黑龙江西部、吉林西部和宁夏、新疆西部天山等地，迁徙时经过河北、山西、甘肃、青海等地，至河南、四川、西藏南部越冬。它的天敌较多，除雕、鹞、隼等猛禽外，小型食肉兽对其卵和幼鸟危害也很大，如生活在草原上的黄鼬、艾虎等常捕食幼鸟。

神秘的黑颈鹤

黑颈鹤

（鸨形目 鹤科）

黑颈鹤（拉丁学名：*Grus nigricollis*） 世界上唯一在高原上生长和繁殖的鹤。体长约1.4米。头、颈及飞羽均黑色，尾羽亦黑色；体羽灰白色。外观黑白分明，易于识别。主要栖息在离水面较近，且长有较高水草的沼泽地带。主食鱼、蛙、螺、虾等。繁殖在中国青海和四川西部的高山草甸和高原湖泊边，以及湖中岛上沼泽地。中国特产珍禽。为国家一级保护野生动物。

在鹤类中，黑颈鹤发现得最晚，这是世界上唯一在高原上生长和繁殖的鹤。黑颈鹤栖息在海拔2 000米以上的高原湖泊、沼泽地带或湖边灌丛。它个头较大，体长可超过1.5米。其外貌很像丹顶鹤，身上白色，站立时尾部黑色，头顶也有一块朱红色。它与丹顶鹤的主要区别是，从头到颈整个都是黑的，而不像丹顶鹤那样呈白色和部分暗褐色。另外，丹顶鹤的尾羽是白的，而黑颈鹤的尾羽是黑的。丹顶鹤的“丹顶”，也比黑颈鹤的更大，更鲜艳。黑颈鹤是我国珍稀鸟类，国家一级保护野生动物。

黑颈鹤基本上只产于我国，越冬区是云贵高原，据说四川南部和西藏东南部也有其越冬地，繁殖地在青藏高原和四川北部，国外仅见于克什米尔东部和越南东北部，因而可认为是我国的特产珍禽之一。它们从繁殖地向越冬地或越冬地返回繁殖地迁徙时，常十多只一群，排成“一”字或“人”字形，循着迁徙方向飞去或飞来。

虽说在越冬地人们常能看到数百只以上的大群黑颈鹤，但其繁殖地却较少被人发觉，至今还有许多尚未揭开的谜团。正是因为这份神秘，黑颈鹤在产地常被人们称为“神鸟”。黑颈鹤为什么要选择海拔很高、气候恶劣的湖沼地进行繁殖呢？因为这里僻静、安全。别看它腿长、翅膀大，能飞数千里，可是一遇到鹰、鹫等天敌时，竟毫无抵抗能力，只得弃子而逃。由于它们缺乏保护子女的能力，幼鹤夭折率很高，有些鹤甚至辛苦一夏，到头来一子不存。

幼黑颈鹤十分好斗，出壳后48～72小时就开始打架，只要两只小鹤在一起，就打得难分难解，常常是一死一活才结束战斗。难怪黑颈鹤的数量不多了。它们这种好斗的习性一直要到四十多天后才消失。

为了保护珍稀的黑颈鹤，我国在黑颈鹤的主要繁殖地、迁徙地和越冬地，

▲ 黑白分明的黑颈鹤

都建立了自然保护区。与此同时，还与国际鹤类基金会等开展了合作研究。

目前野生的黑颈鹤究竟有多少？ 20世纪80年代中期仅知有700～800只，此后由于调查工作不断深入，在云贵高原越冬的群体被发现的越来越多。估计截至2011年全世界总数约有1万只。

▲ 灰鹤以家族群为单位活动

数量最多的灰鹤

灰鹤

（鹤形目 鹤科）

灰鹤（拉丁学名：*Grus grus*） 头顶裸出，呈艳红色，体羽大多灰色，故得名“灰鹤”。繁殖在俄罗斯西伯利亚和中国东北及新疆西部。食性很杂，除水草、谷粒、花生、麦子等植物性食物，还吃昆虫、环节动物、软体动物、鱼类、两栖动物、爬行动物和小鸟等。为国家二级保护野生动物。

灰鹤又叫“䴖䴉”“呼呤子”“番薯鹤”“普通鹤”“狮子头”“灰灵鸡”。它个头中等，体长约1.1米，体重4～5千克。头顶裸出，呈艳红色，体羽大多为灰色，故得名“灰鹤”。

灰鹤的栖息范围很广，不论是森林、平原、草原、沙滩以及近水的丘陵都有其足迹，但它从不飞落在树上。冬季多集群活动，常以家族群为单位，2只成鸟1只幼鸟或2只成鸟2只幼鸟为群。也有多个家族群组成一个大群体，一般30～50只，多则200～300只。只有丧偶的孤鹤才单独活动，但这种情况很少见。

据鄱阳湖候鸟保护区考察，灰鹤夜宿在偏远的太汉湖，蚌湖湖心的浅水域，偏僻田野的浅水塘里，有时也在大湖池的浅水里过夜。每天早上6～7时，它们从夜宿地起飞，分群排成“人”字形队列，有秩序地飞向觅食地。飞翔时，它们往往悄无声息，显得十分神秘。当你不注意时，它们已在你眼前的湿地降落了。有时，灰鹤又悄悄地飞走了，使人感到神出鬼没。

通常，灰鹤降落到觅食地后，便立即低头在地面上啄食。它们边啄食边向一定的方向徐徐移动，速度按食源多寡而异。一般啄3～8次走动一步，2～3秒钟前进1米，在食料集中的地方5～10秒钟才前进1米。它们的警惕性较高。集体活动时总有站岗放哨的，它昂首引颈四处张望，一遇险情便马上发出警报，通知全群起飞，或向安全地带转移，或较长时间盘旋于高空。尽管如此，应该说这种鹤不十分畏人，人走到100米处它才飞开，如果人乘汽车观察，当车接近至50～100米处，它们还伸颈窥测动向，久立不动，这可能是它们比较好奇的缘故。

灰鹤的食性很杂。动物性食物有昆虫、环节动物、软体动物、鱼类、两栖动物、爬行动物、小鸟，偶尔也吃小型哺乳动物，如鼠类。植物性食物有水草、野草种子、谷粒、花生、麦子、玉米、豆子等。饱食后，它们通常在原地休息，休息的时间多在上午11时到下午13时及下午16时30分以后，各休息约半个小时。休息时，灰鹤一脚站立，头转向后，嘴伸插在背羽间。

灰鹤的鸣声嘹亮悦耳，仿佛喇叭的鸣声，听上去类似“gelululu”之声。仔细辨别，雌雄鹤叫声不一，雄鹤的鸣声略低而洪亮、单一，而雌鹤的鸣声则尖而多音节。它们不仅在田间活动、觅食，或受惊时鸣声不止，而且从低空掠过时也鸣声不绝，因而有“鹤鸣九皋，声闻于天”之说。

灰鹤是一种迁徙鸟类，在我国繁殖于新疆天山及内蒙古的呼伦池。迁徙经新疆西部喀什、黑龙江的齐齐哈尔，向南至全国各地，除西藏外，我国各省区都有分布，在黄河以南地区过冬。国外见于欧洲、西伯利亚、非洲、亚洲等地。这种鹤分布广、数量相对较多，是世界上数量最多的一种鹤，我国已列为二级保护野生动物。

灰鹤是极富感情的鸟类。北美沼泽地的灰鹤群一旦见到死亡的同类，便久久在尸体上空盘旋徘徊；接着飞到地面上，默默地绕着尸体转着，悲伤地“瞻仰”死者的“遗容”。西伯利亚的灰鹤发现同类死亡后，会伫立在死者跟前哀叫。当为首者突然发出一声尖锐的长鸣时，鹤群立即停止哀鸣。它们一只只垂下脑袋，表示“默哀悼念”。

▲ 灰鹤飞掠

珍贵稀少的白头鹤

白头鹤

（鸨形目 鹤科）

白头鹤（拉丁学名：*Grus monacha*）亦称“锅鹤”“玄鹤”。大型涉禽。体形瘦削。主要特征是：体羽大多石板灰色，头顶裸出，喉部白色。栖息于河口、湖泊及沼泽湿地，以鱼类、甲壳类、多足类、软体动物、昆虫以及小麦、莎草科植物等为食。常和灰鹤混群。野生数量极少。为国家一级保护野生动物。

白头鹤又叫“玄鹤”“锅鹤”“黑灵鸡”。它的个头略小于灰鹤，体长约97厘米，体重约4千克。它与灰鹤有许多共同之处：它们体羽灰暗色，鸣声近似，栖息环境基本相同，食性雷同，都不十分畏人。白头鹤的主要特征是，体羽大多为石板灰色，头顶裸出，喉部白色。

白头鹤多以1～2个家族群一起活动，每个家族群由2只成鸟与2只幼鸟或2只成鸟与1只幼鸟组成。如果有两个大群栖居在一起，它们大部分时间也是分栖的。令人奇怪的是，这种鹤常和灰鹤混群，而不与其他鹤类混群，有人推测，这可能是由于两者的生活习性相似的缘故。有时在白头鹤鹤群附近，还可见到各种水禽，如赤麻鸭。

白头鹤似乎比灰鹤更不怕人。当人走到离鹤群约100多米时，附近的水禽首先惊飞，然后白头鹤才陆续起飞。在起飞时，它们先在空中盘旋，如果没有异常情况，很快就降落。若人不走，它们在空中盘旋数周后，常向较远的草滩飞去。飞行时，大多成“人”字形，也有成“一”字形的，边鸣边飞，叫声嘹亮，可传数里之遥。

白头鹤以鱼类、甲壳类、多足类、软体动物、昆虫以及小麦、莎草科植物为食。这种珍鸟在我国黑龙江的乌苏里江流域繁殖后代，迁徙时经过内蒙古东部海拉尔、我国西北、辽宁南部、河北等地，直至长江下游越冬。白头鹤越冬后的迁飞时间，比其他鹤类都晚得多。据观察，一般要到4月上旬末才北上迁飞完毕。起飞的时辰与其他鹤类相似，通常在上午11～12时之间，数量以几个乃至几十个家族群合一大群，飞前先鸣叫一会儿，然后起飞盘旋升空，高度约500米以上，方向西北，飞速较其他鹤慢些。白头鹤迁飞时对天气要求并不严格，阴雨天也照样迁飞。

白头鹤在我国数量较少，已列为一级保护野生动物。据报道，迁徙经过黑龙江林甸县时曾见到400多只一群，在北戴河见到529只，在安徽升金湖见到360只，在鄱阳湖先后见到183只和210只。我国约有17个动物园共饲养39只白头鹤。

▼ 白头鹤体羽为石板灰色

▲ 白枕鹤姿态优雅

白枕鹤和沙丘鹤

白枕鹤

（鸨形目 鹤科）

白枕鹤（拉丁学名：*Grus vipio*） 亦称“红面鹤”，俗称“土鹤”。体长约1.5米。体蓝灰色，腹部较深；脸颊两侧红色，繁殖期尤为鲜艳；额及脸部皮肤裸露为赤红色。头顶、后颈和喉部白色。叫声洪亮。栖息于浅滩、沼泽湿地、草甸、水田和耕地中。以植物种子、草根、谷物为食，兼食甲虫、鱼、虾、小型软体动物等。同科的沙丘鹤又名“加拿大鹤”。与白枕鹤同为国家二级保护野生动物。

▲ **白枕鹤**

白枕鹤又叫“红面鹤”，这是由于它颜面和眼周裸露无羽毛，皮肤红色的缘故。它的体羽大多为蓝灰色，头顶、后颈及喉部白色。体长约1.5米左右，体重可超过4千克。

这种鹤栖息于湖泊、沼泽地带，偶尔在靠近湿地的农田或干燥了的湿地觅食。它的食性很杂，主要以水生植物的根、茎、叶和杂草为食，也常吃昆虫、软体动物、甲壳动物、小鱼、蝌蚪、蛙、蜥蜴等，秋天还到农田啄取谷物、玉米等农作物。在繁殖期间，亲鸟多以动物性食物喂雏，促使雏鸟的生长发育。

在越冬期间，白枕鹤以家族群活动，亲鸟带着一二只当年幼鸟一起觅食、飞行，而亚成鸟则10 ～ 30只为群活动。有时各家族群也合成大群，一起觅食和夜宿。据鄱阳湖白枕鹤越冬地观察，有大量鸿雁与白枕鹤在同一环境觅食，不过前者在水更深处觅食，彼此互不干扰，鸿雁还能为白枕鹤报警。因为它们警惕性更高，一受干扰就先惊飞，白枕鹤自然便警觉起来，停止觅食，抬头观望，一般在400米之内必能引起鸣叫、惊飞。还发现少数白鹤家族群混杂在白枕鹤家族群中，互相和平共处，仅偶尔见到白鹤驱逐白枕鹤。

白枕鹤在起飞前，先奔跑三四步，然后摆动翅膀起飞；飞行时头、颈、脚成一条直线，鼓翅缓慢，飞姿轻快；在着地前，两脚垂下，约距地面两三米时腿稍弯曲，翅膀快摆两三下，脚先落地，然后收翅向前跑两三步。为了保持落地平衡，它们颈向后背，喙直朝上，似弯弓状，两翅展开向上拉展，姿势优雅，十分美观。迁徙时，多结大队飞翔，队列呈“人”字、“一”字或“之”字形，且飞且鸣。在地面上行走时，昂首阔步，起落稳健悠闲，姿态潇洒优雅。

白枕鹤的叫声洪亮，它的特长气管盘卷成环，穿入龙骨突内，能起共鸣作

用。据测量，一只白枕鹤的颈长只有41厘米，而气管长度却有107厘米，为颈长的2.5倍。这种鹤在起飞、飞翔、觅食、宿营时都会鸣叫。当空中有鹤鸣叫时，地面的鹤也会呼应。只要有第二只鹤应声作答，整个鹤群便彼此呼应，喧哗不休。每当受惊或歇夜之前，它们也会大声鸣叫。白枕鹤的鸣声，不仅用于配偶间和同种间的传情和联系，而且还表示骚动、对危险的警戒或作为婚配舞蹈的伴奏曲。

中国科学院动物研究所谭耀匡先生观察人工饲养的白枕鹤后发现，每当4月下旬至5月上旬开始进入繁殖期时，它们的求偶行为可以归纳为以下几种形式：

第一，回返疾驰。以雌鸟为中心，雄鸟在距雌鸟约1米处往返疾驰。行驰路线呈弧形，长径2.5～3米。奔走时，雄鸟微微纵跳，行动很快，往返一次仅数秒。雄鸟边走边鸣，双翅稍稍张开，有时则完全张开。对此，雌鸟似乎不大注意，或独自漫步，或地面觅食，甚至回避离去。当雌鸟离去后，雄鸟立即停止表现，追上雌鸟并与之并肩前进。

第二，弄姿作态和追逐嬉戏。雄鸟将双翅张开，颈部向前竭力伸展，随后头部又向地面，进而两脚跳起腾空，且跃且舞。雌鸟有时接近雄鸟，互相亲昵。此后雌鸟和雄鸟互相追逐。

第三，翩翩对舞和引吭高歌。雌鸟由淡漠变得热情了，有时它就参加雄鸟的舞蹈，使雄鸟独舞变成了雌雄对舞。每次对舞持续时间约40秒。对舞时雄鸟不断发出特殊的叫声，随即雌鸟发出附和叫声。两种鸣声先后交错，声音嘹亮，雌雄皆处于激动状态。对歌之后，雌鸟如痴如醉，然后将两翼展开三分之二，翅渐渐下降及至翅尖接至地面，最后颈向前伸。雌鸟的这一系列行为，使雄鸟更为活跃和兴奋，它跳到雌鸟背上，开始进行交配。交配时间约10秒，交配后雄鸟跳下。如果没有雌鸟的响应，雄鸟虽常跳到雌鸟背上，但不进行交配。

上海自然博物馆副研究员陈彬等在鄱阳湖作了一番考察，发现这种鹤的舞蹈动作不受性别、年龄和种群数量的限制，也不分场合、季节和时间，一两只或一群围成一圈，翩翩起舞，互相鞠躬，一会用头贴地、搜索、啄拾柴草，一会儿又甩掉它，突然纵身一跃飞入空中，随即两翅维持平衡，其动作轻盈优美。降落时，首先单脚落地，然后另一只脚着地，站稳，静立，随后引颈回首，仰嘴朝向天空。有时一只鹤兴起，会振翅在鹤群中飞奔、鸣叫，此时会引起其他鹤跟着它飞奔、鸣叫，使整个鹤群沸腾起来。这种行为，往往维持

3～5分钟之久，才渐渐平息。

白枕鹤的巢较简陋，一般就地取材，筑巢材料并不讲究。虽雌雄鸟共同孵卵，但以雌鸟为主。一只亲鸟在孵卵时，另一只亲鸟负责警戒。当同种鸟进入巢区时，警戒鸟便将它逐出巢区之外，如果是异种鸟，因两者并无敌意，很可能就和睦相处。

白枕鹤分布在我国、俄罗斯、朝鲜、日本，繁殖地在我国的东北及邻近的蒙古国和西伯利亚东南部。迁徙时经过辽宁、河北等地，到江苏、安徽、江西、湖南等地越冬。在福建、台湾是罕见的冬候鸟。在鄱阳湖地区常见到这种鹤越冬，而且数量逐年增多：1983年冬至1984年春约为700只；1984年冬至1985年春约为1 200只；1985年冬至1986年春约为1 800只；1986年12月约为2 000只。近年来数量维持在3 000只左右，约占世界种群总量5 000只左右的60%。我国已将此鹤列为二级保护野生动物，对此仍应进行保护。我国有100多家动物园进行饲养，约300只。

沙丘鹤又叫“加拿大鹤”，个头中等，体长100～110厘米；身上羽毛是灰色的，稍带些褐色。分布于北美洲、古巴及亚洲的西伯利亚东北部。在我国偶尔见到，或属迷鸟。所谓迷鸟，是指鸟类偶尔因狂风等气候骤然变化，或依随船舶飞行，从平常的栖息区域或正常的迁徙途径，飘零至异地。对这一地区而言，则称为迷鸟。1979年1月，江苏省的沭阳捕获过一只沙丘鹤。1986年冬，国际鹤类基金会主席阿奇伯，在江西省的吴城考察时，在白鹤群中发现一只沙丘鹤，与白鹤混栖。不管沙丘鹤是偶见还是迷鸟，它确实出现在我国，现已列为二级保护野生动物。

沙丘鹤（Dawn Huczek）▶

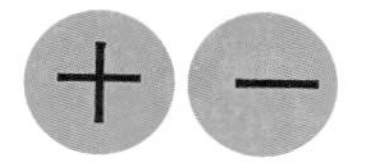

有名的鹳类和鹮类

▲ 白鹳翩翩起舞

秀雅而古朴的白鹳

白鹳

（鹳形目 鹳科）

白鹳（拉丁学名：*Ciconia ciconia*） 大型涉禽。体羽以白色为主，翅膀具黑羽，有金属光泽。成鸟具细长的红腿和细长的红喙。嘴长而粗壮，在高树或岩石上筑大型巢，飞时头颈伸直。白鹳在欧洲是非常有名的鸟，常常在屋顶或烟囱上筑巢。巢很大，用枯枝堆成。食性广，包括昆虫、鱼类、两栖类、爬行类、小型哺乳动物和小鸟。

白鹳是一种大型涉禽，体长约1.17米，嘴和脚很长，皆为红色。体羽洁白，而两翅黑色，有金属光泽。白、黑、红三色交相辉映，使白鹳显得秀雅而古朴。它的外貌虽与鹤类相似，但它向前三趾的基部有蹼相连，后趾比较发达，位置与其他趾在同一平面上，这是区别于鹤类的重要标志。过去有人常把东方白鹳当成丹顶鹤，其实只要我们观察一下就会发现，东方白鹳飞行时常翱翔，且翅尖黑色，伫立时颈脖往往缩成S形，以此便能与丹顶鹤相区别了。

白鹳喜欢生活在有树的开阔浅水沼泽地区，虽栖息于树上，但在沼泽水域中觅食鱼、昆虫、蛙等，偶尔也吃小型鼠类。据报道，在白鹳胃中也发现有少量植物性食物。它的觅食时间较鹤类短，白天活动中约三分之一时间休息，三分之二时间觅食，这与它吃动物性食物有关，不容易饥饿。它的啄食速度与食物的大小有关。吃小鱼速度很快，在5分钟内可啄食2～3条，甚至更多。如果吃大鱼速度就比较慢，有人目击一只白鹳，花了大约5分钟时间吞食一条约0.5千克重的黑鱼。这是因为黑鱼正在作垂死挣扎，白鹳只好啄起又放下，啄啄停停，直到鱼被啄死，才从鱼头开始慢慢吞下。它视觉敏锐，性情文静而机警，多活动于僻静河谷的沼泽地带。白鹳见远处有人走来便飞走，很难接近。有时它也呆立在水边等待食物。休息时，常一足站立，颈稍下缩，头略后仰。

白鹳一般每年3月初起陆续从越冬地迁到繁殖地。它们筑巢在水域附近的高树上或大建筑物上，巢很大，用枯枝堆成，高度和宽度都可超过1米，巢窝铺垫些干草。通常4月中旬产卵，每次产4～5枚，由雌雄鹳共同孵卵，以雌鹳为主，孵化期32天左右。雌雄鹳共同育雏，雏鸟生长发育迅速，大约一个半月就可长到成鹳大小。10月份白鹳陆续向南迁移越冬，一般11月初在繁殖地区已见不到白鹳的踪影了。

在欧洲某些地区，白鹳最喜欢在屋顶上筑巢，因为在那里这种珍禽受到人们的欢迎和宠爱，白鹳在村民屋顶上筑巢被认为是“吉祥”的象征。为了吸引白鹳，许多人家把旧马车或旧汽车的轮毂、破箩筐等安置在屋顶上，以招引白鹳。这样，慢慢地就形成了闻名遐迩的“白鹳村”。今天，在荷兰、德国和奥

▲ 白鹳

地利，都能找到这样的“白鹳村”。

由于那里的人们对白鹳十分友好，所以它们的巢地不断扩大，在瓦屋顶上、电线杆上，甚至几十米高的水泥烟囱上建起了安乐窝。有时巢的下面就是人声喧嚷的集市或车水马龙的街道，可是它们依然悠然自得地生活在那里，因为人们是绝不会去伤害它们的。

在中国的东北、俄罗斯远东地区还生活着白鹳的近亲——东方白鹳。与白鹳不同的是，东方白鹳的嘴黑色，在形态上也比白鹳大。两者繁殖地和越冬地都相距4 000千米以上，长期处于生殖隔离状态。

目前，白鹳在欧洲分布范围广，不接近物种生存的濒危临界值标准，种群数量稳定。而东方白鹳由于人类活动和工农业发展，使得在俄罗斯远东地区和中国东北黑龙江、吉林两省残存的繁殖地也变得极为狭小。全球数量仅在3 000只左右。我国已把东方白鹳列为一级保护野生动物，被世界自然保护联盟（IUCN）列为濒危物种。

“黑里俏”黑鹳

黑鹳

（鹳形目 鹳科）

黑鹳（拉丁学名：*Ciconia nigra*） 体形纤巧。朱脚，红嘴。除腹部外，全身体羽乌黑，闪耀着蓝色金属光泽。在高树或岩石上筑大型的巢，飞时头颈伸直。是纯荤食性鸟类，主食小鱼，其次是蛙类，也食蟹、昆虫、蜥蜴、蛇、鼠等。为国家一级保护野生动物。

黑鹳体形纤巧，朱脚，红嘴，全身除腹部外，如泼墨一般乌黑，羽毛闪耀蓝色金属光泽，是个“黑里俏”。这种动物又叫“黑老鹳”“乌鹳”“油鹳”“黑灵鸡”。它个头较白鹳稍小，体长约1米，体重在2.5～4.0千克之间，是一种体态优美、羽色鲜明、飞姿轻捷、性情机警的大型涉禽。

黑鹳在飞行时，头颈前伸，双腿后延，飞姿像鹤，两者似乎难以区别。但是，黑鹳可以长时间在空中翱翔，在有上升气流的地带更是如此，甚至可以双翅平展不动，似鹰雕类那样逐渐升入高空，这种飞行技巧是鹤类所没有的。

黑鹳是一种纯荤食性涉禽，主要吃小鱼，其次是蛙类，也食蟹、昆虫、蜥蜴、蛇、鼠等。人工饲养幼黑鹳表明，这种鹳不能消化植物纤维，但却能消化带骨的鱼、牛、羊、兔、鸟等肉块。它们在野外觅食时，常是进左腿，向右前方水中一啄；进右腿，向左前方一啄。在觅食过程中，时而抬头观望，遇人走近便立即起飞，高度约10米多，然后降落在离人约300米以外，迎风作长时间的站立，缩着颈项，将长喙藏于前颈的下垂蓬松羽毛之中，等到人走远了，又展翅飞回食场附

◀ 黑鹳的黑羽闪着金属光泽

近，然后向食场方向走走停停，边观望边接近食场。它们的警惕性很高，当确信没有危险时，才急步潜入食场觅食。饱餐之后，它们多在食场附近憩息，有时可以长时间一动也不动地站立着，或双腿站立或“金鸡独立”。偶尔也用喙啄理羽毛，或者两翅上举、头颈前探，或者一侧单翼独腿同时向后，做出“伸懒腰”的动作。

每年春天，刚来到繁殖地的黑鹳，常成双成对地在高空盘旋、嬉戏。雄鹳和雌鹳紧密相随，互相追逐。雌鹳在盘旋时，往往会放慢滑翔速度，双腿下垂，似乎在等待雄鹳的靠近。它们也用垂颈、点头或频频鸣叫的方式来表达爱慕之情，还不时地夹杂着上下喙的叩击，或雌雄鹳间用喙彼此亲吻。此时磕碰所发出的清脆声，宛如敲击竹板的“嗒、嗒”声。

黑鹳虽然孤僻，但有时与白鹳、苍鹭为伴；在它们活动和憩息地附近，还常可看到银鸥、赤麻鸭和白额雁群，互相距离在10～100米不等。黑鹳与白鹳在飞行时，常不时地抖动几下双翅“盘云”——盘旋飞翔，高度一般在80～250米之间，有时还与鹤类、鸥类和鹈鹕等混群“盘云”结队，盘飞于同一个上升的气旋中，但时间不长，约几分钟至十几分钟便分散，各奔前程，依种类而分别降落在各自选定的地方。

黑鹳的分布区较白鹳广泛，欧亚大陆和非洲都有。在我国，北方各省都有繁殖记录，它们在长江以南各省包括台湾越冬。但由于生存条件的变化以及环境污染等原因，黑鹳的自然种群数量已十分稀少，所以已被列入世界濒危物种公约中的保护对象，已列为我国一级保护野生动物。

美人鸟朱鹮

朱鹮

（鹈形目 鹮科）

朱鹮（拉丁学名：*Nipponia nippon*） 亦称“朱鹭”，俗称“红鹤”。体长约55厘米。世界上最濒危、最稀少的鸟类，为国家一级保护野生动物。双翅和头部粉红色，额顶和颊部裸露，呈朱红色。以小鱼、软体动物、甲壳动物、水生昆虫和蛙类等为食。曾广泛分布于亚洲东部。20世纪60年代曾濒临灭绝。1981年中国陕西洋县重新发现了7只，现种群已恢复到2 000余只。

朱鹮又叫“朱鹭”，是一种美丽的鸟。它体形中等，体长70～80厘米，体重1.5～2千克。远看全身白色，走近去端详一番，只见翅膀和头部粉红色，额顶和颊部都裸露没有羽毛，呈朱红色，为此被誉为“东方红宝石”。这一珍禽后枕部有冠羽，嘴长而向下弯曲，非常显眼。它是那么典雅、俏丽，难怪人们又把它称作“美人鸟”。朱鹮栖息在水田、河滩、池塘、沼泽地和山溪附近，平时也待在高大的树木上。这种珍禽，以小鱼、软体动物、甲壳动物、水生昆虫和蛙类等为食。春季繁殖期间，成对朱鹮脱离越冬时结成的群体，在高大的杨树、松树或栗树上筑巢，一窝产卵3～4枚，雌雄朱鹮轮流孵卵，孵化期约1个月。新出壳的雏朱鹮，由双亲共同照顾饲育。喂雏时，亲朱鹮将半消化的食物吐出喂食，因而雏朱鹮生长很快，大约1个月即能长大离巢。

据文献记载，朱鹮曾广泛分布于亚洲东部。在我国，它的分布区域最北到兴凯湖，最东到福建、台湾，最西到甘肃天水地区，最南到海南岛。其中，以东北、华北和秦岭一带数

▼ 朱鹮

量较多。一直到20世纪30年代，我国还有14个省份见过朱鹮；到了60年代，就只有在陕西的洋县、周至及西安附近采到过标本，以后就看不到朱鹮的踪迹了。在此期间，由于朱鹮数量已经十分稀少，所以在1960年第十二届国际鸟类保护协会年会上，已指定它为国际保护鸟。1981年5月之前，人们知道这种珍禽在俄罗斯和朝鲜等地绝迹，只有日本新潟县的佐渡岛上还有5只。为了保护朱鹮不致灭绝，日本在1981年1月将这5只朱鹮全部活捉，收养在该岛的朱鹭保护中心。这仅有的数只朱鹮，由于近亲交配多年，再加上年老，繁殖能力变得极弱，人们对它们是否还有繁衍后代的能力，深表怀疑。因而动物学家便把抢救这个物种的希望，寄托在中国身上了。

朱鹮是亚洲的特产珍禽，也是目前世界上最稀少的鸟。我国作为一个产朱鹮国，现在还有没有这种珍禽呢？在我国政府的关怀下，从1978年秋季开始，中国科学院动物研究所派出一个专门调查组，前后花了3年时间，行程达5万多千米，历经辽宁、安徽、江苏、浙江、陕西、甘肃、山东、河南、河北九个省，直到1981年5月23日和5月30日，才在海拔1 356米的陕西洋县金家河山谷，和距离金家河2 000米的姚家沟，发现了2窝朱鹮巢。金家河仅有一对成鸟，虽产下4枚卵，但育雏没有成功；姚家沟的巢中却有3只幼鸟，当然还应有2只成鸟。这一发现，引起了世界各国有关人士和鸟类爱好者的关注。

在洋县发现的7只朱鹮中，有3只幼朱鹮，其中一只从树上掉落，幸而及时被人抢救并运送到北京，寄养在北京动物园里。它虽然十分弱小，但经过饲养员的精心抚养，生长发育得很好，在1983年春已经将近发育成熟，体质健壮，十分可爱。

我国对朱鹮的人工繁育研究取得了一系列可喜的进展，先后攻克了饲料配置、人工孵化等技术难关。此后，科研人员又尝试将朱鹮放归自然，并实现了放归种群的野外存活和繁育，建立了世界上最早、最完备的朱鹮人工种群谱系档案和环志标识系统。

朱鹮是世界上最濒危、最稀少的鸟类，我国已列为一级保护野生动物，国际上已列为濒危动物。自从中国发现世界上仅存的7只野生朱鹮以后，经过36年的艰辛保护，朱鹮的数量已发展到2 200多只。一个曾经被国际社会判定为灭绝的物种重回中华大地，创造了生命回归的神话。

▲ 彩鹮（Gabriele Iuvara供图）

彩鹮、白鹮和黑鹮

彩鹮

（鹈形目 鹮科）

彩鹮（拉丁学名：*Plegadis falcinellus*）中型涉禽。体色艳丽，体羽深栗色，略带金属光泽。喜群居。主食小鱼、无脊椎动物等。叫声是带鼻音的咕哝声，于巢区发出咩咩及咕咕的叫声。世界各地均有分布。与同科的白鹮和黑鹮一起，因数量稀少，均为国家一级保护野生动物。

▲ **白鹮**

除了朱鹮以外，我国还有彩鹮、白鹮和黑鹮。它们在国外分布较广，但在我国不是分布地狭窄，便是数量稀少，所以都已列为国家一级保护野生动物。

彩鹮体长短于朱鹮，约60厘米，体形像朱鹮，而体色艳丽，全身羽毛以栗紫色为主，带有绿色金属闪光，故得名彩鹮。主要栖息在热带河湖及沼泽附近，有时也到稻田中活动，以软体动物、甲壳动物、蠕虫及甲虫等为食。它性喜群居，还常与其他鹮类、鹭类等集聚活动。筑巢在高大的树上，许多鸟在一起营巢，巢用粗枝编成，内铺些草叶，构造简单。每巢窝产卵2～5枚，雏鸟孵出后，由亲鸟用半消化的食物反刍饲喂。分布于广东、浙江和福建的局部地区，数量稀少。近期在上海东滩鸟类国家级自然保护区开展的水鸟调查中，工作人员目击到2只彩鹮，这是这一珍禽继1863年以来第二次在上海及附近地区被发现。

白鹮又叫“白油老罐子”，体长与朱鹮差不多，约76厘米。它体形优美，姿态优雅，头和颈都裸出，体羽全白，嘴长而下弯。栖息于沼泽湿地、芦苇塘及河湖岸边浅水处，以软体动物、甲壳动物、昆虫、小鱼和两栖动物为食。与彩鹮一样，也集群在高大树上营巢，巢较简陋。每巢窝产卵2～4枚。分布于东北、华北、华东、华中、西南等地区，数量日益减少，已被列入世界濒危鸟类红皮书中。

黑鹮的体长与彩鹮相同，约60厘米。它头部裸出，颈部被羽，全身羽色大都辉黑。它虽是一种涉禽，但多栖息在干燥的平原耕地、残茬地、干河堤等地，偶尔也到沼泽地活动。主要啄食昆虫，兼食蛇和蛙，也吃多种成熟的农作物。它的习性与白鹮相似，但较少集群，通常成对或一个家族群活动，有时甚至独栖。当它从地上起飞时，叫声怪异。在繁殖季节里，黑鹮鸣声响亮而怪异。在高大树上筑巢，有时也会利用秃鹫的旧巢。巢较小，每巢窝产卵2～4枚。现栖息于越南、老挝、柬埔寨和印度尼西亚。在我国，仅分布于云南西南部，数量稀少。

▼ 黑鹮（J. M. Garg供图）

白琵鹭和黑脸琵鹭

白琵鹭

（鹈形目 鹮科）

白琵鹭（拉丁学名：*Platalea leucorodia*） 大型涉禽。全身羽毛白色，眼先、眼周、颏、上喉裸皮黄色；嘴长直、扁阔似琵琶；胸及头部冠羽黄色（冬羽纯白）；喜集群。摄食鱼、蛙、蝾螈、虾、软体动物和昆虫，也吃水生植物。为国家二级保护野生动物。同科的黑脸琵鹭因数量不多，已列为国家一级保护野生动物。

白琵鹭和黑脸琵鹭，从名称上看来似乎与上述四种鹮不同，可是它们之间有许多相似的特征和习性，所以鸟类学家把它们同归一类，叫鹮科。其中黑脸琵鹭数量不多，已列为我国一级保护野生动物。

白琵鹭又叫“琵琶鹭”“匙嘴鹭”。它体形中等，体长约70厘米。全身披着白色羽毛，颈基部有微黄色的项圈，枕部长出丝状白色冠羽，显得十分清秀。它的喙与一般鸟不同，长而直，平而扁，中部较狭窄，喙端扩展成匙状，整个喙像一把琵琶。

白琵鹭喜欢栖息在人烟稀少的沼泽、溪沟岸边及河口等处，觅食时嘴从这

▼ 白琵鹭的喙像一把琵琶

边摆到那边，啄取鱼、蛙、蝾螈、虾、软体动物和昆虫，也吃水生植物。性喜集群，少则几十只，多则上百只，迁徙时多成小群活动。不但善于涉水，还会游泳。它筑巢于茂密的水草丛中，或常年积水的苇塘深处，常与白鹮、草鹭、苍鹭等杂居营巢。雌雄鸟共同建巢，巢形浅盘状。有时也将巢筑在高大的树上，用较粗的枝条在树冠顶编织而成。它们初期筑的巢十分简陋，以后在产卵及孵卵期间，雌雄鸟会不断地对巢作些修补。每窝产卵3～5枚。

▲ 白琵鹭

在我国，白琵鹭繁殖于东北、华北和西北，在长江下游、福建、江西、广东、台湾等地越冬。它体态优美、嘴形奇特、觅食方式特殊，成了动物园中的著名观赏动物。

黑脸琵鹭又叫“小琵鹭”，体形与白琵鹭相差无几，体长约74厘米。全身也是白色，它与白琵鹭的主要区别有两点：一是眼前、额部裸出，并与嘴基相连，裸出部分为黑色；二是夏羽羽冠比白琵鹭长，是较明显的橙黄色。

黑脸琵鹭栖息于沼泽湿地、河湖岸边及苇塘等低洼积水处，主要啄食鱼、虾、蟹、软体动物、蛙和昆虫，也吃水生植物。巢多筑在临水的高树上，多为群巢，巢材主要是树枝及枯蔓等。每窝产卵4～6枚。

与朱鹮一样，黑脸琵鹭也是一种只生活在东亚的珍禽，而它的命运也与朱鹮何其相似。人们一直没有注意黑脸琵鹭的生存状况，甚至一直将它与白琵鹭相混淆，因为两者的外貌太相近了。直到20世纪90年代，鸟类学家才发现，黑脸琵鹭在全世界只剩下几百只了。于是，他们开始广泛调查黑脸琵鹭的栖息地和繁殖地。为了确定黑脸琵鹭在中国的繁殖地，鸟类学家从中国的南方到北方苦苦寻找了几十年。

1997年，研究人员通过无线电跟踪发现，有一只从台湾和香港放飞的黑脸琵鹭，在五六月间栖息在浙江温州至宁波的沿海滩涂。在1998年和1999年又发现，从日本和我国香港、台湾地区等地套上标志物后放飞的黑脸琵鹭，大多经江苏盐城、浙江温州、上海的崇明岛转向朝鲜半岛三八线附近的小岛。鸟类学家郑光美因此曾判断：黑脸琵鹭最有希望的潜在繁殖地应该是在辽东半岛和山东半岛近海无人居住的岛屿上。

毫无疑问的是，中国一定会有更多的人关注黑脸琵鹭和其他鸟类的生存状态，那些被鸟儿们逃避的苦难家园终将恢复宁静，黑脸琵鹭等可爱的鸟儿一定会重回自己的家园。

▼ 黑脸琵鹭

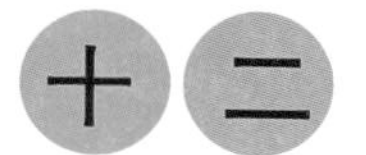

不能遗忘的其他涉禽

▲ 黄嘴白鹭

鹭科鸟类

鹭科

（鹳形目）

鹭科（拉丁学名：Ardeidae）大、中型涉禽。主要活动于湿地及林地附近。中国有9属20种，其中黄嘴白鹭等为国家一级保护野生动物，岩鹭、海南虎斑鳽和小苇鳽等均已列为国家二级保护野生动物。这是一群很古老的鸟类，大约在5 500万年前就已经在地球上活动。它们长嘴、长颈、长脚，羽色有白色、褐色、灰蓝色等。

我国鹭科鸟类约有20种，其中黄嘴白鹭等为国家一级保护野生动物，岩鹭、海南虎斑鳽、小苇鳽等均为国家二级保护野生动物。

黄嘴白鹭又叫“白老”。它身体纤瘦而修长，全身羽毛纯白色，头上有冠羽，胸前披着矛状长羽，嘴长呈淡黄色。栖息在河口沿岸及港湾的沼泽湿地，也见于树上或岩礁上。以鱼类、甲壳动物、昆虫和蝌蚪等为食。常成小群活动，生性机警，见人即飞，飞行距离较短，10～50米就降落。4～5月间进行繁殖，筑巢在灌木枝上，巢材用枯枝、枯草，巢形呈皿状，每窝产卵3～5枚。在我国，仅分布于东北、华北、华东、西南等地。在动物园中可作为观赏鸟，目前数量较少，也属于珍稀鸟类。

岩鹭与大白鹭、中白鹭、白鹭和黄嘴白鹭虽同是白鹭属的成员，但其他4种的体色都是白的，唯有岩鹭是暗灰色的。这种鸟尽管羽色暗沉，但形态却很别致。细长的体躯，黄色的尖嘴，长脖子常弯曲成“S”形，头后有细长的羽冠，胸上有细长的饰羽，煞是好看。它们多栖息在海岸岩礁地区，主要啄食鱼、甲壳动物和贝类等。飞行缓慢而有节奏，每秒钟只要扇动两次翅膀就能翱翔自如。它们用树枝、枯草筑巢于海岛树木或岩石上，巢形呈皿状，每窝产卵3～5枚，通常3枚。在我国，分布于广东、河南、华南、台湾等地。

◀ 岩鹭（Glen Fergus供图）

▲ 海南鳽（Henrik Grönvold供图）

海南鳽的体长约60厘米。体形相对肥胖。额、头顶、枕和颊都为暗褐色，冠羽黑色，上体也呈暗褐色，胸和腹都是白色，并散布着灰栗色的斑纹，足黑绿色。栖息于高山的山沟河谷或其他水域附近，啄食小鱼、蛙类、昆虫等。我国分布于安徽、浙江、海南等地，数量稀少。

小苇鳽的个头较小，体长约30.5厘米。它的喙细长，呈黄色，喙峰两侧有沟，基部黑色；头顶、后背，翅和尾都为黑色，且有光泽；头侧、颈、上背和肩部为桂皮色；喉和前颈白色；下体淡黄色，胸部羽毛松软。栖息于沼泽地带、湖岸等处。主要在黄昏、晚上和清晨觅食。主食各种小鱼、蛙、蝌蚪、水生和陆生昆虫等。我国仅分布于新疆、江苏等地，数量稀少。

小苇鳽主食各种小鱼、蛙、蝌蚪等 ►

▲ 长脚秧鸡（Ron Knight供图）

秧鸡科鸟类

秧鸡科

（鹤形目）

秧鸡科(拉丁学名:Rallidae) 涉禽中种类最多,分布最广的一类动物。头小，喙细长，腿和趾都长。善于快速步行，偶尔也会短距离飞行。常栖息于沼泽，在距水面不高的密草丛中筑巢，也常在田里的秧丛中和谷茬上活动，故名。性胆小，夜行性，以植物嫩芽、种子、昆虫、蚯蚓以及小型水生动物为食。其中长脚秧鸡、姬田鸡、棕背田鸡、斑胁田鸡、紫水鸡和花田鸡因数量稀少，已列为国家二级保护野生动物。

我国共有秧鸡科鸟类18种，其中长脚秧鸡、姬田鸡、棕背田鸡、斑胁田鸡、紫水鸡和花田鸡因数量稀少，均已列为国家二级保护野生动物。

长脚秧鸡的体长约26厘米。喙褐色，短而尖。跗跖褐色，与中趾、爪一样长。上体浅灰褐色，杂有黑色条纹。喉部和腹部白色。胸部暗灰褐色，缀有红褐色横纹。这种鸟栖息于草原、农田等处，主要以昆虫、蠕虫、草籽和谷粒等为食。我国分布于新疆和西藏。

姬田鸡的体长约20厘米。它的嘴短而强，喙角绿色。跗跖暗绿色。头顶和后颈赤褐色。上体是橄榄褐色，具黑色纵纹和少量白色纹。前额、头侧和胁部有不明显的白色横纹。雌鸟下体暗黄色，具褐色横纹，尾下覆羽具白色横纹。栖息于多草丛的河岸边和沼泽地区。我国仅分布于新疆，属于稀有种。

棕背田鸡的体长约20厘米。嘴绿色，先端灰色。上体自额至尾，包括两翼表面和内侧飞羽，都是暗橄榄色。尾上覆羽具有白斑，飞羽黑褐色。颏及喉白色。胸腹中央暗灰色，具有褐色横斑。尾下覆羽黑色，杂有白色横斑。栖息于林中小溪附近湿地灌丛及湿草地，主食水生昆虫。我国仅分布于西藏、四川、云南等地。

◀ 稀有种姬田鸡（Htalpa供图）

▲ 花田鸡（John Gerrard Keulemans供图）

花田鸡的体长约13厘米。喙暗褐色，喙下基部黄绿色。头和颈侧具白色斑点。上体大都橄榄褐色，杂有黑色纵纹和白色斑点。胸部黄白色，带有不明显的褐色横斑。腹部中央略呈白色。栖息于小河、湖泊、沼泽附近的草丛中，并多在那里觅食，主要以藻类、水生昆虫、甲壳动物及软体动物等为食。6月间繁殖，在湿地、沼泽、湖畔等附近的草丛中筑巢，一般每窝产卵6枚。我国分布于东北、华北、山东以及长江流域和华南等地。

▲ 棕背田鸡（Jason Thompson供图）

小杓鹬和小青脚鹬

鹬科

（鸻形目）

鹬科（拉丁学名：Scolopacidae） 中国共分布有38种。中型或小型涉禽。体色暗淡而富于条纹，嘴形多样，一般都长而尖直，个别上弯或下曲，适应穿凿淤泥，探寻食物。善于长途迁飞，飞行姿势头颈前伸，双脚向后伸直；很多种类边飞边鸣，声音尖锐。其中小青脚鹬和小杓鹬因数量不多，分别列为国家一级和二级保护野生动物。

我国鹬科鸟类中，除小青脚鹬和勺嘴鹬为国家一级保护野生动物外，另有6种为国家二级保护野生动物。

小杓鹬又叫“小油老罐子”，个头不大。它的喙长而向下弯曲，呈肉红色，仅端部褐色。它的羽毛褐色与白色相间，呈细小斑驳状。头顶中央冠纹肉色，两侧冠纹黑色。栖息于海岸及近海岸的草原、沼泽、池塘、河口三角洲、河岸洼地和水田等处。当潮水上涨时，活动较少；潮水退后，就到被潮水淹没过的海岸沙滩上觅食。潮水时涨时落，给它们不断带来丰富的食物。它们常涉水于浅滩或淤泥中，啄食小鱼、软体动物、甲壳动物、蠕虫、昆虫、蛙类和藻

▼ 小杓鹬

类等。此鸟性好集群，并常和其他鹬类混群活动。当鸟群中有一个成员被击落时，群鸟会在被击落的鸟体上空盘旋，甚至俯冲而下，发出尖锐的叫声，似乎在对遇难者表示哀悼，又像是在“痛骂”枪杀者。不过，此鸟生性畏怯，人们一般较难接近。

小杓鹬在飞翔时，颈部收缩，循直线前进。它鼓翅缓慢，像鸥类一样，但飞行却很迅速，并连续不断地高声鸣叫，很远就能听到。它降落时，常常滑翔而下。在繁殖期间，雄鸟常有独特的飞行姿势。这种鸟筑巢于草丛中的地面凹处，每窝产卵4枚左右。雌雄鸟轮流孵卵，孵卵时如果遇上敌害，担任守卫任务的亲鸟会假装已受伤，把敌害引离巢区。

在我国，小杓鹬分布于东北、内蒙古、南方沿海各省至台湾、广东、海南等地。在19世纪以前，此鸟数量极多，以数百万计，但由于人们大量捕杀，今天数量已大量减少，被世界自然保护联盟（IUCN）2013年列为濒危物种红色名录——低危（LC）。

小青脚鹬体长约31厘米。它的体形和羽色同我国大部分省区产的青脚鹬相似：上背灰色，杂有黑色纵斑，下背和腰部白色，形成明显对照。尾羽大多为淡灰色。脚发黄，近黄绿。栖息于海岸、沼泽、池塘、河口三角洲等地，常站立在海滨低岩的顶处等待退潮。退潮后，它们在淤泥或沙里用喙探索食物，当喙刺入淤泥深度不够时，便跳起来用整个身体的重量向下压，以增加刺入泥中的深度。食物包括软体动物、甲壳动物、环形动物、昆虫等。此鸟常单个或家族小群活动，它们既能跑又善于飞。飞行时，虽然翅膀鼓动不很快，但是幅度却极大，所以飞得很快。它们在沿岸沙砾上挖穴为巢，每窝产卵3～5枚，一般4枚。我国分布于上海、福州、台湾、广东沿岸及海南岛等地。由于数量稀少，除我国进行保护外，还被国际鸟类保护协会列入红皮书中加以保护。

▼ 滩涂上的小青脚鹬

我国最大的鸟——大鸨

大鸨

（鸨形目 鸨科）

大鸨（拉丁学名：*Otis tarda*）是中国最大的鸟，体长可达1米。羽色主要颈部为淡灰色，背部有黄褐和黑色斑纹，腹面近白色。常群栖草原地带，善奔跑。杂食性，以吃植物为主。夏季在中国东北及内蒙古草原繁殖。与同科的小鸨、波斑鸨均为国家一级保护野生动物。

我国有三种鸨，即大鸨、小鸨和波斑鸨，它们不仅分布区狭窄，而且数量十分稀少，都已列为我国一级保护野生动物。

大鸨又叫"地鹂""羊须鸨"，是我国最大的鸟，也是世界上最大的飞行鸟类之一。雄鸟体长可达1米，两翅展开有2米多，体重10～15千克。雌鸟与雄鸟相比，显得很小，体长不足0.5米，平均体重只有3.6千克左右，人们常误认为两者是不同的鸟。它头部深灰色，喉上有纤羽向外突出，很像胡须，但雌鸟是没有的。在繁殖期间，喉部由白色变为栗色，身上羽毛延长散开似毛发。体背棕色，并有黑色斑纹。脚上有3个趾，十分健壮，适于奔走。

大鸨是草原上的一种典型鸟类，常栖息于广阔草原、半荒漠地带及农田草地，通常成群活动。乍一看，这种鸟显得笨拙，在草原上游逛时好像有点呆头呆脑，其实它十分机警，经常昂首观察周围动静，以防敌害袭击，所以人们不易接近。它善于奔跑，但飞行技能差。在飞行前，先迎风快跑数步，然后起飞，而且飞得较低，起飞姿势颇似飞机起飞一样。这种鸟似乎从不鸣叫。平时主要吃嫩绿的野草，在繁殖时也吃昆虫、蛙类等，特别嗜食蝗虫。

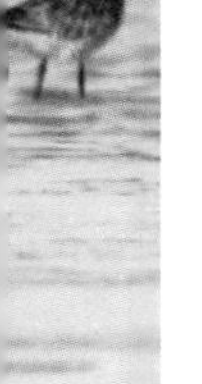

关于大鸨的婚配，历史上曾流传过一些错误的说法。有的说大鸨是"百鸟之妻"。明代李时珍说："鸨无舌，……或云纯雌无雄与其他鸟合。"清代《古今图书集成》中也有类似的记载："……鸨鸟为众鸟所淫，相传老娼呼鸨出于此。"意思是说，鸨没有舌，鸨有雌鸟无雄鸟，雌鸨与其他任何一种雄鸟都可交配而繁衍后代。后人据此把旧社会开妓院的老板娘称为老鸨。意思是说，这种女人是不正派的人，没有固定的男人。但平时人们并没有看到大鸨与哪种雄鸟直接交配，所以又有人说，大鸨是百鸟之妻，它并不直接交配，一旦其他种类的雄鸟从空中飞过，身影映在雌鸨身上就可达到交配目的。这种种错误说法都是由

▲ 小鸨（Francesco Veronesi 供图）

于当时科学不发达，对大鸨的繁殖习性不了解所致。

实际上，大鸨是有舌头的，只不过小一点而已；它有雌有雄，和别的鸟一样通过交配繁殖后代。每年 4 ～ 5 月是它们的繁殖季节，雄鸟把尾部的羽毛朝天竖起，脖子和翅膀上的羽毛也直立起来，同时将胸部鼓成球形，在雌鸟面前一摇一摆地来回扭动，并不断发出“si——si——”声。雌雄鸟经过短暂的求爱之后便进行交配，交配完毕就各奔东西，以后“生儿育女”的重任基本落在雌鸨身上。关于大鸨纯雌无雄的错觉，可能就由此而来。此鸟筑巢于草坡地高岗处，巢很简陋，只是一个土坑，有的甚至没有什么铺垫，每窝产卵 2 ～ 4 枚，雏鸟一出壳就能行走和独立啄食。

在我国，大鸨在内蒙古、东北及河北部分地区的草原地带繁殖后代，冬季迁至华北平原及长江流域附近。人们常说：“上有天鹅，下有地鹔。”原来，它的肉味同天鹅一样，鲜美无比，是有名的野味。它的羽毛秀丽，可做工艺装饰品。为此，人们曾大量进行捕杀，加上它们的栖息地被开发利用，今天数量已十分稀少，应严加保护。

小鸨又叫“地鸡子”，外貌似鸡，个头比大鸨小，体长约45厘米。它全身羽毛棕栗色，腹部渐转为白色。栖息在草原和半荒漠地带，主要以植物为食，也吃昆虫。它善于奔跑，飞行低而缓慢。我国仅分布于新疆天山及四川等地，数量也非常稀少。其数量减少的原因，主要不是捕猎，而是生境的变迁和巢地受到过多的干扰。有人曾发现小鸨在农业区营巢，但农田耕作使鸟卵破坏，促使雏鸟死亡。

此外，在我国新疆西部天山及北部还有一种波斑鸨，体形介于大鸨与小鸨之间。对于这种鸟的习性，人们至今仍不甚了了。

◀ 大鸨（Francesco Veronesi供图）

▲ 铜翅水雉为一雌多雄制（Charlesjsharp供图）

灰燕鸻和铜翅水雉

灰燕鸻

（鸻形目 燕鸻科）

灰燕鸻（拉丁学名:*Glareola lactea*） 小型鸟类。体长18厘米，浅色，似燕。上体沙灰,腰白。栖息于大的河流沿岸洲渚的沙滩和沙石地上，以及附近沼泽和农田地带，常在空中或掠过水面捕食昆虫，有时也吃小的甲壳类和软体动物。与铜翅水雉同为国家二级保护野生动物。

我国仅有2种燕鸻，即普通燕鸻与灰燕鸻，后者因数量较少，已列为国家二级保护野生动物。灰燕鸻是一种小型鸟类，体长约18厘米，喙和跗跖黑色，体羽石板灰色，腰部白色，尾黑色呈叉状。它栖息于水域沙滩上，常在空中或掠过水面捕食昆虫，主要吃直翅目和双翅目昆虫。我国仅分布于云南南部及东南部，数量很少。

我国有2种水雉，一种叫铜翅水雉，另一种叫水雉，因产地狭窄、数量稀少，均已列为国家二级保护野生动物。其中铜翅水雉体长约30厘米，体重在94～210克之间，平均体重为154.6克。它的头、颈和下腹为黑色，具暗绿色金属光泽。眼睛上面有一个显眼的大白斑。背部和翅膀呈橄榄褐色。飞羽黑色，并闪暗绿色金属光辉。尾羽暗栗色。这种鸟栖息于平原植物茂密的水域中，常见在植物覆盖的大池塘和沼泽地活动。主要以植物为食，也啄食昆虫和贝类。平时成对或以家族群在一起。配偶为一雌多雄制，雌鸟常常拥有好几个“丈夫”（一般有4只雄鸟）。在繁殖季节，人们发现雄鸟有占据领地现象，有时1只雄鸟占领2 000多平方米的地盘，除雌鸟外不准别的雄鸟进入。雌雄鸟共同筑巢，每窝产卵4枚。我国仅分布在云南南部西双版纳。目前国内未见有过较详细的报道，似乎还没有标本。

▲ 灰雁鸻（Sandipanghosh BU供图）

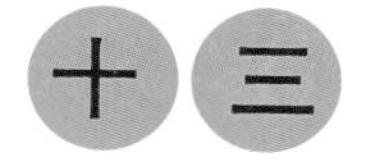

水乡世家

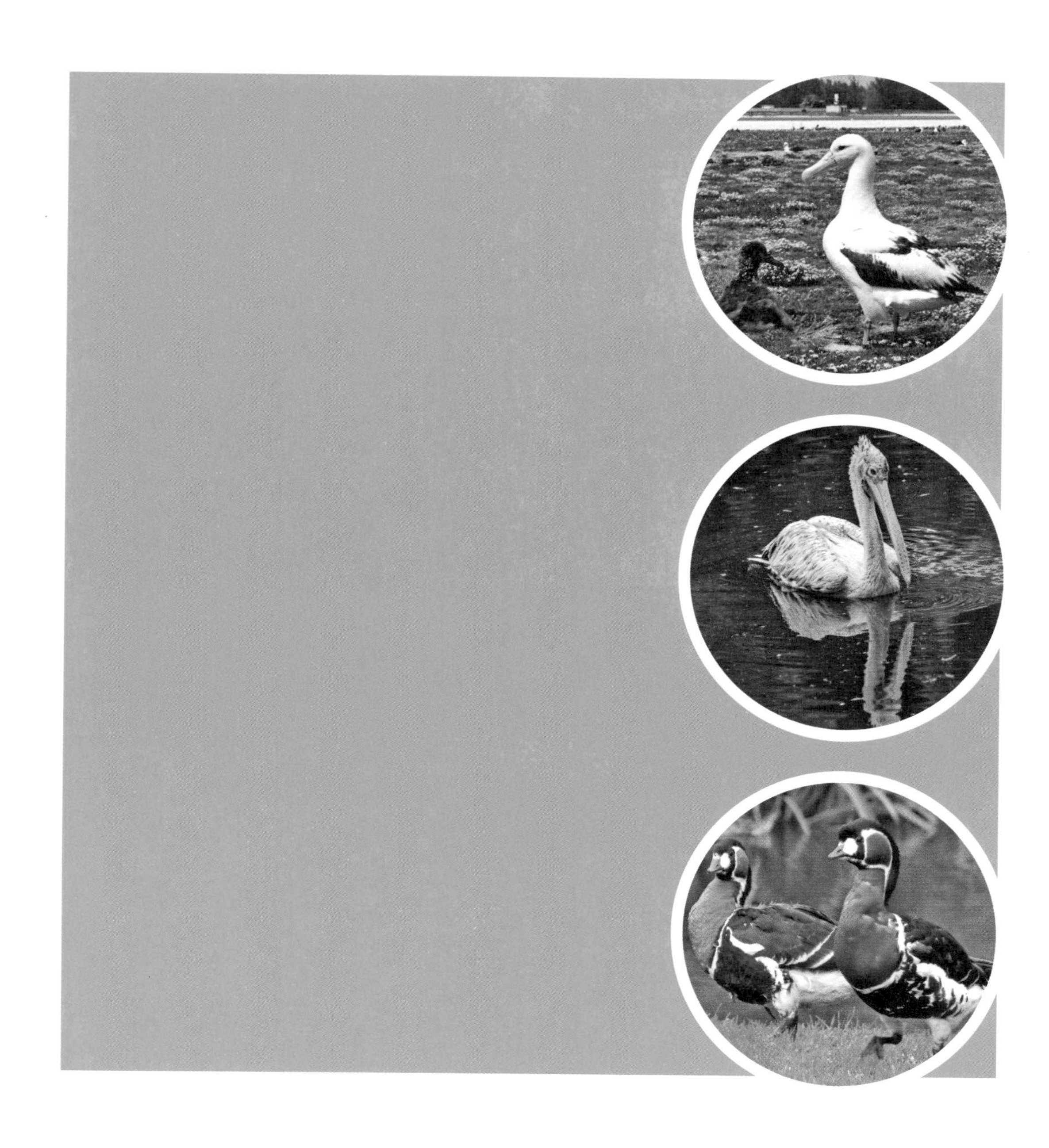

▲ 雄性与雌性中华秋沙鸭

我国特产珍稀鸟类

中华秋沙鸭

（雁形目 鸭科）

中华秋沙鸭（拉丁学名：*Mergus squamatus*） 中国特有。嘴和腿脚红色。雄鸭头部和上背黑色，下背、腰部和尾上覆羽白色；翅上有白色翼镜。主食鱼类，也食水生昆虫。为国家一级保护野生动物。

1864年，英国人哥尔德在中国吉林省的镜泊湖一带，获得了一只从未发现过的鸟类标本。当时确认它是新种，根据它的主要形态特征——两胁体羽具有明显的鱼鳞状黑色斑纹，定名为“鳞胁秋沙鸭”。后来才查明，长白山地区为该鸟的原产地，分布范围狭小，向外零散延伸到俄罗斯的远东边区和朝鲜边界地区，各地数量极为稀少，实属我国特产鸟类之一。所以我国著名鸟类学家郑作新教授正式将它定名为“中华秋沙鸭”。

中华秋沙鸭的个头略小于绿头鸭，体长61厘米，有红色的嘴和腿脚。雄鸟头部和上背是黑色的，下背、腰和尾上覆羽为白色，翅上有白色翼镜，头顶冠羽长而成双冠状，下体白色，胁部有黑色鱼鳞状斑纹。雌鸟的羽色没有雄鸟美丽。

在吉林省长白山栖息地内，中华秋沙鸭生活在阔叶林或针阔混交林附近的溪流、河谷、草甸及水塘等处，能达海拔1 000米地带。它们常3 ～ 5只成群或与鸳鸯混群，游荡于水面。白天在回流水清澈的深水区取食，这样可辨认水中鱼虾等活动，以便及时潜水捕捉。主要吃鱼类，也食水生昆虫。白天在水中待的时间很长，除了捕食，还游来游去地嬉戏玩耍。它们目光敏锐，时刻注意着周围的动静，一旦发现异常，立即游向河岸隐蔽起来。在炎热的天气，它们也会“午休”，一般躲到河岸或池塘的树荫下或树丫杈上休息，把头转向后方插入背上的翅膀之中，显出一副悠然自得的模样。

每年4月初中华秋沙鸭进入繁殖区，中旬开始繁殖。它们似乎较懒，常利用旧巢或寻找天然树洞作巢，洞底铺些木屑、树叶，再覆上亲鸟脱落的羽毛和绒羽。每窝产卵4 ～ 10枚，亲鸟在孵卵时稍有惊动，会把头探出洞外，甚至展翅飞出洞口，待平静后又飞回洞巢继续孵卵。

中华秋沙鸭的巢洞，常在十多米高的树上，刚出巢的幼鸟是怎样走进水中的呢？这曾经是生物学上的一个谜。据长白山自然保护区人员观察，在幼鸟出巢前，母鸟先把头伸出洞外，向四周瞭望一番，然后站在洞口，向幼鸟发出“gu——gu——”的信号；随即它飞到水域中，再次发出“gua——gua——”的呼唤声。不到一分钟的时间，第一只勇敢的幼鸟模仿亲鸟的举动，先站在洞口，两翅展开作飞翔姿势，昂头伏身跳离洞巢落入水中，此时，亲鸟马上将幼鸟带到身边，再次发出呼唤声。就这样，幼鸟们陆续离开了洞巢。有时，也有行动笨拙的幼鸟，没有直接落在水中，而是掉到水中的露石上，或者岸边的草地上，当即摔昏了，一动也不动地趴在那里，但一般不会摔死，它很快就苏醒过来了。当亲鸟不断发出呼唤声时，它会慢慢地站立起来，步履蹒跚地走到水中，合家团聚在一起。

中华秋沙鸭在我国东北和内蒙古繁殖后代，大约在9～10月开始南迁，途经河北，至长江以南的广大地区越冬。据调查，人们在它的繁殖区遇见率很低，通常只能见到2～5只小种群。以5千米河面计算密度，平均每千米不到一只。与鸳鸯相比，几乎相差10倍。可见，其种群数量之少，加上其繁殖地狭窄、生境又小，所以属于濒危状态，已列为国家一级保护野生动物。

然而，在很长一段时间里，在我国中华秋沙鸭的录像资料还是一片空白。在这方面创下世界之最的，是吉林集安网通公司的一名员工、鸟类爱好者姚文志。那是1999年3月的一天，姚文志在鸭绿江边钓鱼时，意外地发现了一只已受了伤的看似鸭子的怪物。他预感到这不是普通的鸟，于是向当地几个有30多年打猎经验的老师傅请教，还抱着鸟找到了林业部门。林业部门有关人员最后鉴定为“鱼鹰”。在姚文志的精心饲养下，“鱼鹰”恢复了原有的健康。

姚文志决定放飞那只神秘的“鱼鹰”。这只奇特的鸟已一头扎进了湍急的江水中，但是姚文志的心里却仍然萦绕着“鱼鹰”的迷雾。一天，姚文志翻看着由东北师范大学出版的《长白山鸟类》一书，其中一幅图让他眼前一亮。啊，那只放归的“鱼鹰”不正是一种名叫“中华秋沙鸭”的动物？如果姚文志能找到那只“鱼鹰”，并得到相关专家的肯定，那他就成了中国用动态影像记录“中华秋沙鸭”的第一人。为达到此目的，姚文志决心利用业余时间寻找那只神秘的中华秋沙鸭。于是，他踏上了漫漫寻觅之旅。

苍天不负苦心人。2004年3月20日，姚文志拿着望远镜隐蔽观察时，突然一个熟悉、久违了的身影映入他的眼帘。此时的姚文志抑制不住内心的兴奋和激动，摁下了照相机的快门。6年了，他终于印证了自己当初放掉的就是“中华秋沙鸭”。我国著名鸟类学家高玮教授对照片进行鉴定后，确认这就是中国珍稀鸟类——中华秋沙鸭。2006年3月，姚文志一次观测到了18只中华秋沙鸭，其中7只雄性，11只雌鸟。他拍摄到了完整的中华秋沙鸭的珍贵照片和录像资料，圆了自己多年的梦。他还因此获得了“鸭绿江上爱鸟人”和“护鸟人”等荣誉称号。

成双成对的鸳鸯

鸳鸯

（雁形目 鸭科）

鸳鸯（拉丁学名：*Aix galericulata*） 雄鸟羽色绚丽，灿烂夺目，最内两枚三级飞羽扩大成扇形而竖立。栖息内陆湖泊和溪流中。结成小群，偶尔单独活动。会游水，善行走，飞行力颇强。多筑巢于树洞内。越冬时在长江以南直到华南一带。平时以植物性食物为主，兼食小鱼和蛙类；繁殖期间则以昆虫、鱼类等为主食。为国家二级保护野生动物。

全世界只有2种鸳鸯，一种是分布于北美洲的林鸳鸯，另一种是分布在亚洲东部的鸳鸯。

鸳鸯又叫“匹鸟”“官鸭”。体形较家鸭小些，体重约0.5千克。它非常美丽，尤其是雄鸳鸯格外迷人。这种鸟的羽毛五颜六色，灿烂夺目，好像披了一身华丽的服装，看上去既鲜艳又和谐，十分讨人喜爱。它红红的嘴巴，头后生着一丛赤金带绿的冠羽，翅膀上有一对扇形饰羽，长在身体的两侧，像船帆一样。相比之下，雌鸳鸯一点也不显眼，它全身羽毛是灰褐色的，外貌似一只普通的鸭子。

▼ 鸳鸯

鸳鸯是中国传统出口鸟类之一，在中国曾拥有很大的种群数量，每年都有大量活鸟被捕猎供应国内各动物园和出口。不少人在参观动物园时也疑惑过：“雄鸳鸯这么美丽，为什么雌鸳鸯一点也不漂亮？”这个问题看来虽然不难，但是不少人确实不知道，或者只是一知半解。在鸟类中，一般雄鸟的羽色都比雌鸟来得美丽，这并非大自然不公，偏爱雄鸟而薄待雌鸟，而是雄鸟色彩鲜艳有利于招引雌鸟，雌鸟朴实无华则有利于生儿育女。因为伏窝孵卵主要由雌鸟承担，如果雌鸟羽色鲜艳，就容易被敌害发现，而朴素的色调可起到保护作用。

一些文人墨客常常把鸳鸯描绘成“多情”的鸟，讲它们忠实于情侣，甚至说鸳鸯永不分离，即使一方死了，另一方也会终生“守节”，或者忧郁而死。实际情况果真如此吗？据动物学工作者在长白山自然保护区的观察，鸳鸯平时不一定有固定的配偶关系，只是在交配期才表现出那种形影不离、柔情绵绵的模样。繁殖后期产卵孵化时，雄鸟并不过问。抚育雏鸟的任务，也完全由雌鸟承担。如果一方死亡，另一方也不会“守节”，它早已忘记旧情，另找新欢了。

鸳鸯栖息于山地附近的溪流、河谷、湖泊、芦苇塘等地方，啄食小鱼小虾、蛙类和昆虫等，也吃稻谷、野果、草籽等。它会游水，善行走，飞翔能力也很强。这种鸟营巢在离地10～15米的天然树洞中，或者在石壁岩隙里。每窝产卵9～12枚，由雌鸟孵卵，孵化期28～30天。幼雏在夏天出窝，大小与雏鸡相似，全身披着黄褐色和乳黄色的绒羽，很快就能跟着亲鸟去觅食。到了秋天，幼鸟有了飞翔能力，就集群到南方越冬。

鸳鸯是国家二级保护野生动物，主要分布在我国的黑龙江、吉林，而越冬地则在我国东南各省。据近年调查，吉林长白山北麓的头道白河是著名的鸳鸯繁殖地，被人称为鸳鸯河；而福建屏南县双溪乡的白岩溪，则是著名的鸳鸯越冬地，被人称为鸳鸯溪。近年来每年都有上千只鸳鸯，到这条长11千米、宽50多米的鸳鸯溪过冬，现这里已被划为“鸳鸯自然保护区”。

▲ 大天鹅照影

世界名禽天鹅

天鹅

（雁形目 鸭科）

天鹅（拉丁学名：*Cygnus*） 亦称“鹄”。世界名禽。如大天鹅，大型游禽。雄体长1.5米以上，雌体较小。颈极长。羽毛纯白色；嘴端黑色。群栖于湖泊、沼泽地带。主食水生植物，兼食贝类、鱼虾，掘食本领很高，能挖食淤泥下0.5米的食物。飞行快速而高。分布极广，冬季见于中国长江以南各地，春季北迁蒙古和中国新疆、黑龙江等地繁殖。另有疣鼻天鹅，嘴红色，基部具疣；小天鹅，体形较小，嘴短，嘴基黄色，未达鼻孔。为国家二级保护野生动物。

天鹅虽不是我国的特产动物，但却是世界名禽。它们仪表不凡，姿态优雅。有趣的是，这些美丽的鸟儿，在儿童时代却与丑小鸭相差无几，身上一片铅灰色：灰嘴，灰毛，连跗跖也是灰色的。可是2个月后，它们便越长越漂亮了：嘴巴红如胭脂，羽毛洁白如雪，头颈拉长变细，亭亭玉立，就像进入了豆蔻年华。

在人们的心目中，天鹅是美好、纯真、高洁的象征。古往今来，它们成了许多艺术家赞美和讴歌的对象。我国的一些少数民族歌舞里，就把天鹅赞美为纯真与善良的化身。柴可夫斯基的舞剧《天鹅湖》，早已风靡全球，历久不衰；圣桑的《天鹅之死》也是一首人们熟知的名曲。在西方的各大名城中，人们还能见到各种形象的天鹅雕塑。有人考证说，唐人崔颢的名句“昔人已乘黄鹤

▼ 小天鹅生性活泼

去，此地空余黄鹤楼”，其中所说的“黄鹤”，就是天鹅，因为黄鹤是黄鹄的别名，而鹄就是天鹅的古名。

当今世界仅有5种天鹅，其中3种产于我国，即大天鹅、小天鹅和疣鼻天鹅。由于它们是世界名禽，数量又很稀少，我国都已列为二级保护野生动物。

大天鹅又叫“白天鹅”“天鹅”“鹄”“咳声天鹅”，是一种大型游禽，体长约1.5米，体重可超过10千克。它全身羽毛雪白，嘴大多为黑色，上嘴基部至鼻孔处为黄色。常栖息于多芦苇的大型湖泊中，在食料较丰富的池塘、水库里也能见到它们的踪迹。它的头颈很长，约占体长的一半，在游泳时脖子经常伸直，两翅贴伏。此鸟繁殖于我国北部和西部，在华中及东南沿海越冬。每年9月中旬南迁，常6～20余只组成小群，排成“一”字或“人”字形队列，边飞边鸣，叫声响亮。在南方越冬地区，虽常与小天鹅混群，但在取食或休息时都成双成对。主要以水生植物的种子、茎、叶和杂草种子为食，也啄食少量的软体动物、水生昆虫和蚯蚓等。它的嘴强大，掘食的本领很高，能挖食埋藏在淤泥下0.5米左右的食物。每年3月中旬至4月中旬北迁，5～6月进行繁殖，巢多置于干燥地面上或浅滩上的芦丛间，巢由水生植物、树枝、苔藓和泥土构成，粗糙呈扁盘状，每窝产卵4～7枚。雌天鹅在产卵时，雄天鹅在旁边守卫着，遇到敌害时，它拍打翅膀上前迎敌，勇敢地与对方搏斗。据报道，在种类繁多的鸟类中，天鹅保持着一种稀有的“终身伴侣制”，不仅在繁殖期彼此互相帮助，平时也是成对成双，如果一只死亡，另一只也确能为之“守节”，终生单独生活。国内在北部和西部如黑龙江、吉林、辽宁、新疆等省区繁殖，在华中及东南沿海越冬。此鸟不仅是我国的保护动物，也是《中日候鸟协定》中的保护鸟类。

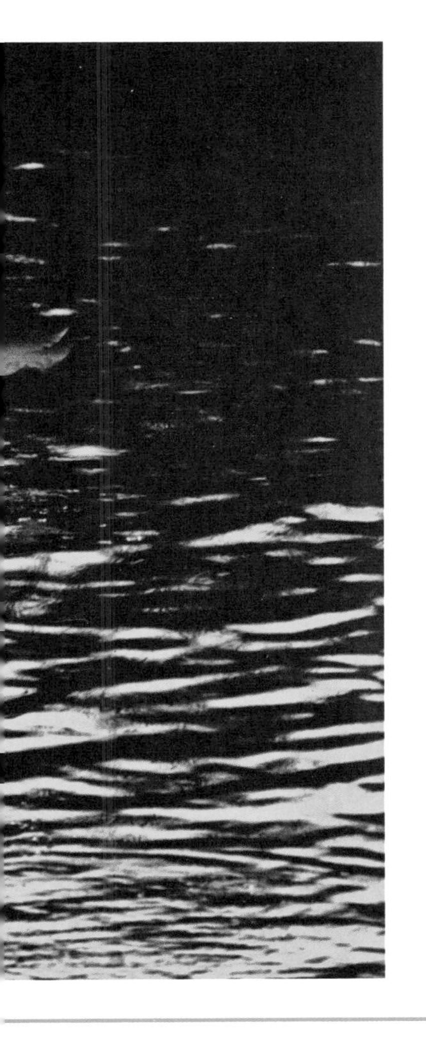

小天鹅又叫“白天鹅”“啸声天鹅”“短嘴天鹅”“白鹅”“食鹅”，是天鹅中最常见的一种。个头比大天鹅稍小，体长约1.1米，体重5～7千克。它体羽洁白，脖子比大天鹅略短，游泳时虽微曲，但基本也是挺直的。栖息在湖泊、水库和沼泽湿地中，生性活泼，集群时常发出清脆的叫声。它们非常机警，

▲ 疣鼻天鹅

稍有动静，一只天鹅觉察后发出了鸣叫声，整群小天鹅会立即起飞。如果是在泥滩上，它们就急速快跑，然后飞入空中；若在水中则以游水、踩水来鼓动双翅，腾空起飞。白天它们选择取食场地时，总有一对天鹅不断地在上空盘旋，稍微受惊就一去不复返。一旦选中了地方，发现其他水禽已在那里取食了，就会在离它们稍远的地方降落。在觅食时，又有一对天鹅经常伸直脖子警惕地守卫着。小天鹅主要以水生植物的根、茎和种子等为食，也吃少量水生昆虫、蠕虫、螺类和小鱼。夏季繁殖区营巢于河口芦苇丛中或在小岛的草丛中，巢由水草、芦叶等筑成，内铺杂草和绒羽，每窝产卵3～5枚。国内分布于东北、新疆、长江流域及东南沿海。除我国进行保护外，也是《中日候鸟协定》中的保护鸟类。

疣鼻天鹅又叫“哑天鹅”“赤嘴天鹅”“白鹅”，也是一种大型游禽，体长约1.5米。全身羽毛洁白，嘴赤红色，前额有一个黑色疣突。颈粗壮，游泳时弯成“S”形，两翅向上半展。根据这两点，可与大天鹅、小天鹅相区别。栖息于水草茂密的河湾和开阔的大湖泊中。生性机警，颈伸直能远眺数里以外的动静。鸣声沙哑而低沉，故有“哑天鹅”之称。起飞时，它常用双翅拍打水面前进50米左右，然后徐徐离水起飞。飞时颈前伸，姿势优美，速度适中。蹼强大，划行迅速。主要以水生植物的根、茎、叶和果实为食，也吞食水生昆虫、小鱼和沙砾。产地渔民反映，它们有时还挖食藕节。在繁殖期集群营巢于芦苇丛中或湿地上，巢用水草的茎叶或芦叶等筑成，巢距很大，每对天鹅都要占据大片的芦苇滩和宽阔的水面。少数利用上一年的旧巢稍加整理就开始产卵，而大多数则营建新巢。每窝产卵4～9枚，通常6枚。国内分布于内蒙古、甘肃、青海、新疆、东北、山东、河北以及长江下游一带。上海地区见于崇明。

红胸黑雁和白额雁

红胸黑雁

（雁形目 鸭科）

红胸黑雁（拉丁学名：*Branta ruficollis*） 小型雁类。体羽有金属光泽。头、后颈黑褐色；两侧眼和嘴之间有一椭圆形白斑。为典型的冷水性海洋鸟。耐严寒，喜栖于海湾、海港及河口等地。以植物嫩茎叶、种子等为食。飞行迅速，但无一定队形。在中国仅属于偶尔来越冬的迷鸟，仅见于湖南洞庭湖。同科的白额雁体形中等，在中国越冬。与红胸黑雁同为国家二级保护野生动物。

红胸黑雁是一种小型雁类，体长约55厘米。它羽色华丽，全身大多为黑褐色，胸和颈侧有大块栗红色，并镶有白边，是一种观赏鸟。

红胸黑雁是典型的北极海岸鸟类，耐寒性较强，繁殖在俄罗斯北部，冬季迁徙到里海南部和咸海一带，偶见于我国湖南洞庭湖及广西南宁等地。有人认为，此鸟与前面所说的沙丘鹤一样，是一种冬时迷鸟。在繁殖地，它们栖息于海湾、河流或湖泊附近的丘陵苔原地带；在南方越冬时，则常出现在离湖较近的盐沼池地、内陆的咸水湖区和近水的开阔草原地区。此鸟一般不与别的鸟混群，只是在迁徙时与灰雁混群，越冬时虽常和小白额雁在一起，但始终保持同种小群。它们飞行迅速，但无一定队形。叫声为双音节，音调较高。主要以杂草、种子、鳞茎为食，也挖掘埋藏于地下的块根和芽。一般6月中旬开始繁殖，筑巢于冻原地带的地面上，每窝产卵约4～9枚。此鸟在国内产地狭窄，数量极少，已列为国家二级保护野生动物。

红胸黑雁（Tyler Brenot供图）▶

白额雁又叫白雁，是一种中型雁类，雄鸟体长约70厘米，雌鸟较小。雌雄鸟体色相似，上体大多灰褐色，下体白色，杂有黑色不规则的块斑。因为此鸟额上有宽阔的白色带斑，故得名“白额雁”。此鸟广泛分布于北半球，入秋以后成群迁至我国黑龙江、吉林、辽宁、新疆、西藏、湖北、湖南、东南沿海各省至台湾省，所以在我国为旅鸟和冬候鸟。翌年2～3月，它们逐渐迁离北归，迁徙时多在晚上飞行，由老雁带领，排成“人”字形队列，飞速很快，并不时高声鸣叫。抵达我国越冬地区后，分散成小群活动，多栖息于开阔草原、田野、沼泽、河流、湖泊和沿海岸线一带。天气暖和时，它们活动较分散；遇上阴雨、大风或冰雪等天气时，就在背风处集结成群。主要以各种嫩草为食，也吃农作物。5～6月进行繁殖，在地面草丛中或浅穴内筑巢，并垫大量绒羽。每窝产卵4～7枚。这种鸟不够机警，在越冬期间常遭大量捕杀，目前数量很少，已成为稀有种，被列为国家二级保护野生动物，亟需保护。

▼ 白额雁

▲ 遗鸥

珍贵鸥鸟

遗鸥

（鸻形目 鸥科）

遗鸥（拉丁学名：*Ichthyaetus relictus*）濒危候鸟。中型水禽。眼的上、下方及后缘具有显著的白斑，颈部白色；背淡灰色；腰、尾上覆羽和尾羽纯白色。栖息于岛屿、湖泊、河流等处。为国家一级保护野生动物。

▲ 小鸥（Ekaterina Chernetsova 供图）

我国共有36种鸥科鸟类，其中8种为保护动物。遗鸥、黑嘴鸥、中华凤头燕鸥和河燕鸥是国家一级保护野生动物，其余5种，即小鸥、大凤头燕鸥、黑腹燕鸥和黑浮鸥，被列为国家二级保护野生动物。

遗鸥是一种十分珍稀的鸟类，自1931年被发表为新种以来，学术界一直怀疑它是棕头鸥的一个色型或鱼鸥与棕头鸥的杂交种，原因是此鸟十分像棕头鸥，而定新种的模式标本只有一个。直到1969年，在俄罗斯哈萨克斯坦的一个湖上发现这种鸟的种群，数量较多，并采到了标本，这一情况才有了改观。1971年一名鸟类学家发表文章，承认它是一个独立种，并出示了11张鸟的照片，表明了与其他鸟的不同之处。此鸟体长约40厘米，它的主要特征是头颈的浅黄色延伸至上背和上胸，眼边有一个显著的白斑。它们栖息于岛屿、湖泊、河流等处。据观察，它的巢与海鸥、燕鸥等的巢混合在一起，巢筑在湖周围的一个小岛上，岛离水面65米。在我国，遗鸥仅分布于甘肃西北的额济纳河，即弱水。国外见于俄罗斯的哈萨克斯坦和外贝加尔湖，以及蒙古国的东部。由于它数量十分稀少，人们至今仍所知甚微。

小鸥的外貌与遗鸥相似，但个头较小，体长约27.5厘米。嘴暗红色，跗跖和趾朱红色；头部黑色，上体淡白色；下体白色，微染玫瑰色；尾白色，略带灰色；冬羽头部白色，头顶和颈带黑色斑块。它们栖息于大型水域中。在我国分布于内蒙古、河北、新疆、江苏等省区，数量很少，属于稀有种。

黑浮鸥体长约25厘米，喙短而稍侧扁，翅长超过尾端，尾端略成叉形，趾间有瓣蹼，适于游水。嘴黑色，跗跖红褐色；头颈和下体黑色，尾下覆白羽，上体石板灰色；冬羽前额和下体白色，头顶后部和颈黑色。栖息于湖边等水域。此鸟也是数量很少的稀有种，在我国分布于北京、天津、新疆、广东等地。

河燕鸥体长约40厘米。喙长而细，稍侧扁；翅长而尖，尾呈深叉形；爪小而全蹼，适于游水。喙大，黄色，先端黑色；跗跖深红色；头顶、羽冠、眼先和眼下都是辉蓝黑色，喉和颈侧白色；上体暗灰色，下体白色，稍带灰色；冬羽前额灰白色，头顶暗灰色，耳羽黑色。性喜结小群，多活动于江河上空，主要以鱼类为食，也吃蛙、蝌蚪、甲壳动物和水生昆虫。在我国，此鸟仅见于云南，且数量稀少。

中华凤头燕鸥体长38～42厘米。喙长稍弯曲，橘黄色，具有一个大黑斑；前额和眼先白色，冠黑色；颈和下体白色；背灰白色，翅和尾珠灰色。栖息于海滨。1861年首次被发现，此后被观察到的数量极少，因而2000年前普遍认为，这种珍稀鸟类已灭绝。2000年有4只成鸟和4只幼鸟在我国福建沿海被再次发现，之后先后在香港、福建和浙江被观察到。

黑浮鸥

河燕鸥

中华凤头燕鸥

▲ 短尾信天翁（Forest & Kim Starr供图）

驾风戏浪的短尾信天翁

短尾信天翁

（鹱形目　信天翁科）

短尾信天翁（拉丁学名：*Phoebastria albatrus*） 大型海鸟。身体白色，头和颈缀有黄色，初级飞羽和尾尖端黑褐色，嘴粉红色，脚暗色。飞翔本领极高，能在海洋上空连续滑翔几个小时。因数量稀少，为国家一级保护野生动物。

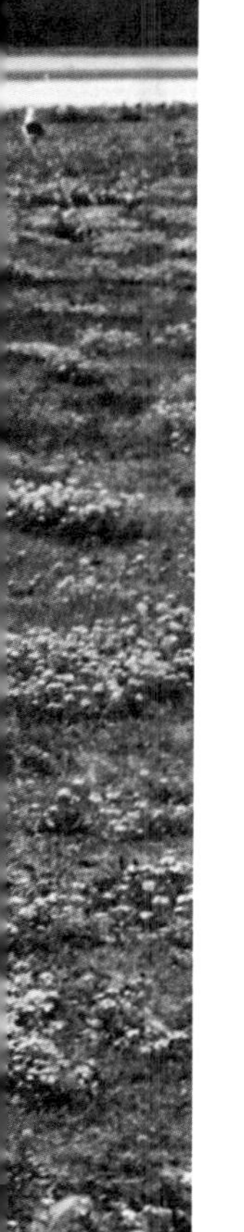

信天翁是一类大型海鸟，它们长年累月在海洋上空驾风戏浪，像滑翔机一样在海面上翱翔。全世界共有13种信天翁，我国有短尾信天翁与黑脚信天翁2种，因数量非常稀少，均已列为国家一级保护野生动物。

短尾信天翁体型很大，体长约93厘米，狭长的双翅呈弯刀状，展开足有3米宽。喙肉红色，长度在10厘米以上，尖端稍向下弯曲。两个鼻孔都呈管状，左右分开。羽毛丰厚，全身几乎都是白色，仅双翅的初级飞羽和短尾的端部为褐色或黑色。

短尾信天翁的飞翔本领极高，能在海洋上空乘风飘举，连续滑翔几个小时不需要鼓动一下双翅，真是活的滑翔机！这种鸟偏爱狂风巨浪，不喜欢风平浪静。风力越大，越能快速翱翔；一旦失去了风，它们会感到飞行困难。曾有人做过试验，将信天翁带到离原巢5 000多千米以外的地方，然后放飞，结果10天它就飞回原地，平均每天飞行500多千米。有经验的老水手都知道，哪里出现信天翁，那里就不会有好天气。每当夜幕降临的时候，浮游动物、乌贼、鱼类、虾和其他“海洋居民”纷纷浮上海面，这正是信天翁进餐的大好时机。

每年11 ～ 12月是短尾信天翁的繁殖季节，它们在海洋荒岛上群集营巢，巢是很简陋的浅穴，筑在断崖绝壁间、礁岩洼处或沙砾地上，每窝虽仅产一枚白色卵，但孵卵工作却由雌雄鸟共同担任。大约70天后，小信天翁出世了。小鸟要在巢窝里待300天左右，喂养“孩子”常使“父母亲”精疲力竭。因此，还没等到小信天翁羽毛丰满，做“父母”的只好忍痛割爱，将它丢弃了。小信天翁依靠身体内贮存的脂肪逐渐成长。一年以后，小信天翁的翅膀硬了，它勇敢地向大海飞去。

在我国，短尾信天翁在台湾和澎湖列岛一带繁殖，是沿海各地可见的旅鸟或冬候鸟。由于大量捕杀，它的数量已大为减少，如果再不进行保护，就有灭绝的危险。

角䴙䴘和赤颈䴙䴘

角䴙䴘

（䴙䴘目 䴙䴘科）

角䴙䴘（拉丁学名：*Podiceps auritus*） 中型游禽。短嘴黑色，又直又尖，像尖凿子一样，适于啄捕鱼虾。翅膀短而圆，尾巴短，脚趾上有分离的、像花瓣一样的蹼，中趾的爪尖上还有像蓖子一样的突起，可以作为清洁羽毛的梳子。从眼睛前面开始向眼后方的两侧各有一簇金栗色的饰羽丛伸向头的后部，呈双角状，极为醒目，故名“角䴙䴘”。栖息于湖泊、沼泽地带。善于游泳和潜水，能终日漂浮在水面上。为国家二级保护野生动物。

我国有5种䴙䴘，其中角䴙䴘、黑颈䴙䴘与赤颈䴙䴘因数量稀少，已列为国家二级保护野生动物。

角䴙䴘又叫“王八鸭子”“水驴子”。它外貌似鸭子，但较小而扁，体长30～40厘米，嘴短而尖直。夏天，其上体灰黑色，头部全黑，两侧有金栗色

▼ 赤颈䴙䴘（Lukasz Lukasik供图）

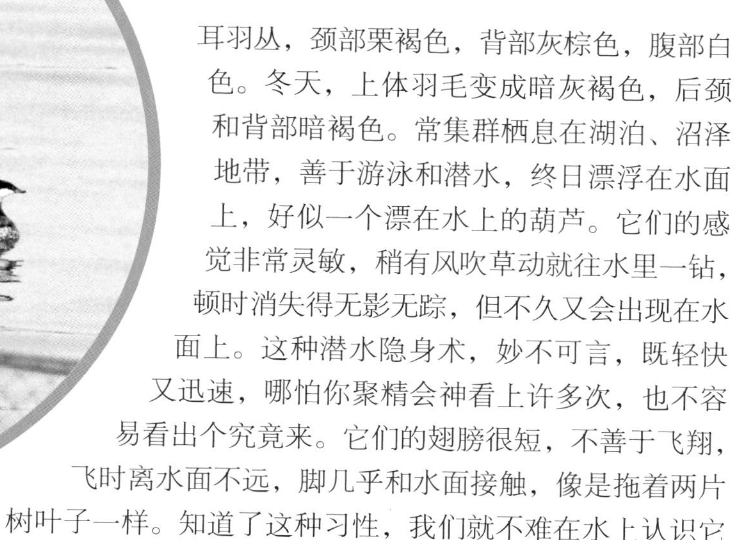

▲ 角䴙䴘

耳羽丛，颈部栗褐色，背部灰棕色，腹部白色。冬天，上体羽毛变成暗灰褐色，后颈和背部暗褐色。常集群栖息在湖泊、沼泽地带，善于游泳和潜水，终日漂浮在水面上，好似一个漂在水上的葫芦。它们的感觉非常灵敏，稍有风吹草动就往水里一钻，顿时消失得无影无踪，但不久又会出现在水面上。这种潜水隐身术，妙不可言，既轻快又迅速，哪怕你聚精会神看上许多次，也不容易看出个究竟来。它们的翅膀很短，不善于飞翔，飞时离水面不远，脚几乎和水面接触，像是拖着两片树叶子一样。知道了这种习性，我们就不难在水上认识它们了。此鸟在水中捕捉鱼、虾、蟹、贝和昆虫为食，有时也吃水生植物。筑巢在水草丛生的湖沼，用水草叶、茎建成皿形巢，呈半漂浮状，漂在水上，可随波上下，所以巢中的卵或幼鸟不会沉没在水里。每窝产卵4～5枚。国内分布于东北、西北、华北和长江下游等地。

赤颈䴙䴘又叫“王八鸭子”，个头较角䴙䴘大，体长43～57厘米。夏季和冬季的羽色不同。夏羽头顶羽毛稍延伸突出，形成黑色的小冠羽；喉和颊淡灰色，前颈、颈侧和上胸红棕色，后颈及背部灰棕色；下胸和腹部白色。冬羽颈部浅灰色，胸和两胁具暗色斑纹。栖息于林间和草原水域中，如江河、湖泊、水库等都是它的栖身地。它也善游能潜，以小鱼、虾、贝类等为食，也吃幼嫩的水生植物。遇人或其他危险时，并不起飞逃跑，而是潜入水中隐蔽起来，能在水下潜藏较长时间。游泳时不以翼，而用足划行，极少在地面上行走。营巢于水生植物生长的水域中，巢呈浮垫状，每窝产卵3～6枚，通常4枚。幼鸟出壳后，如果遇上危险，亲鸟就把它放在背上，潜水时则把它挟在翅膀底下。国内分布于东北各省、河北和福建。

自备“渔网”的鹈鹕

鹈鹕

（鹈形目 鹈鹕科）

鹈鹕（拉丁学名：*Pelecanus*） 亦称“伽蓝鸟”“淘河鸟”“塘鹅”，简称“鹈”。大型游禽。羽多白色，翼大而阔。趾间有全蹼。下颌底部有一大的喉囊，可用以兜食鱼类。群居，主要栖息在沿海湖沼、河川地带。分布于中国的斑嘴鹈鹕、白鹈鹕和卷羽鹈鹕，均为国家一级保护野生动物。

我国的鹈鹕有白鹈鹕、斑嘴鹈鹕和卷羽鹈鹕3种，因数量稀少，都已列为国家一级保护野生动物。

白鹈鹕是一种大型游禽，体长可达200厘米。体羽淡粉白色，翅膀大而阔，后头具一束长而狭的羽毛；胸上有一束淡黄色羽毛。嘴巴铅蓝色，四趾间有全蹼相连。此鸟喜欢群居，栖息于沿海湖沼、河川和大型水域里，以鱼类为食。它的喙宽大尖长，下颌底部有一个巨大的喉囊，用来兜捕和暂时贮存猎取的鱼类。它的视力很好，在空中飞行时，能看见水里的鱼。它的大喉囊能伸能缩，平时缩在里面，不太显眼；捕鱼时伸展开来，成了天然的“渔网”。白鹈鹕喜欢成群在水里捕鱼，它们常排成半圆形的队伍，扇动大翅膀，拍打水面，发出巨大的响声，把鱼群从深水里赶到浅滩上；然后迅速张开带“渔网”的大喙，东淘淘，西兜兜，连水带鱼吞进去；接

▼ 白鹈鹕

斑嘴鹈鹕（Augustus Binu供图）▶

着，它们便紧闭着喙，让水从喙缝流出，然后把鱼吞下。它的食量很大，每天要吃2 000克左右的鱼。巢筑在树上或堤岸上，用附近的植物筑成，每窝产卵2～4枚。雌鸟孵卵时，如果遇到敌害，宁可用大嘴抵抗，也决不离卵而去。幼鸟孵出后，母鸟双足叉开，把它们藏在腹下护卫着。亲鸟喂幼时将大嘴张开，幼鸟把头伸入喉囊里取食半消化的鱼类。国内分布在青海、新疆、河南和福建。

▲ 白色水鸟卷羽鹈鹕

斑嘴鹈鹕又叫“塘鹅”“犁鹕”等，也是一种大型游禽，体长约156厘米。它的喙很长，约有30厘米，呈浅红黄色，喙下有一个暗紫色的大喉囊。颈部有粉红色的翎领，上体灰褐色，下体白色。栖息在沿海大型河川、湖泊，多见于热带地区，北方较少见。性喜群居，每天除了入水游泳或戏耍外，其余时间几乎都在岸上晒太阳，或整理羽毛。有时也在树林中憩睡，睡时头向后，把长喙插入背羽内。飞行时，颈收缩，悠扬地鼓翅和滑翔，一旦发现水中有鱼就俯冲而下。它的捕鱼方法，与白鹈鹕相似。除捕食鱼类外，还吃甲壳动物、小型两栖动物和小型鸟类。它们常集群营巢于人迹稀少的大树上，巢用树枝、干草等做成，内无垫物，每窝产卵3～4枚。国内分布于河北以南的东南各省，冬季见于长江流域及以南地区。

卷羽鹈鹕也是一种大型的白色水鸟，体长160～180厘米。全身灰白色。嘴铅灰色，长而粗，上下喙缘的后半段均为黄色，前端有一个黄色爪状弯钩。颈部常弯曲成“S”形，缩在肩部。鸣声低沉而沙哑，繁殖期发出沙哑的嘶嘶声。刚出壳的幼鸟体色灰黑，不久就生出一身浅浅的白绒毛。亲鸟以半消化的鱼肉喂雏鸟，等雏鸟长大些就把头伸进亲鸟张开的嘴巴的皮囊里，啄食带回的小鱼。国内常见于北方，冬季迁至南方，少量个体定期在香港越冬。

▲ 红脚鲣鸟

能导航的鲣鸟

红脚鲣鸟

（鲣鸟目 鲣鸟科）

红脚鲣鸟（拉丁学名：*Sula sula*）成鸟胸部纯白色，余均棕褐色。喙强而平直；喉囊黄绿色。常成群在海面低飞寻食鱼类，夜宿岛上。生殖季节群集营巢于孤岛。分布于热带太平洋西部，亦见于中国南部沿海各地。与同科的褐鲣鸟和蓝脸鲣鸟均为国家二级保护野生动物。

西沙群岛的景色是迷人的。清晨鲣鸟成群结队飞向大海，在海面盘旋寻找鱼群，它们傍晚回岛栖息，可以引导渔船的出海和回港，因而我国渔民把它们

▲ 褐鲣鸟（Duncan Wright供图）

称为能导航的海鸟。我国的鲣鸟只有红脚鲣鸟、褐鲣鸟和蓝脸鲣鸟3种，因数量稀少，都被列为国家二级保护野生动物。

红脚鲣鸟是一种营海洋生活的鸟，体长约47.5厘米，体羽大都白色，双翅尖长而带黑褐色，尾短呈楔形，脚红色。趾间蹼发达，善于游泳。常成小群活动，在风平浪静之日，常低飞于近海面若干米的空中。飞行时，它们颈部伸直，前后排成纵行，有时略呈"V"形队列，沿波浪形路线翱翔。它们也在海岛的树丛中栖息或岩礁上步行。此鸟全部以鱼类为食，在远离大陆的海洋中取食，很少在海岸附近捕食。它的喉部肌肉疏松，也能吞食大型的鱼。在捕鱼时，群鸟高飞空中向海中俯视，一旦发现有鱼，立即收缩翅膀，笔直地俯冲到水中捕鱼，而后回到空中。群鸟扑水时海面上水花飞溅，构成一幅美丽的图画。此鸟集群在海岛的矮灌木或小乔木上，或在石堆营巢，有时一枝乔木上有4～5个巢，每窝产卵1枚或2枚，一般仅1枚。国内分布于海南西沙群岛，1955年，当海南鸟肥公司的工作人员初到西沙群岛武德岛时，该岛100多平方米面积的土地上，红脚鲣鸟竟可以千计，甚易接近，人们用一根结实的木棍，便可锤击猎取。在台风季节，它们常因野外无避风处而飞进人们的住处内，甚至哄赶也很难把它们撵走。可是今天，红脚鲣鸟的数量已大为减少。

褐鲣鸟也是一种营海洋生活的鸟，体长约70厘米。上体、前颈和胸部都是深棕褐色；腹部为纯白色；嘴坚硬而平直，呈黄绿色；脚和趾淡黄色。常成群在海面上低飞，寻找鱼类，一旦发现，立即从空中降至水中捕捉，其姿势颇似燕鸥。除食鱼类外，也啄食甲壳动物等。游泳本领很高，休息时漂在水面上，夜间在海岛上过宿。在繁殖期，褐鲣鸟群集于海岛地面上营巢，用枯草、海草等筑成皿状巢，通常每窝产卵1枚。国内分布于海南、台湾、福建、广东。

蓝脸鲣鸟为留鸟，主要栖息于热带海洋、海岬和海岛上，成群在一起营巢。每次产卵2枚，通常在产完第一枚卵后，相隔6天左右才产第二枚卵。因此，如果第一枚卵孵出的雏鸟发育正常，就几乎霸占了大部分食物，使第二枚卵孵化出的雏鸟无法成活。只有第一枚卵孵化失败，或者雏鸟未能成活时，第二枚卵孵出的小鸟才有机会正常发育。在台湾东北部的钓鱼岛有繁殖。

海鸬鹚和黑颈鸬鹚

海鸬鹚

（鲣鸟目 鸬鹚科）

海鸬鹚（拉丁学名：*Phalacrocorax Pelagicus*）俗名“乌鹈”。大型水鸟。体羽黑色，具光泽。脸红色；脚灰色，具全蹼。善游泳，能潜水。捕鱼能力很强。嘴黄色，强而长，先端具锐钩，下喉有小囊，以鱼类、甲壳动物等为食。与同科的黑颈鸬鹚同为国家二级保护野生动物。

我国共有5种鸬鹚，其中海鸬鹚与黑颈鸬鹚因数量稀少，已列为国家二级保护野生动物。

海鸬鹚又叫“乌鹈”，体长约70厘米，身上羽毛大都黑色；头和颈带紫色光泽；脸和喉裸出部分褐色，有暗赤色小突起；嘴黑褐色，脚黑色。在繁殖期，头上有两个冠状羽，胁部具白色大斑。此鸟集小群栖息于海洋、河口附近，沿海小岛尤为常见。它善游泳，能潜水，以鱼类、甲壳动物等为食。夏季多在岛屿的悬崖或岩礁上营巢，用枯草、海草筑成皿状巢，每窝产卵2枚或3枚。国内分布于台湾、福建、广东以及东北等地。

黑颈鸬鹚个头比海鸬鹚小，体长约50厘米。体羽黑色，带蓝色或绿色光泽。喉部白色，翅膀银灰色。在繁殖期，后头具短羽冠，头顶和头侧有少数丝状白羽。常结小群栖息于河流、湖泊、池塘、沼泽地等处，主要以鱼类为食。黑颈鸬鹚在水里活动时十分灵巧，善于游泳和潜水，可深潜10

海鸬鹚善游泳 ▶

米。它的飞翔能力也较强，但在地面上行走时显得笨拙迟钝，休息时用坚硬的尾羽支撑着。在猎鱼时，有时和鹈鹕合作，在水面上排成半圆形，由鹈鹕在水面上用双翅击水驱鱼，而鸬鹚则潜入水里打围，彼此都能顺利地捕食鱼类。我国南方渔民，很早就驯养鸬鹚来帮助捕鱼了，他们用麻环套住鸟颈，鸬鹚捕到大鱼后不能吞下，渔民便能从其喙里或嗉囊中把鱼取出。此鸟在春夏之交繁殖，雌雄鸟共同在峭壁岩石间、树上或芦苇丛中营巢，并且轮流孵卵。喂食时，幼鸟把喙伸入亲鸟的口腔里，取食亲鸟吐出的半消化食物。黑颈鸬鹚仅分布于我国云南。

▲ 黑颈鸬鹚不仅善于潜水，而且飞翔能力也很强（M. V. Bhaktha供图）

“强盗鸟”白腹军舰鸟

白腹军舰鸟

（鲣鸟目 军舰鸟科）

白腹军舰鸟（拉丁学名：*Fregata andrewsi*）大型热带海洋鸟类。喉部有喉囊，用以暂时贮存所捕食的鱼类。上体黑色，具绿色光泽。喉、颈、胸黑色，具紫色光泽。腹白。嘴黑，喉囊红色。数量非常稀少。飞翔极为迅捷和灵巧，不善陆行，也不善游泳。能在空中拦路抢劫，把其他海鸟捕获的鱼夺走。为国家一级保护野生动物。

白腹军舰鸟是一种大型海洋性鸟类，体长约95厘米，展开狭长双翅宽度可达2米以上。雄鸟嘴黑色，喉囊红色，上体黑色并有绿色光泽，喉、颈、胸黑色而带紫色光泽，腹部白色。雌鸟嘴玫瑰红色，胸、腹部白色。幼鸟上体黑褐色，头和下体污白，有时胸部具暗带。此鸟虽然体色朴素，但却黑白分明，还缀有红色和绿、紫光泽，也颇为别致。

白腹军舰鸟的飞行技术十分高明，白天借助强劲的海风，长时间在海面上空滑翔盘旋，可以飞到1 200米的高空，也可以连续不停地飞到离巢窝1 600千米的地方。由于它的脚与硕大的躯体相比显得很小，所以在地面行动很不方便，仅夜间才栖宿在岸边林地。

白腹军舰鸟的捕鱼本领很强，除了能在水中猎食外，也能在海面低空捕获跃水的飞鱼。不仅如此，此鸟还能在空中拦路抢劫，把其他海鸟捕获的鱼夺走。它们常在海面高空盘旋巡视，一旦发现鲣鸟或海鸥从水中啄住鱼类，飞入空中，会立即俯冲疾驰追击，猛烈地啄击前者的尾部，迫使其张口，然后一下子将空中下落的鱼类接住，啄而食之。有时，它们见到鲣鸟从海湾捕鱼回来，会突然从树林中窜出来，用强大的翅膀或坚硬的尾巴夹住鲣鸟，迫使它交出捕获的鱼。有时抢来的食物太多了，它就暂时贮存在喉囊里。为此，人们常把这种鸟称为“强盗鸟”。不过它们很讲卫生，吃完“空袭”得来的食物后，会降落在海面上，冲洗一下喙、头和双翅，喝些水洗洗胃，身子抖动一番，然后继续飞行。

白腹军舰鸟营巢在海岛大树顶部或岩崖峭壁的灌木上，折取树枝编制成简陋的巢，每窝产卵一枚。国内此鸟仅分布在西沙群岛一带，而且数量十分稀少，被世界自然保护联盟列为极危鸟类，也是我国一级保护野生动物。

白腹军舰鸟

图书在版编目(CIP)数据

中国保护动物1 / 华惠伦,王义炯编著. —上海:上海科学普及出版社,2018
(中国保护动植物丛书 / 杨雄里主编)
ISBN 978-7-5427-7306-7

Ⅰ.①中… Ⅱ.①华… ②王… Ⅲ.①野生动物—动物保护—中国 Ⅳ.①S863

中国版本图书馆CIP数据核字(2018)第179626号

策划统筹　胡名正　蒋惠雍
责任编辑　何中辰　柴日奕
助理编辑　郝梓涵
图片提供　何　鑫　杨珏青
　　　　　陈星星　周祖贻
　　　　　王　慧
装帧设计　姜　明　周艳梅

中国保护动物1

华惠伦　王义炯　编著
上海科学普及出版社出版发行
(上海中山北路832号　邮政编码200070)
http://www.pspsh.com

各地新华书店经销　上海丽佳制版印刷有限公司印刷
开本 710×1000　1/16　印张 20.25　字数 360 000
2022年12月第1版　2022年12月第1次印刷

ISBN 978-7-5427-7306-7
定价:168.00元